职业教育校企合作创新示范教材

可编程控制系统设计师考证教程

主　编：江凌云　过志强

副主编：王　洋　李　娟　王吴光

参　编：梁矗军　徐伊岑

主　审：袁锡明

东南大学出版社

SOUTHEAST UNIVERSITY PRESS

·南京·

内容提要

可编程控制系统设计师是我国最近兴起的职业。可编程控制系统设计师是指从事可编程控制器(PLC)选型、编程,并对应用系统进行设计、整体集成和维护的工程人员。可编程控制系统设计师考证涉及内容丰富,以工控产品使用及系统开发为核心,以可编程控制器应用技术、HMI应用技术、控制电机应用技术、传感检测技术、机电液气装拆运维技术等单元技术作为支撑;机电如两翼,控制是核心,软件为灵魂。本书通过一系列任务,系统地介绍了可编程控制系统设计师培训内容,培养学生可编程控制系统设计的技能。

本书可用作高职高专院校机电一体化技术专业、工控技术专业的教材,也可作为高等院校本科机械电子工程、机械制造及自动化、机械设计及理论专业的教材,还可供从事机电一体化设计制作的工程技术人员参考。

图书在版编目(CIP)数据

可编程控制系统设计师考证教程/江凌云,过志强主编. —南京:东南大学出版社,2016.11

ISBN 978-7-5641-6722-6

Ⅰ.①可… Ⅱ.①江… ②过… Ⅲ.①可编程序控制器—系统设计—资格考试—教材 Ⅳ.①TM571.6

中国版本图书馆CIP数据核字(2016)第213307号

可编程控制系统设计师考证教程

出版发行:东南大学出版社
社　　址:南京市四牌楼2号
网　　址:http://www.seupress.com
出 版 人:江建中
责任编辑:姜晓乐(joy_supe@126.com)

经　　销:全国各地新华书店
印　　刷:常州市武进第三印刷有限公司
开　　本:787 mm×1092 mm　1/16
印　　张:12
字　　数:300千
版 印 次:2016年11月第1版　2016年11月第1次印刷
书　　号:ISBN 978-7-5641-6722-6
定　　价:32.00元

前　言

为响应教育部提倡的工学结合、培养“双证”高素质技能人才的号召，无锡商业职业技术学院机电技术学院和信捷电气股份有限公司合作，从2015年起开展可编程控制系统设计师的培训与职业技能鉴定，并共建可编程控制系统设计师考证实训室，共同拟定课程标准，共同编写教材和实训指导书，共同培养工控专业的技术人才，共同进行可编程控制系统设计师岗位证书的考证培训。本书就是校企合作的具体成果之一。

信捷电气作为中国工控市场最早的参与者之一，长期专注于机械设备制造行业自动化水平的提高，其主要产品有可编程控制器（PLC）、人机界面（HMI）、伺服控制系统、变频驱动、智能机器视觉系统、工业机器人等系列产品及整套自动化装备。产品广泛应用于各种自动化领域，包括航空航天、太阳能、风电、核电、隧道工程、纺织机械、数控机床、动力设备、煤矿设备、中央空调、环保工程等控制相关的行业和领域。

本书以MJ－ZZXK01－PSF可编程控制系统设计师考证实训装置作为实训载体，安排了8个项目。其中第一个项目是参观演示性项目，第二个项目重点进行信捷PLC的基本软硬件设计选型、安装调试的训练，重点关注PLC编程能力的培养。其主旨是为了方便学员能顺利通过可编程控制系统设计师四级考证而设计编写；其后的项目涉及信捷自动化高级功能和其他工控产品，主要为了满足学员参加可编程控制系统设计师三级考证的需要。本书精心设计项目任务，还原真实工控场景，力图提高学员的考证通过率，同时有效提高学员的工控技能。

本课程要学习的任务较多，需要较多的课时，实践环节比重大。本书中涉及的软件，如果需要，可以到信捷网站下载，其网址为：http://www.xinje.com/Ch/Main.asp。

本教材引用了不少来自网络的资料，无法一一列出致谢，请各位先生、长者见谅！限于编者的水平和经验，书中的不妥和错误之处在所难免，恳请各位方家学者及广大读者批评指正。

编者

2016年5月

目 录

项目一

安装可编程控制系统设计师考证培训装置

知识点：

- 了解可编程控制系统设计师考证培训装置；
- 了解自动化的4A革命；
- 了解PLC与工控产品、可编程控制系统的意义。

技能点：

- 会使用基本的电工工具；
- 会安装接线。

任务　参观实训室、实训装置使用简介

任务提出

什么是PLC、工控、可编程控制系统？请进入实训室，看看我们的实训装置，别忘了仔细听老师的讲解喔！

知识链接

一、机电一体化技术的4A革命

什么叫机电一体化技术的4A革命？一般是指工厂自动化、办公自动化、家庭自动化、社会服务自动化。

1. 工厂自动化

工厂自动化(Factory Automation,FA)也称车间自动化，指整个工厂实现综合自动化，它包括设计制造加工等过程的自动化，企业内部管理、市场信息处理以及企业间信息联系等信息流的全面自动化。是自动完成产品制造的全部或部分加工过程的技术。它和信息与通信、办公自动化、新材料、生物工程、保健与医疗技术并列为当代六大主导新技术。它的常规组成方式是将各种加工自动化设备和柔性生产线(FML)连接起来，配合计算机辅助设计

(CAD)和计算机辅助制造(CAM)系统,在中央计算机统一管理下协调工作,使整个工厂生产实现综合自动化。它可进一步细分为过程自动化和运动自动化两个子方向。

(1) 过程自动化指采用计算机技术和软件工程帮助电厂以及造纸、矿山和水泥等行业的工厂更高效、更安全地运营。过程自动化相对于运动自动化采样时间较长。在过程自动化技术出现之前,工厂操作员必须人工监测设备性能指标和产品质量,以确定生产设备处于最佳运行状态,而且必须在停机时才能实施各种维护,这降低了工厂运营效率,且无法保障操作安全。过程自动化技术可以简化这一过程。通过在工厂各个区域安装数千个传感器,过程自动化系统可以收集温度、压力和流速等数据,然后利用计算机对这些信息进行储存和分析,再用简洁明了的形式把处理后的数据显示到控制室的大屏幕上。操作人员只要观察大屏幕就可以监控整个工厂的每项设备。过程自动化系统除了能够采集和处理信息,还能自动调节各种设备,优化生产。在必要时,工厂操作员可以中止过程自动化系统,进行手动操作。

(2) 运动自动化技术主要涉及运动控制系统的设计及应用技术。作为机电一体化技术的学员来说,对于前者往往不需要涉猎过深,主要在于掌握工业机器人、各种伺服电机的控制应用技术。

2. 办公自动化

办公自动化(Office Automation,OA)是将现代化办公和计算机网络功能结合起来的一种新型的办公方式。办公自动化没有统一的定义,凡是在传统的办公室中采用各种新技术、新机器、新设备从事办公业务,都属于办公自动化的领域。在行政机关中,大都把办公自动化叫做电子政务,企事业单位一般叫OA。通过实现办公自动化,或者说实现数字化办公,可以优化现有的管理组织结构,调整管理体制,在提高效率的基础上,增加协同办公能力,强化决策的一致性,最后达到提高决策效能的目的。

3. 家庭自动化

家庭自动化又称家庭智能化,是指通过现代自动控制技术、计算机技术和通信技术等手段,有助于实现人们家务劳动和家务管理的自动化,大大减轻人们家庭生活中的操劳,节省人们的时间,提高人们的物质、文化生活水平。家庭自动化已是人类社会进步的重要标志之一。最早进入家庭的自动化设备有自动洗衣机和空气自动调节装置等。随着现代科学技术的发展和人们对生活质量要求的提高,家庭自动化的范围也在日益扩大。家庭安全系统、家庭自动控制系统、家庭信息系统和家用机器人等,有的已达到实用水平,有的正处于研究改进阶段。

4. 社会服务自动化

社会服务自动化是指通过研制和提供从事各种社会服务的机械,如物料搬运机械,交通运输机械,医疗机械,办公机械,通风、采暖和空调设备以及除尘、净化、消声等环境保护设备等,可提高从事各种社会服务的机电产品及系统的自动化水平。社会服务自动化水平反映了一个社会的发展程度。

本书所涉及的设备,就是典型的生产自动化设备。

二、PLC、工控产品、可编程控制系统

PLC,即可编程控制器,采用可编程的存储器,用于其内部存储程序,通过CPU执行逻辑运算、顺序控制、定时、计数与算术操作等面向用户的指令,并通过数字或模拟式输入/输

出控制各种类型的机械或生产过程。

1. 可编程逻辑控制器的特点

(1) 使用方便，编程简单

采用简明的梯形图、逻辑图或语句表等编程语言，无须计算机知识，因此系统开发周期短，现场调试容易。另外，可在线修改程序，改变控制方案而不拆动硬件。

(2) 功能强，性价比高

一台小型 PLC 内有成百上千个可供用户使用的编程元件，可以实现非常复杂的控制功能。它与相同功能的继电器系统相比，性价比很高。PLC 可以通过通信联网，实现分散控制，集中管理。

(3) 硬件配套齐全，用户使用方便，适应性强

PLC 产品已经标准化、系列化、模块化，配备有品种齐全的硬件装置供用户选用，用户能灵活、方便地进行系统配置，组成不同功能、不同规模的系统。PLC 的安装接线也很方便，一般用接线端子连接外部接线。PLC 有较强的带负载能力，可以直接驱动一般的电磁阀和小型交流接触器。

硬件配置确定后，可以通过修改用户程序，方便、快速地适应工艺条件的变化。

(4) 可靠性高，抗干扰能力强

传统的继电器控制系统使用了大量的中间继电器、时间继电器，由于触点接触不良，容易出现故障。PLC 用软件代替大量的中间继电器和时间继电器，仅剩下与输入和输出有关的少量硬件元件，接线可减少到继电器控制系统的 1%～10%，因触点接触不良造成的故障大为减少。

PLC 采取了一系列硬件和软件抗干扰措施，具有很强的抗干扰能力，平均无故障时间达到数万小时以上，可以直接用于有强烈干扰的工业生产现场。PLC 已被广大用户公认为最可靠的工业控制设备之一。

(5) 系统的设计、安装、调试工作量少

PLC 用软件功能取代了继电器控制系统中大量的中间继电器、时间继电器、计数器等器件，使控制柜的设计、安装、接线工作量大大减少。

PLC 的梯形图程序一般采用顺序控制设计法来设计。这种编程方法很有规律，很容易掌握。对于复杂的控制系统，设计梯形图的时间比设计相同功能的继电器系统电路图的时间要少得多。

PLC 的用户程序可以在实验室模拟调试，输入信号用小开关来模拟，通过 PLC 上的发光二极管可观察输出信号的状态。完成系统的安装和接线后，在现场统调过程中发现的问题一般通过修改程序就可以解决，系统的调试时间比继电器系统少得多。

(6) 维修工作量小，维修方便

PLC 的故障率很低，且有完善的自诊断和显示功能。PLC 或外部的输入装置和执行机构发生故障时，可以根据 PLC 上的发光二极管或编程器提供的信息迅速查明故障的原因，用更换模块的方法可以迅速地排除故障。

2. 工控及工控产品

工控指的是工业自动化控制，主要利用电子电气、机械、软件组合实现。即工业控制(Industrial Control)，或者是工厂自动化控制(Factory Automatic Control)。主要是指使用

计算机技术、微电子技术、电气等手段，使工厂的生产和制造过程更加自动化、效率化、精确化，并具有可控性及可视性。

工控产品很多，包括 PLC、DCS、PAC、工控机、CPCI/PXI、嵌入式系统、RTU、集成控制、工业安全、SCADA、自动化软件、人机界面、工业以太网、现场总线、无线通信、低压变频器、高压变频器、运动控制、机械传动、电机、机器人、机器视觉、传感器、现场仪表、显示控制仪表、分析测试仪表、执行机构、低压电器、电气连接、盘柜、电源等，范围相当广泛。

3. 可编程控制系统

可编程控制系统是以 PLC 作为主控制器的一种工业控制系统，在工厂自动化等领域广泛应用。

本书首先介绍 PLC，再介绍常见的工控产品，最后介绍可编程控制系统的典型应用。

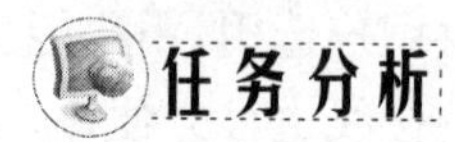

任务分析

实训是学生在实践中学习理论知识和技能的活动，项目的实施需要有与实训课程项目相应的装置和场地等硬件条件支持。本项目任务为观察 MJ－ZZXK01－PSF 机电一体化实训装置，并分析其模块组成。MJ－ZZXK01－PSF 机电一体化实训装置如图 1－1 所示。

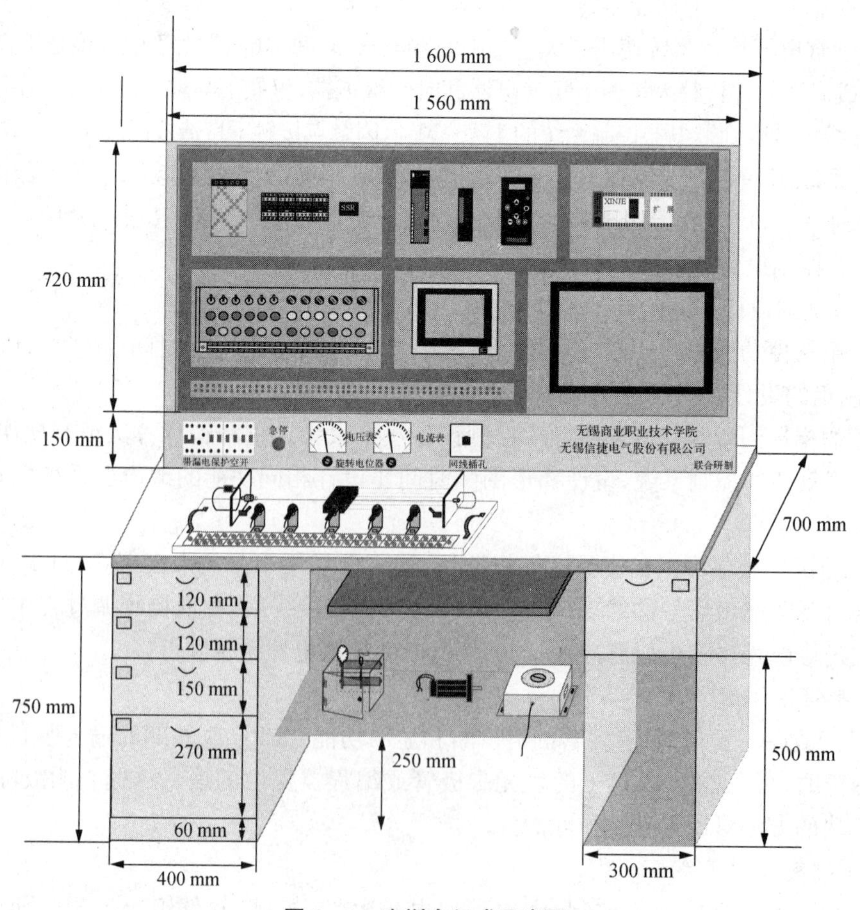

图 1－1　实训台组成示意图

任务实施

一、实训台各组成部分说明

从图 1-1 中可以看出，实训台由 PLC 控制器、触摸屏、接触器、伺服驱动等组成，其布局结构非常清晰，便于分项目开展教学和学生训练。各模块通过走线槽在下部的接线端子实现连接，便于操作和整理。

该实训台将异步电机、伺服电机、温控箱（因有加热环节）等实训设备设计成组件化的实训模块，即各子模块另外做一个小配件箱，平时收藏在实训台下方的存放区，在需要的时候放置在实训台面上，通过学生连线的方式，实现对它的控制。

在实训台的右侧有一个工具挂架，收纳放置螺丝刀、剥线钳、冷压端子、导线、号码管等器材，在设计的实训项目中需要学生使用专业工具进行剪线、剥线、做线头、标记连线等操作，不仅能打牢学生的基本功，还能促使学生养成规范的操作习惯、整理整顿意识，提升职业素养。

实训台的主要功能模块包括 PLC、开关量控制箱、电源部分、接触器、步进码盘、异步电机线性模组、温度控制箱、伺服模块、T-BOX-BD 网络模块、人机界面模块、收纳模块等几部分。

1. PLC

如图 1-2 所示，信捷 XC3-32RT-E 系列 PLC，集开关量输入/输出（继电器混合输出）、逻辑运算、高速计数、高速脉冲输出、RS232/RS485 通信、PID 等功能于一体，最多可扩展 7 个扩展模块和 1 个 BD 板，可实现多种教学实验。

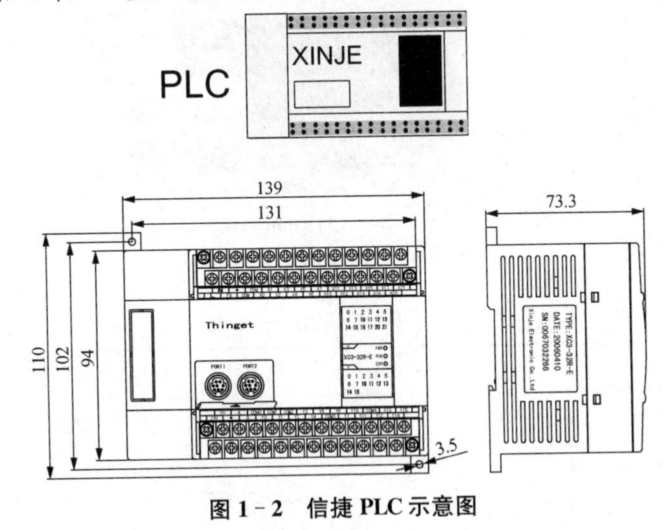

图 1-2　信捷 PLC 示意图

2. 开关量控制箱（见图 1-3）

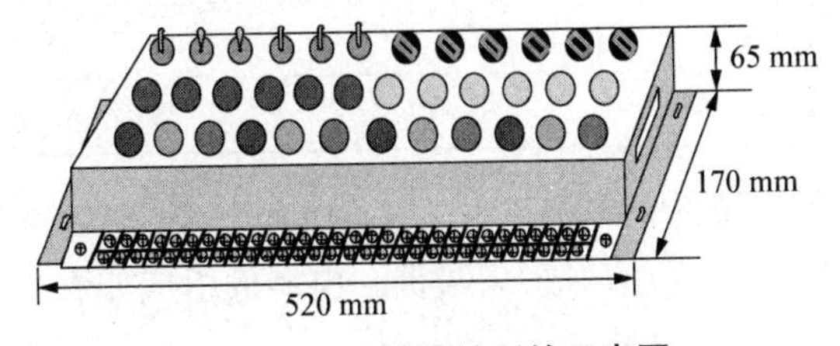

图 1-3　开关量控制箱示意图

表 1-1　开关量控制箱组成一览表

序号	名称	数量	型号规格
1	拨动开关	6	开孔尺寸 $\Phi6$
2	转换开关	6	开孔尺寸 $\Phi16$
3	自复位按钮	6	绿色、开孔尺寸 $\Phi16$
4	自保持按钮	6	黄色、开孔尺寸 $\Phi16$
5	彩色指示灯	12	红黄绿各 4 个、开孔尺寸 $\Phi16$
6	端子排	1	40 位
7	按钮盒支架	1	1.5 mm 厚钣金喷塑长×宽×高=520×170×65(单位:mm)

开关量控制箱可实现基本的开关量信号输入、输出,完成交通灯、抢答器、多点控制以及霓虹灯等基础实训,从中学习 PLC 的基本逻辑指令。开关量控制箱的组成如表 1-1 所示。

3. 电源部分(见图 1-4)

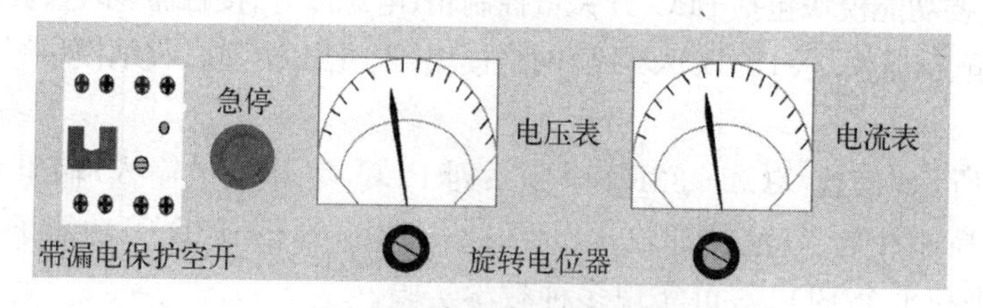

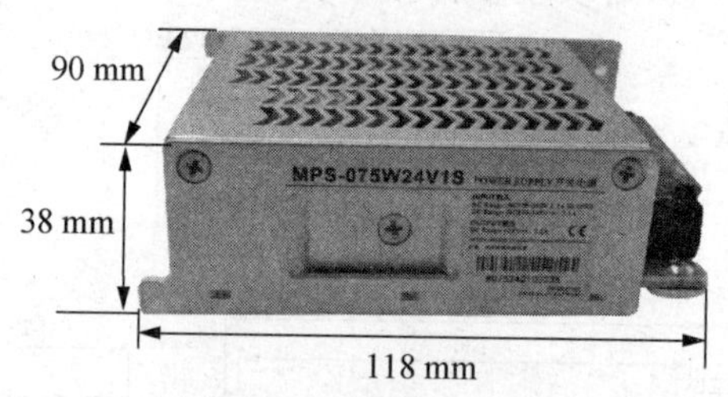

图 1-4　电源部分示意图

表 1-2　电源组成一览表

序号	名称	数量	型号规格
1	断路器	1	2P,16 A 带漏电保护
2	急停按钮	1	开孔尺寸 $\Phi22$　AC220 V
3	旋转电位器	2	10 kΩ
4	电压表头	1	0～10 V
5	电流表头	1	0～20 mA
6	开关电源	1	75 W,24 V 输出

电源部分可完成整个系统的供电(交流 220 V 和直流 24 V)及系统急停;可配合模拟量扩展模块完成模拟量(电压、电流)信号采集实训。电源的组成如表 1-2 所示。

4. 接触器

如图 1－5 所示为 4 个接触器并联使用，可实现系统急停、电机的点动和停止、电机正反转控制、电机星/三角控制等基础实训。

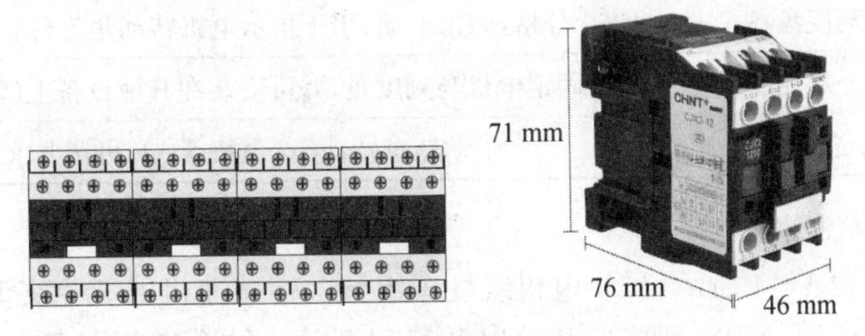

图 1－5　接触器示意图

5. 步进电机及码盘

如图 1－6 所示是一个步进电机，其同轴安装有一铣了槽的固件。步进电机旋转，固件跟随其转动。固件周围有一圈刻度，固件上的槽可当做指针用以指示步进电机旋转角度。结合步进驱动器和步进电机可完成步进电机定位实训，学会步进系统的接线、步进驱动器细分的调节、步进电机机械特性以及 PLC 高速脉冲输出等知识。步进码盘的组成如表 1－3 所示。

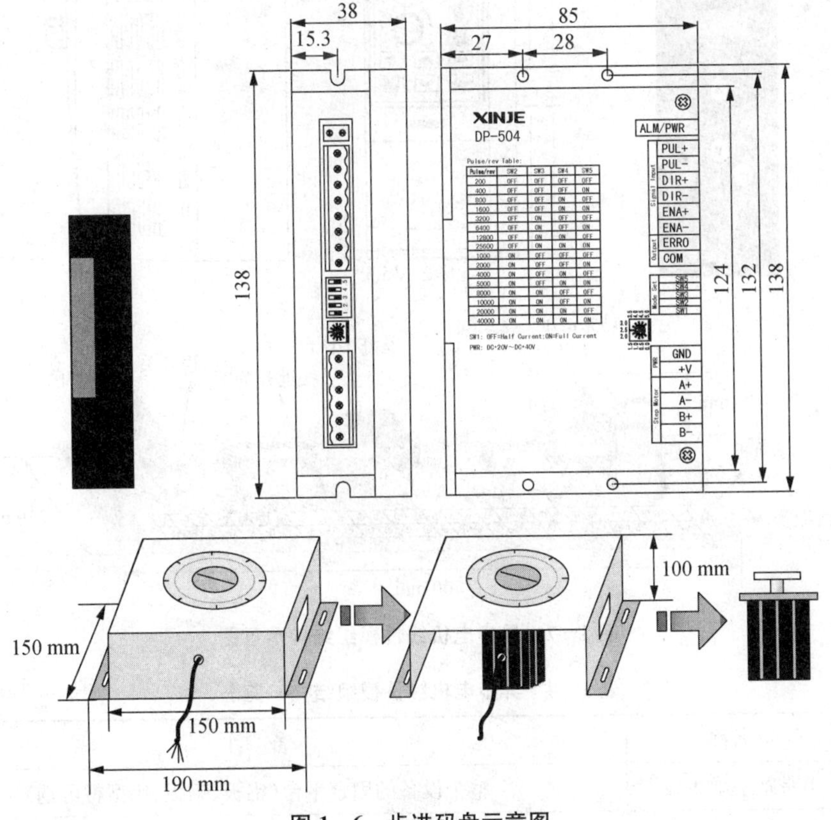

图 1－6　步进码盘示意图

表 1-3　步进码盘组成一览表

序号	名称	备　注
1	带指针转盘	与电机轴连接，跟随电机轴同步转动（亚克力板，激光刻线）
2	刻度盘	360°分格，固定不动，用于指示电机转动角度（铝板和铜板可选）
3	外罩壳	用于固定电机与刻度盘，并可安装在其他设备上（钣金材质，喷塑）
4	步进电机	带动转盘转动（57 电机 3 A），可按要求选型

6. 异步电机线性模组

如图 1-7 和表 1-4 所示，异步电机线性模组包含带减速机的三相交流异步电机、直线导轨线性模组、编码器、NPN 型接近开关以及行程开关。结合变频器可完成传感器信号采集、异步电机的启停、变频器的多段速控制、端子控制、模拟量控制、RS485 通信控制（modbus 和自由格式）、编码器计数、高速计数、高速计数中断、闭环调速、闭环定位等实验。通过这些实验可掌握模拟量扩展模块、编码器、变频器、开关量输入器件的选型、安装、功能设置等专业技能，学习 modbus 通信、自由格式通信、高速计数、高速输出相关知识。

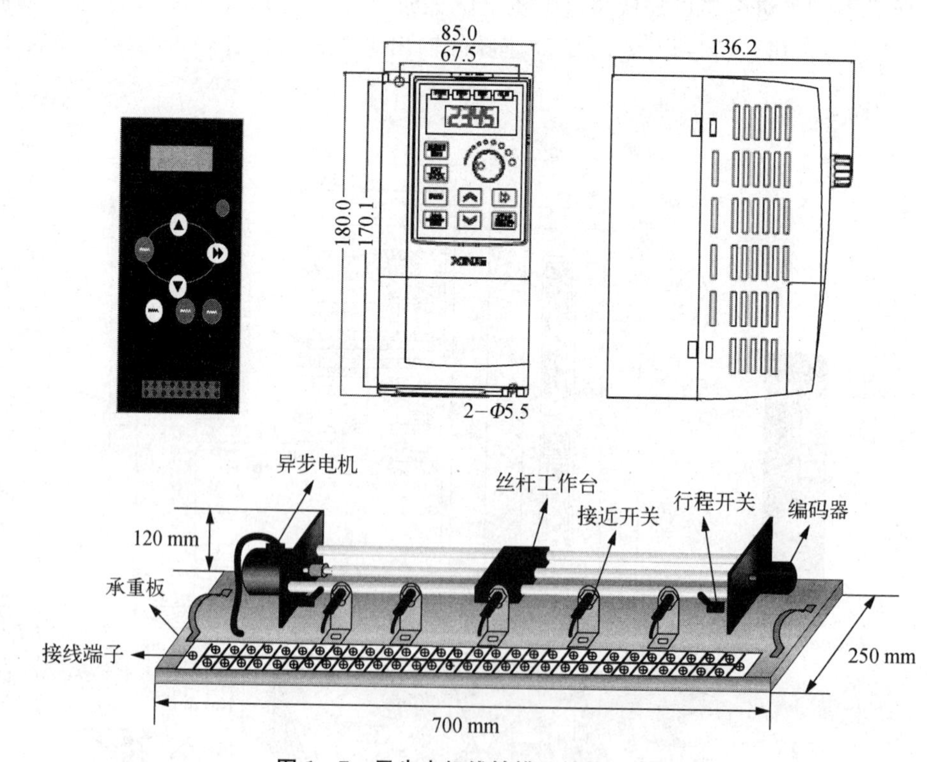

图 1-7　异步电机线性模组结构示意图

表 1-4　异步电机线性模组结构一览表

序号	名称	备　注
1	带把手承重板	整个设备的固定平台（铝板、钢板、铝型材可选）
2	异步电机 （加 10∶1 减速机）	三相交流 25 W 也可换成步进电机或伺服电机

续　表

序号	名称	备　注
3	线性模组	带滑台滚珠丝杆，可将马达角位移转换为线位移，有效行程：300 mm
4	接近开关	可用作机械原点，学习传感器接线
5	行程开关	可用作限位保护（OC 输出）
6	编码器	OC 输出，1000 线，24 V 供电，检测电机转动速度与位移
7	端子排	30 位

7. 温度控制箱

如图 1－8 和表 1－5 所示，温度控制箱是一个可打开的透明 PC 箱，用来完成过程控制实训（恒温控制）。通过过程控制实训，可学习温度信号的采集与模块的使用、固态继电器的使用、PT100 温度传感器的使用以及 PID 自整定和手动设置相关知识。

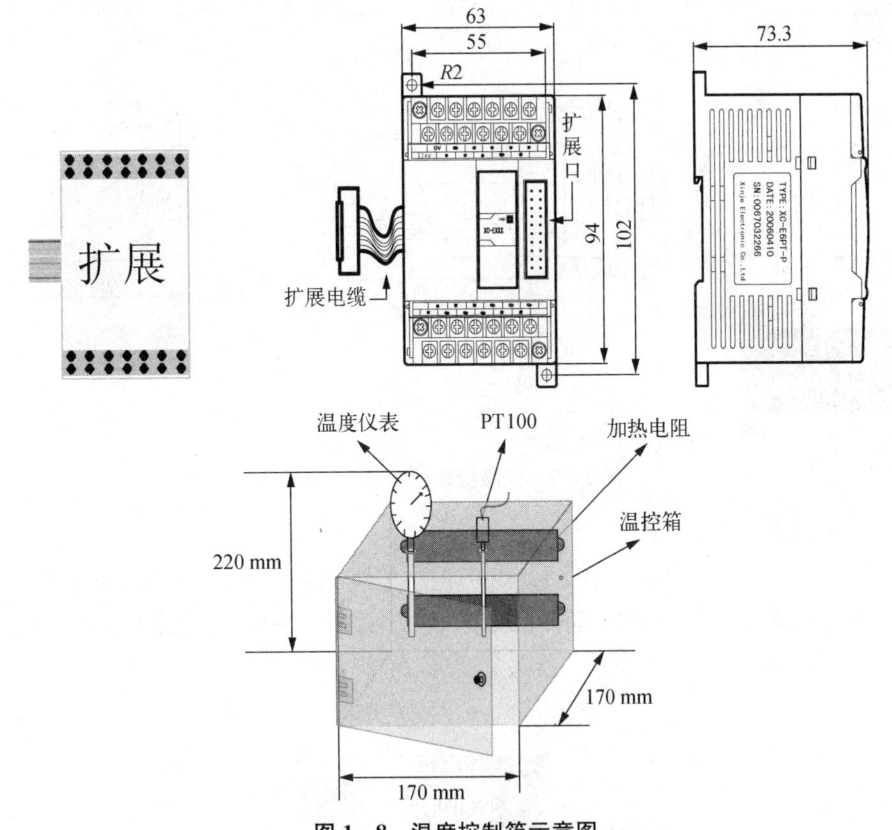

图 1－8　温度控制箱示意图

表 1－5　温度控制箱结构一览表

序号	名称	备　注
1	指针式温度仪表	显示温控线内实际温度，量程：0～100℃
2	PT100 温度传感器	将温度信号传递给上位机
3	制动电阻	用于加热温控箱内空气，交流 220 V 供电，总功率 100 W
4	温控箱	透明 PC 材质，耐温 130℃，（170×170×200 mm^3，尺寸可按要求定制）

8. 伺服模块

如图 1－9 所示，伺服模块由伺服驱动器和伺服电机组成，通过该模块可学习伺服系统的初步调试、伺服驱动器参数设置、伺服刚性的调节以及伺服系统的工作原理等知识。

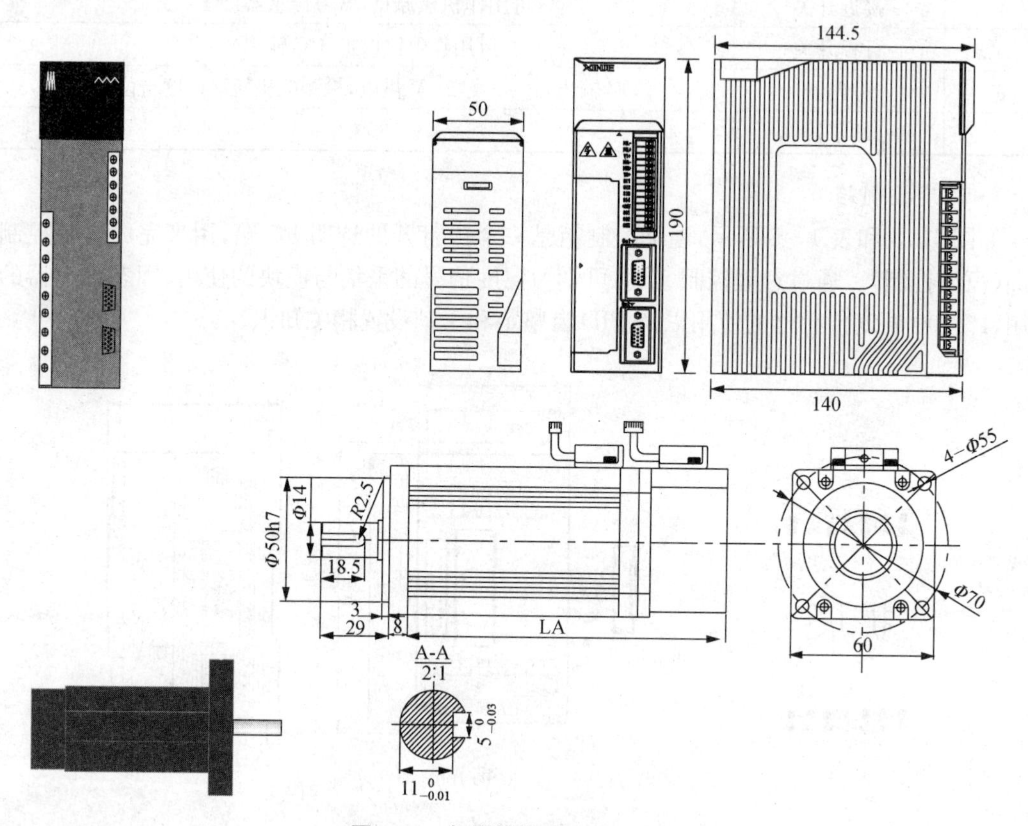

图 1－9　伺服模块外观及尺寸图

9. TBOX－BD 网络模块

在每个 PLC 上加上 TBOX－BD(以太网)网络模块(如图 1－10 所示)，可将多台设备进行组网，实现远端监控、信息传输、远端下载、设备组网(一主一从、一主多从、多主多从)等网络控制。

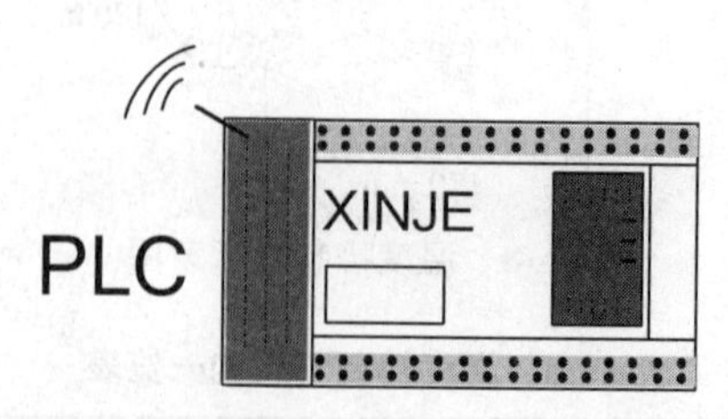

图 1－10　TBOX－BD 网络模块外观图

10. 人机界面模块

如图 1－11 所示为人机界面的外观图，其配置 TH765－NT 型号的触摸屏，可配合其他模块完成各种实训，包括开关量的输入与输出、数字量的输入与显示、采集信号曲线的显示、动画制作、通信等等。

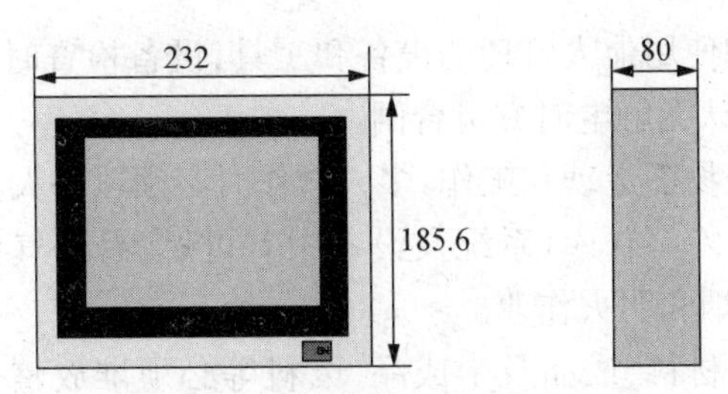

图 1－11　人机界面外观图

11. 收纳模块

如图 1－2 所示，收纳模块可放置在抽屉内，并可自由组合格局大小，用于收纳螺丝刀、剥线钳、冷压端子、导线、号码管等器材，方便学生使用和整理。

图 1－12　收纳模块实物图

二、工厂安全生产规范

在工厂生产过程中，必须始终贯彻“安全第一”的基本原则，坚持在计划、布置、检查、进行生产的同时，要把安全生产放在首位，加强安全和自我保护意识，坚持“安全第一、预防为主”的精神，做到工厂月查、工区周查、各岗位职工日查。

凡有不符合安全生产要求，遇有严重危及人身安全和生产设备安全的情况，必须及时向上级领导报告，征求处理意见，进而及时处理。

安全生产的几条注意事项：

(1) 不准戴手套操作旋转机床。

(2) 不准堵塞车间划定的安全通道和厂区道路。

(3) 不准在设备开动时擦拭设备和离开岗位。

(4) 不得违章操作任何设备。

(5) 工作前必须穿戴防护用品，认真检查设备和工作场地，排除故障和隐患，确保安全防护、安全附件、安全保险装置齐全、灵敏，保持设备润滑良好和通风良好。

(6) 一切电动设备与电动工具绝缘必须良好，接地或接零可靠，非持证电工不得任意拆装和修理电气设备。

(7) 各种安全防护装置、信号、电气联锁装置、检测仪表等标记的安全标志不得任意拆除或非法占用，并要经常检查和定期校验，必须保持其状态良好。

(8) 不得任意开动和使用他人管理的设备和工具,设备检查时应停电挂牌或派人监护,检修完毕要认真检查,确认无触电时方可合闸。

(9) 不得在任何悬挂物下走动和工作,多人操作时必须以一人为主,协调工作。

(10) 易燃、易爆等危险品仓库,系统及设备中有可燃、易爆气体的危险部位,必须设置明显警示标记,并严禁吸烟和明火作业。

(11) 搞好文明生产,材料、成品及半成品、废料等必须堆放整齐,且定点堆放,不超高,保持车间通道整洁和畅通无阻。

(12) 严格做好交接班工作,动力设备和关键设备应认真填写设备台账和交接班记录,工作完毕后,要切断水、电、气源,熄灭火源,清理场地。

(13) 若发生事故,要及时抢救伤员和公司财产,并保护现场,迅速报告厂部。

三、PLC 的安装、接线

1. PLC 的安装

(1) 安装位置(见图 1-13)

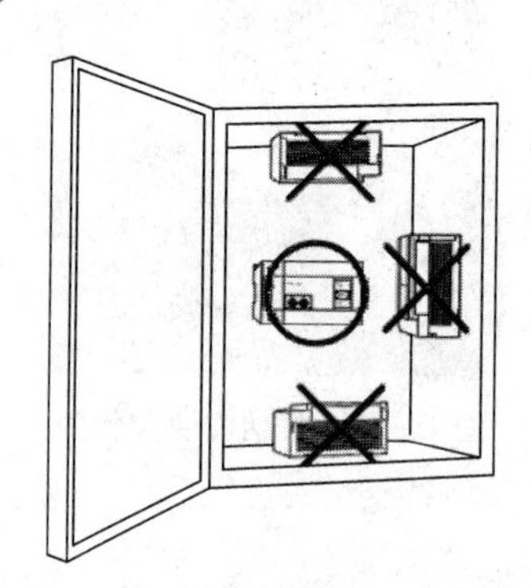

图 1-13 PLC 的安装位置示意图

(2) 安装方法

本体和扩展模块的安装,可选用导轨安装或直接螺丝安装。

① 使用导轨安装方式,如图 1-14 所示。基本单元和扩展模块安装在导轨(宽35 mm)上。要拆除时,只要拉下 DIN 导轨的装配拉钩,取下产品即可。

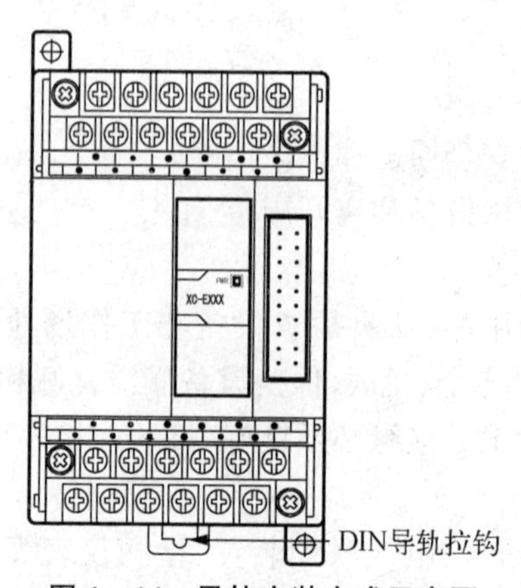

图 1-14 导轨安装方式示意图

② 螺丝直接安装方式，如图 1－15 所示。

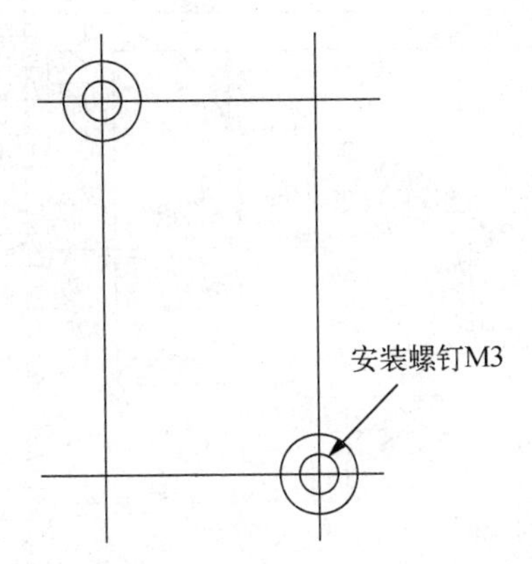

图 1－15　螺丝直接安装方式示意图

2. PLC 接线

(1) PLC 电源接线

PLC 电源部分的接线如图 1－16 所示。

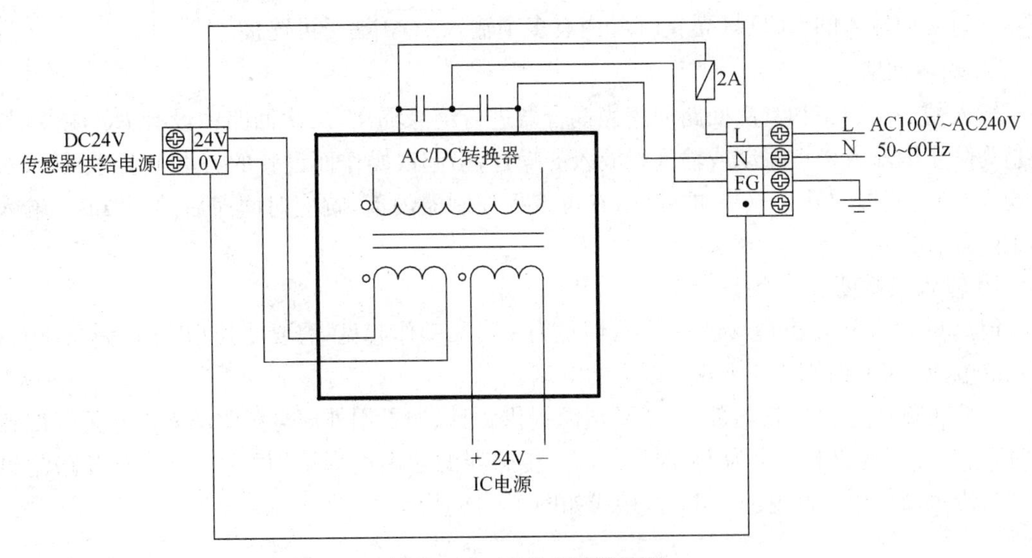

图 1－16　PLC 电源接线图

① 电源接在 L、N 端子间。

② 24 V、COM 端子可以作为传感器用供给电源(400 mA/DC24V)使用。另外，这个端子不能由外部电源供电。

③ [•] 端子是空端子，请不要对其进行外部接线或作为中继端子使用。

④ PLC 本体和扩展模块的 [COM] 端子请相互连接。

(2) PLC 输入端子接线

PLC 的输入端子可作为一般输入和高速计数输入，此处主要介绍一般输入的接线方法，如图 1－17 所示。

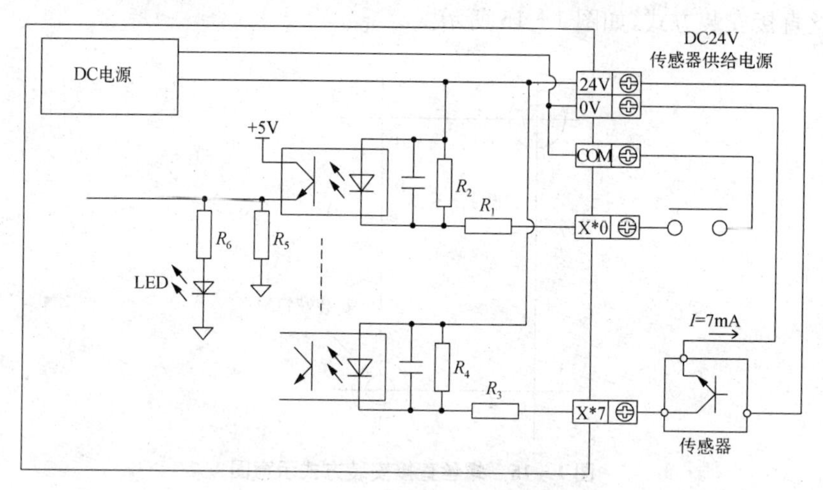

图 1-17　PLC 输入端子接线示意图

① 输入端子

输入端子和COM端子之间用无电压接点或 NPN 集电极开路晶体管接通时，如输入为 ON，这时对应输入的 LED 灯亮。PLC 内有多个输入COM端子可连接。

② 输入回路

输入的一次回路和二次回路间用光耦合器进行绝缘隔离，二次回路中设有 *RC* 滤波器。这是为防止因输入接点振动或输入线混入的噪音，引起误操作而设置的。由于上述原因，对于输入 ON→OFF，OFF→ON 的变化，在可编程控制器内部，响应时间滞后约 10 ms。输入端子内置有数字滤波器。

③ 输入灵敏度

PLC 的输入电流是 DC24V 7 mA，但是为了可靠动作起见，需要使其 ON 时，为 3.5 mA 以上的电流，OFF 时则为 1.5 mA 以下的电流。

PLC 的输入电流由它内部的 24 V 电源提供，所以如果用外部电源驱动光电开关等传感器时，这个外部电源电压应为 DC24V±4 V，传感器的输出类型请用 NPN 集电极开路输出型。当传感器使用外部电源供电时，接线如图 1-18 所示。

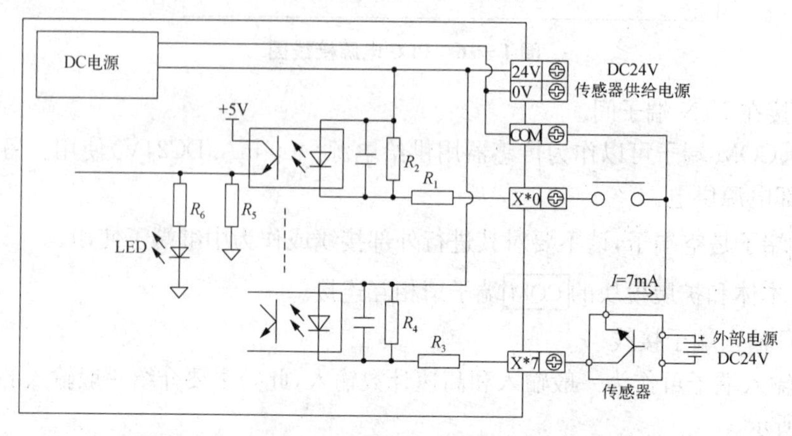

图 1-18　PLC 输入端子接线示意图(使用外部电源)

PLC 连接了外部扩展模块的时候，一般接线如图 1－19 所示。

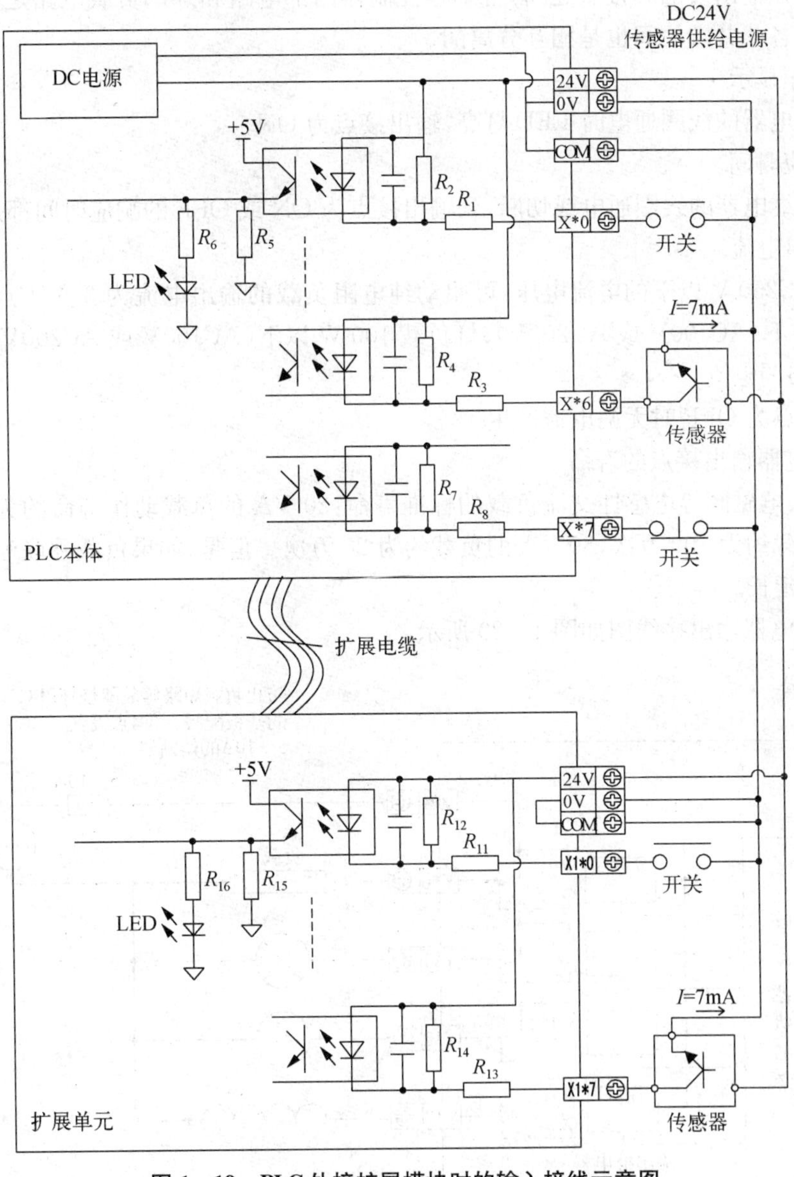

图 1－19　PLC 外接扩展模块时的输入接线示意图

(3) PLC 输出接线

XC 型 PLC 输出一般有继电器输出、晶体管输出、继电器晶体管混合输出三种类型，继电器和晶体管在输出接线时有所不同。其接线分别如下：

① 继电器输出电路

A. 输出端子

继电器输出型有 2～4 个公共端子。因此各公共端块单元可以驱动不同电源电压系统(例如：AC200V，AC100V，DC24V 等)的负载。

B. 回路绝缘

在继电器输出线圈和接点之间，可编程控制器内部电路和外部负载电路之间是电气绝缘的。另外各公共端块间也是相互分离的。

C. 动作显示

输出继电器的线圈通电时 LED 灯亮，输出接点为 ON。

D. 响应时间

从输出继电器的线圈通电或切断，到输出接点为 ON 或 OFF 的响应时间都是约 10 ms。

E. 输出电流

对于 AC250 V 以下的电流电压，可驱动纯电阻负载的输出电流为 3 A/1 点，电感性负载 80 VA 以下(AC100V 或 AC200V)；灯负载 100 W 以下(AC100V 或 AC200V)。

F. 开路漏电流

输出接点为 OFF 时无漏电流产生。

G. 继电器输出接点的寿命

接触器、电磁阀等电感性交流负载的标准寿命：20 VA 的负载动作寿命约为 300 万次，35 VA 的负载约为 100 万次，80 VA 的负载约为 20 万次。但是，如果负载并联浪涌吸收器，寿命会显著延长。

PLC 继电器输出接线图如图 1-20 所示。

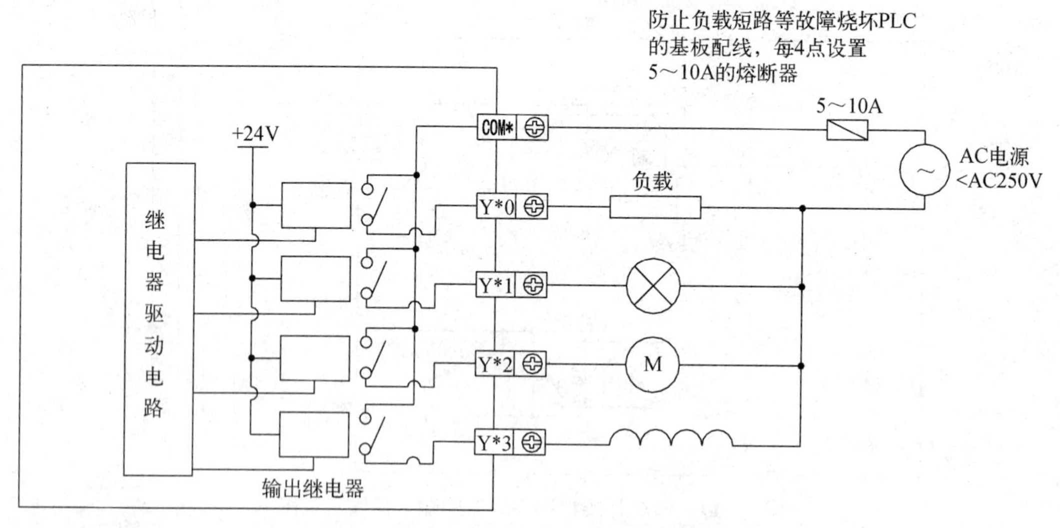

图 1-20 PLC 继电器输出接线示意图

② 晶体管输出电路

A. 输出端子

PLC 的晶体管有 1～4 个公共端的输出。

B. 外部电源

负载驱动用电源请使用 DC5～30 V 的稳压电源。

C. 电路绝缘

PLC 内部回路同输出晶体管之间用光电耦合器进行绝缘隔离。此外各公共端块之间也是相互分离的。

D. 动作表示

驱动光耦时，LED 灯亮，输出晶体管为 ON。

E. 响应时间

PLC 从光电耦合器驱动(或切断)到晶体管 ON(或 OFF)所用的时间为 0.2 ms 以下。

F. 输出电流

每输出 1 点的电流是 0.3 A。但是由于温度上升的限制，每输出 4 点的合计电流不超过 0.5 A。

G. 开路电流

0.1 mA 以下。

PLC 晶体管输出接线图如图 1-21 所示。

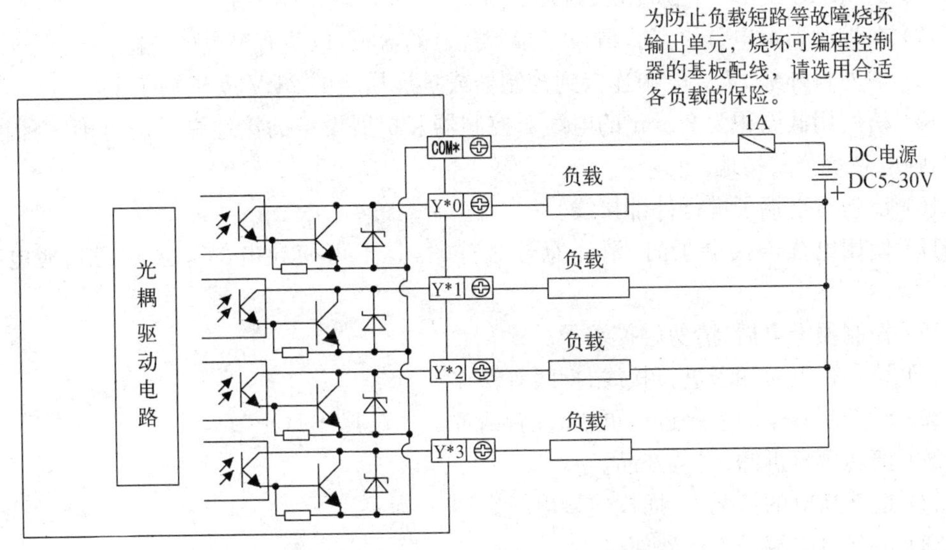

图 1-21　PLC 晶体管输出接线示意图

(4) PLC 端子 COM 端分配

COM 端子单元的分配，不同型号的 PLC，分配有所不同。每款具体的 COM 端子分配，可参考实际 PLC 输出端子排标签，加粗的线用于区分各 COM 端子单元。如图 1-22 所示为某型号输出端子排标签，其中 Y0、Y1 共用一个公共端 COM0，Y2～Y5 共用一个公共端 COM1。

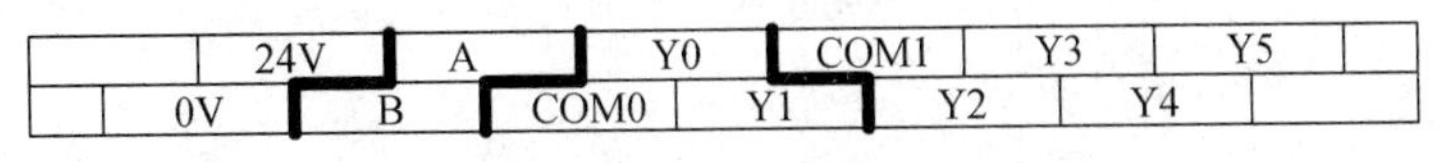

图 1-22　某型号端子排示意图

3. PLC 安装接线注意事项

在对 PLC 进行安装、接线和操作时，要注意以下几方面：

(1) 受损的控制器、缺少零部件的控制器、型号不符合要求的控制器，请勿安装。

(2) 请在控制器的外部设计安全回路，确保控制器运行异常时，整个系统也能安全运行。

(3) 请勿将控制接线与动力接线捆缚在一起，原则上要分开至少 10 cm。

(4) 在安装控制器前，请务必断开所有外部电源。

(5) 请在产品手册规定的环境条件下安装和使用产品。不要在潮湿、高温、有灰尘、烟雾、导电性粉尘、腐蚀性气体、可燃性气体，以及有振动、冲击的场所中使用。

(6) 请勿直接触摸产品的导电部位。

(7) 请使用 DIN46277 导轨或 M3 螺丝固定本产品，并请安装在平整的表面。

(8) 进行螺丝孔的加工时，请切勿使切割粉末、电线碎屑掉入产品外壳内。

(9) 用扩展电缆连接扩展模块时，请确认连接紧密、接触良好。

(10) 连接外围设备、扩展设备、电池等设备时，请务必断电操作。

(11) 在对控制器进行接线操作前，请务必断开所有外部电源。

(12) 请将 AC 或 DC 电源正确连接到控制器的专用电源端子上。

(13) 在控制器上电、运行前，请盖好端子台上的盖板，以防有触电的危险。

(14) 请勿将外部 24 V 电源连接到控制器或扩展模块的 24 V、0 V 端子上。

(15) 请使用截面积为 2 mm^2 的电线对控制器及扩展设备的接地端子进行第三种接地，不可与强电系统公共接地。

(16) 请勿对空端子进行外部接线。

(17) 使用电线连接端子时，请注意务必拧紧，且不可使导电部分接触到其他电线或端子。

(18) 控制器上电后，请勿触摸端子。

(19) 请勿带电对端子进行接线、拆线等操作。

(20) 对控制器中的程序进行更改之前，请务必先对其“STOP”。

(21) 请勿擅自拆卸、组装产品。

(22) 请在断电的情况下，插拔连接电缆。

(23) 请勿对空端子进行外部接线。

(24) 拆卸扩展设备、外围设备、电池时，请先断电。

(25) 产品废弃时，请按工业废弃物处理。

项目二

开关量及顺序控制

知识点：

- 了解信捷 PLC 的结构、编程元件、寻址方式；
- 了解信捷 PLC 的指令集、编程方法。

技能点：

- 会对 PLC、电脑、外部设备进行连线；
- 会绘制电气原理图(AutoCAD)、顺序功能图(Visio)；
- 会利用基本逻辑指令、顺序控制指令编写梯形图程序；
- 掌握 XCPPro 编程软件的操作，会录入、修改、调试 PLC 程序；
- 掌握系统安装、调试技术，能对简单故障正确进行处理。

任务1　用 PLC 控制三相异步电动机点动与连续运行

任务提出

在工业控制领域中，经常使用电动机点动对系统进行试车、检查；电动机正常工作时，需要实现连续运行。如何使用 PLC 实现三相异步电动机点动或者连续运行？

知识链接

一、PLC 的工作原理及产品介绍

1. PLC 的工作原理

为什么 PLC 现在成为工业控制系统中的主流控制器？继电器控制系统是由大量的硬件继电器组成，结构复杂；而 PLC 控制系统硬件简单，在硬件连接上 PLC 只需要接入信号和受控对象。继电器控制系统的功能是通过器件连线实现的，控制功能相对简单，并且不易改变；而 PLC 控制功能是由计算机软件实现的，不但具有强大的逻辑计算功能，而且可以根据工艺需要方便地修改控制功能。另外，PLC 控制系统稳定、维护容易，PLC 性能指标高，故

障率低，抗干扰性强，能在工业生产环境长期、稳定工作。据统计，PLC控制系统的电气故障95%以上发生在PLC的外部电路。当电路发生故障时，可根据PLC输入/输出端口的LED显示判断产生故障的部位，以便迅速排除故障。

(1) PLC程序运行的方式

当PLC的方式开关置于【RUN】位置时，PLC即进入程序运行状态。在程序运行状态下，PLC以独特的循环周期扫描工作方式工作。每一个扫描周期分为输入采样、程序执行和输出刷新3个阶段。

① 输入采样阶段

在输入采样阶段，PLC的CPU读取每个输入端口(X端)的状态，采样结束后，存入输入数据寄存器，作为程序执行的条件。

② 程序执行阶段

在程序执行阶段，CPU从用户程序的第0步开始，到END步结束，顺序地逐条扫描用户程序，同时进行逻辑运算和处理(即前条指令的逻辑结果影响后条指令)，最终将运算结果存入输出数据寄存器。

③ 输出刷新阶段

CPU将输出数据寄存器写入输出锁存器，从而改变输出端口(Y端)的状态。

(2) PLC扫描周期的时间

PLC扫描周期的时间与PLC的类型和程序指令语句的长短有关，通常一个扫描周期为几个至几十个毫秒，最长不超过200 ms，否则程序报警。由于PLC上位扫描周期很短，所以从操作上感觉不出来PLC的延迟。对于高速信号，PLC则有专门的处理方式，此处不作介绍。

(3) PLC工作方式与继电器工作方式的比较

PLC工作方式与继电器工作方式有本质的不同。继电器属于并联工作方式，当控制线路通电时，所有的负载(继电器线圈)可以同时通电，与继电器在控制线路中的位置无关。

PLC属于逐条读取指令、逐条执行指令的顺序扫描工作方式，先被扫描的软继电器先动作，并且影响后被扫描的软继电器，即与继电器在程序中的位置有关，在编程时要掌握和利用这个特点。

2. 信捷PLC系列产品介绍

信捷XC系列是信捷应用广泛的PLC系列，它由本体、扩展模块、扩展BD板组成，如图2-1所示。本体包含XC1、XC2、XC3、XC5、XCC、XCM几个系列。

图2-1　信捷PLC及其扩展模块

XC1系列：10点、16点、24点、32点的所有机型。

XC2系列：14点、16点、24点、32点、48点、60点的所有机型。

XC3 系列:14 点、24 点、32 点、42 点、48 点、60 点的所有机型及 XC5-19AR-E。

XC5 系列:24 点、32 点、48 点、60 点的所有机型。

XCM 系列:24 点、32 点、60 点的所有机型。

XCC 系列:24 点、32 点的所有机型。

XC 系列 PLC 命名规则如下:

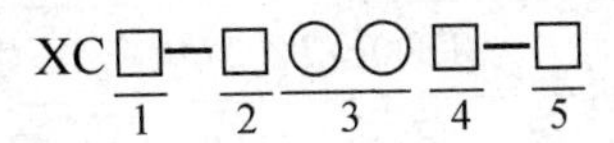

1:系列序号　　　　1、2、3、5、M、C

2:输入类型　　　　P:PNP 输入

　　　　　　　　　空白:NPN 输入

3:输入/输出总点数　10、14、16、24、32、42、48、60

4:输出类型　　　　R:继电器输出

　　　　　　　　　T:晶体管输出

　　　　　　　　　RT:继电器/晶体管混合输出(晶体管为 Y0、Y1)

5:供电电源类型　　E:交流电源(100～220 V)

　　　　　　　　　C:直流电源(24 V)

二、编程元件

PLC 是采用软件编制程序来实现控制要求的。编程时要使用到各种编程元件,它们可提供无数个常开和常闭触点。编程元件是指输入寄存器、输出寄存器、位存储器、定时器、计数器、通用寄存器、数据寄存器及特殊功能存储器等。

XC5 系列 PLC 部分编程元件的编号范围与功能说明如表 2-1 所示。

表 2-1　XC5 系列 PLC 部分编程元件的编号范围与功能一览表

识别记号	名称	I/O 范围		点数	
		24/32 点	48/60 点	24/32	48/60
I/O 点数	输入点数	X0～X15 X0～X21	X0～X33 X0～X43	14/18	28/36
	输出点数	Y0～Y11 Y0～Y15	Y0～Y23 Y0～Y27	10/14	20/24
X	输入继电器	X0～X1037		544	
Y	输出继电器	Y0～Y1037		544	
M	辅助继电器	M0～M3999 【M4000～M7999】		8000	
		特殊用 M8000～M8767		768	
S	状态器	S0～S511 【S512～S1023】		1024	

续 表

识别记号	名称	I/O范围		点数	
		24/32点	48/60点	24/32	48/60
T	定时器	T0～T99:100 ms不累计		640	
		T100～T199:100 ms累计			
		T200～T299:10 ms不累计			
		T300～T399:10 ms累计			
		T400～T499:1 ms不累计			
		T500～T599:1 ms累计			
		T600～T639:1 ms精确定时			
C	计数器	C0～C299:16位顺计数器		640	
		C300～C598:32位顺/倒计数器			
		C600～C618:单相高速计数器			
		C620～C628:双相高速计数器			
		C630～C638:AB相高速计数器			
D	数据寄存器	D0～D3999【D4000～D7999】		8 000	
		特殊用D8000～D9023		1 024	
FD	FlashROM寄存器	FD0～FD7151		7 152	
		特殊用FD8000～FD9023		1 024	
FS	保密寄存器	FS0～FS15		16	
ED	内部扩展寄存器	ED0～ED36863		36 864	

1. 输入继电器(X)

(1) 输入继电器的作用

输入继电器是用于接收外部的开关信号的接口,以符号X加八进制数字表示。

(2) 地址分配原则

在基本单元中,按X0～X7,X10～X17……八进制数的方式分配输入继电器地址号。

扩展模块的地址号,按第1路扩展从X100开始,第2路扩展从X200开始……一共可以带7个扩展模块。

(3) 使用注意点

■ 在输入继电器的输入滤波器中采用了数字滤波器,用户可以通过设置改变滤波参数。

■ 在可编程控制器的内部配备了足量的输入继电器,其多于输入点数的输入继电器与辅助继电器一样,作为普通的触点/线圈进行编程。

2. 输出继电器(Y)

(1) 输出继电器的作用

输出继电器是用于驱动可编程控制器外部负载的接口,以符号Y加八进制数字表示。

(2) 地址分配原则

在基本单元中,按 Y0～Y7,Y10～Y17……八进制数的方式分配输出继电器地址号。

扩展模块的地址号,按第 1 路扩展从 Y100 开始,第 2 路扩展从 Y200 开始……一共可以带 7 个扩展模块。

(3) 使用注意点

在可编程控制器的内部如果配备了足量的输出继电器,其多于输出点数的输出继电器与辅助继电器一样,作为普通的触点/线圈进行编程。

3. 辅助继电器(M)

(1) 辅助继电器的作用

辅助继电器是可编程控制器内部具有的继电器,以符号 M 加十进制数字表示。

(2) 地址分配原则

在基本单元中,按照十进制数分配辅助继电器的地址。

(3) 使用注意点

① 这种继电器有别于输入/输出继电器,它不能获取外部的输入,也不能直接驱动外部负载,只在程序中使用。

② 断电保持用继电器在可编程控制器断电的情况下也能保存其 ON/OFF 的状态。

4. 状态继电器(S)

(1) 状态继电器的作用

作为步进梯形图使用的继电器,以符号 S 表示。

(2) 地址分配原则

在基本单元中,按照十进制数分配状态继电器的地址。

(3) 使用注意点

不作为工序号使用时,与辅助继电器一样,可作为普通的触点/线圈进行编程。另外,也可作为信号报警器,用于外部故障诊断。

5. 定时器(T)

(1) 定时器的作用

定时器用于对可编程控制器内 1 ms、10 ms、100 ms 等时间脉冲进行加法计算,当达到规定的设定值时,输出触点动作,以符号 T 表示。

(2) 地址分配原则

在基本单元中,按照十进制数分配定时器的地址,但又根据时钟脉冲累计与否将地址划分为几块区域。

(3) 时钟脉冲

定时器的时钟脉冲有 1 ms、10 ms、100 ms 三种规格,若选用 10 ms 的定时器,则将对 10 ms的时间脉冲进行加法计算。

(4) 累计/不累计

这些定时器分为累计与不累计两种模式。累计定时器,表示即使定时器线圈的驱动输入断开,仍保持当前值,等下一次驱动输入导通时继续累计动作;而不累计定时器,当驱动输入断开时,计数自动清零。

6. 计数器(C)

(1) 计数器的分类

根据计数器的用途不同,可将其分为内部计数用和外部计数用两种。

① 内部计数用(一般使用/停电保持用)

16 位计数器:增计数用,计数范围 1～32 767。

32 位计数器:增计数用,计数范围 1～2 147 483 647。

这些计数器供可编程控制器的内部信号使用,其响应速度为一个扫描周期或以上。

② 高速计数用(停电保持用)

32 位计数器:增/减计数用,计数范围－2 147 483 648～＋2 147 483 647(单相递增计数,单相增/减计数,AB 相计数),分配给特定的输入点。

高速计数可以进行频率 80 kHz 以下的计数,而与可编程控制器的扫描周期无关。

(2) 地址分配原则

在基本单元中,计数器以十进制编址。

7. 数据寄存器(D)

(1) 数据寄存器的作用

数据寄存器是供存储数据用的软元件,以符号 D 表示。

(2) 地址分配原则

XC 系列 PLC 的数据寄存器都是 16 位的(最高位为符号位),将两个寄存器组合可以进行 32 位(最高位为符号位)的数据处理;数据寄存器以十进制编址。

(3) 使用注意点

跟其他软元件一样,数据寄存器也有供一般使用和停电保持用两种。

8. FlashROM 寄存器(FD)

(1) 数据寄存器的作用

FlashROM 寄存器用于存储数据的软元件,以符号 FD 表示。

(2) 地址分配原则

在基本单元中,FlashROM 寄存器以十进制数进行编址。

(3) 使用注意点

该存储区即使电池掉电,也能够记忆数据,因此可用于存储重要的工艺参数。FlashROM 可写入约 100 万次,且每次写入较费时,频繁写入将造成 FD 的永久损坏,因此不建议用户频繁写入。

9. 内部扩展寄存器(ED)

(1) 内部扩展寄存器的作用

内部扩展寄存器用于存储数据的软元件,以符号 ED 表示。

(2) 地址分配原则

在基本单元中,内部扩展寄存器以十进制数进行编址。

(3) 使用注意点

该存储区出厂默认都为停电保持使用,其功能主要用于数据的存储,只适合 MOV,BMOV,FMOV 等数据传送的指令。

10. 常数(B、K、H)

在可编程控制器所使用的各种数值中,B 表示二进制数值,K 表示十进制整数值,H 表示十六进制数值。它们被用作定时器与计数器的设定值和当前值,或应用指令的操作数。

11. 特殊寄存器

特殊寄存器用于 CPU 与用户之间交换信息,其特殊寄存器位提供大量的状态和控制功能。其中常用的特殊寄存器如表 2-2 所示。

表 2-2　常用的特殊寄存器一览表

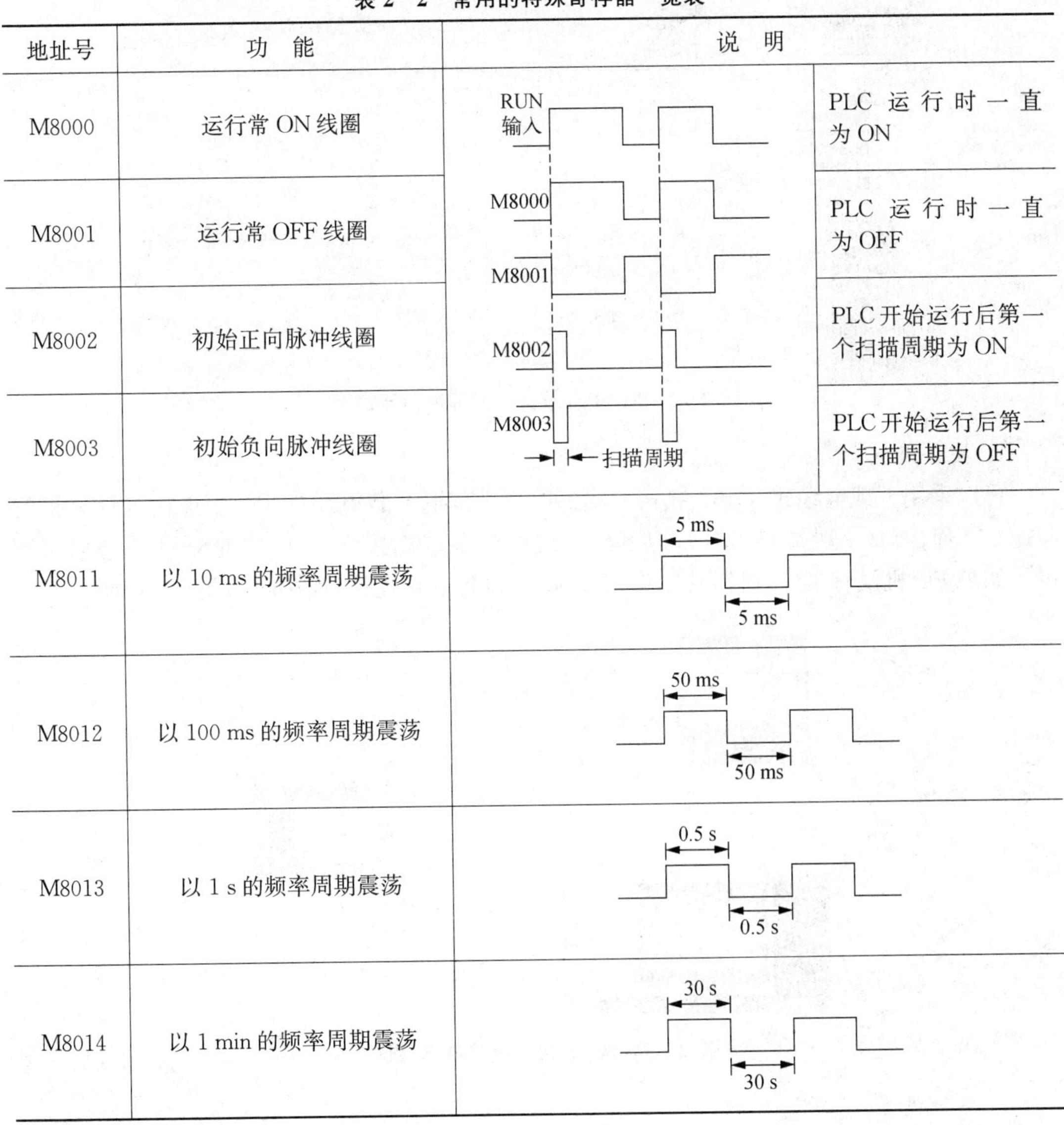

地址号	功　能	说　明	
M8000	运行常 ON 线圈		PLC 运行时一直为 ON
M8001	运行常 OFF 线圈		PLC 运行时一直为 OFF
M8002	初始正向脉冲线圈		PLC 开始运行后第一个扫描周期为 ON
M8003	初始负向脉冲线圈		PLC 开始运行后第一个扫描周期为 OFF
M8011	以 10 ms 的频率周期震荡	5 ms / 5 ms	
M8012	以 100 ms 的频率周期震荡	50 ms / 50 ms	
M8013	以 1 s 的频率周期震荡	0.5 s / 0.5 s	
M8014	以 1 min 的频率周期震荡	30 s / 30 s	

三、XCPPro 编程软件

信捷公司将 XC 系列 PLC 的编程软件命名为 XCPPro,它的运行环境为 Windows 2000、Windows NT、Windows XP 等平台,可对 PLC 进行程序输入以及监控 PLC 中各软元件的实时状态。

1. XCPPro 编程软件的安装

如果操作系统未安装过 Framework2.0 库，要先在信捷官方网站上下载并运行安装文件夹中的“dotnetfx”子文件夹下的安装程序“dotnetfx.exe”，然后再双击运行 XCPPro 的安装文件“setup.exe”。XCPPro 软件的编程窗口如图 2-2 所示。

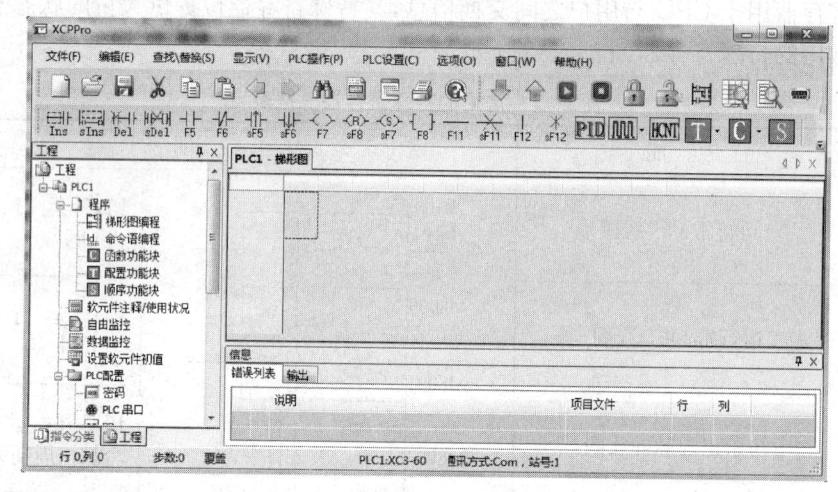

图 2-2　XCPPro 软件的编程窗口示意图

2. 硬件连接

可以采用下载电缆建立 PC 与 PLC 之间的通信，把下载电缆的 PC 端连接到计算机的 RS-232 通信口（一般是 COM1），把下载电缆的另一端连接到 PLC 的 RS-485 通信口即可。如果 PC 机没有串口，可以使用 USB 转串口设备进行连接，连接图如图 2-3 所示。

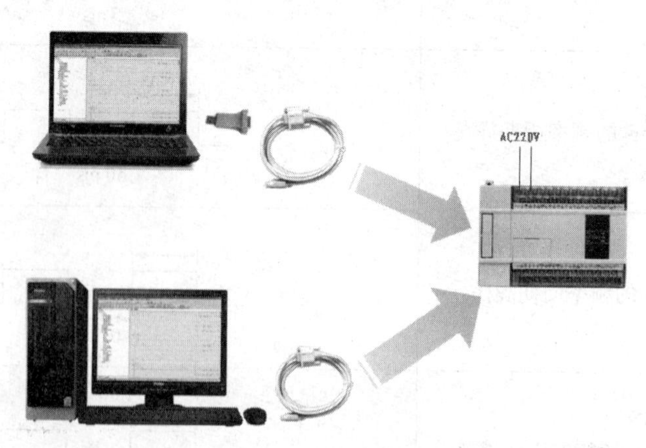

图 2-3　PC 与 PLC 的连接示意图

3. 参数设置

安装完软件并且设置连接好硬件之后，可以按下面的步骤设置或检查默认的参数。

① 点击 PLC 编辑软件上的“软件串口设置”图标。

② 根据 PC 机的实际串口，选择正确的通信串口号；波特率选择 19 200 bps，奇偶校验选择偶校验，8 个数据位，1 个停止位；也可以通过直接点击窗口里面的“检测”按钮，由 PLC 自行选择通信参数，成功连接后的窗口左下角将会显示“成功连接 PLC”，如图 2-4 所示。

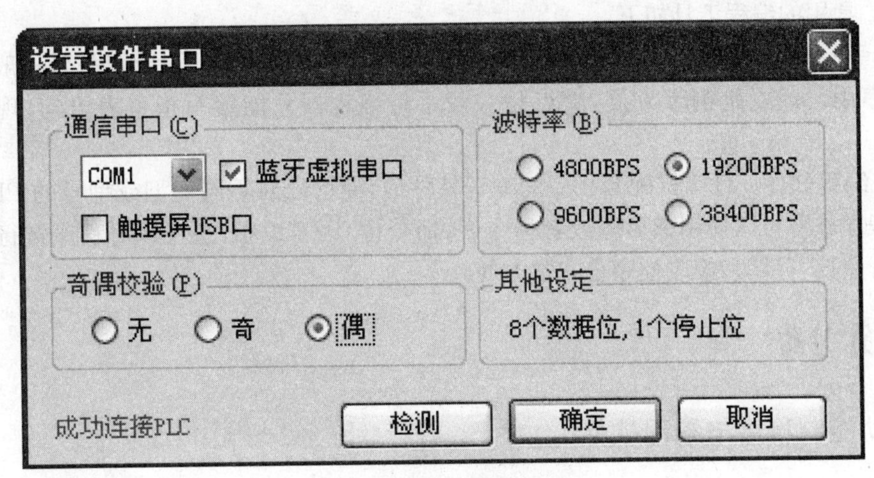

图 2-4　串口设置对话框

4. 程序下载

点击“”图标,即可将电脑里的PLC程序下载至PLC中。

四、PLC的应用、分类及程序语言

1. PLC的主要应用

(1) 开关量逻辑控制。这是PLC最基本的控制,可以取代传统的继电器控制系统。

(2) 模拟量控制。除了开关量控制以外,PLC还可以接收、处理和控制连续变化的模拟量,如温度、压力、速度、电压、电流等。

(3) 运动控制。PLC可以控制步进电动机和伺服电动机,从而控制机件的运动方向、速度和位置。

(4) 多级控制。PLC可以实现与其他PLC、上位计算机、单片机互相交换信息,组成自动化控制网络。

2. PLC的分类

PLC按结构可分为整体式和模块式。整体式的PLC具有结构紧凑、体积小、价格低的优势,适合常规电气控制。整体式的PLC也称为PLC的基本单元,在基本单元的基础上可以加装扩展模块以扩大使用范围。模块式的PLC把CPU、输入接口、输出接口等做成独立的单元模块,具有配置灵活、组装方便的优势,适合输入/输出点数差异较大的控制系统。

PLC按输入/输出接口(I/O接口)总数的多少可分为微型机、小型机、中型机和大型机。I/O点数小于64点为微型机;I/O点数在64～128点为小型机;I/O点数在129～512点为中型机;I/O点数在512点以上为大型机。PLC的I/O接口数越多,其存储容量也越大,价格也越贵,因此,在设计程序时应尽量减少使用I/O接口的数量。

3. PLC程序语言与编程工具

PLC程序可以用梯形图语言或指令表(命令语)语言编写。由于梯形图与继电器电流原理图非常接近,因此直观易学。指令表(命令语)语句类似于计算机的汇编语言,梯形图语言需要转换为指令表语句后才能执行,这个转换可由编程软件自动完成。

PLC常用的编程工具如下：

(1) 手持编程工具。不同类型或型号的PLC只能使用专用的手持编程器，一般供现场调试程序用。优点是携带方便，缺点是一般手持编程器只能编写指令表语句，现在已很少用。

(2) 编程软件。计算机配套相应的编程软件后，便可以对不同类型或型号的PLC进行编程。程序软件可以使用梯形图或者指令表(命令语)语言编程，还可以对程序进行仿真测试或运行监控，存储和修改程序也非常方便。

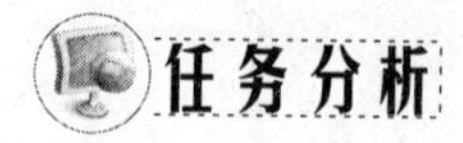

一、点动控制程序与编程软件

本节介绍PLC软继电器X、Y以及LD、LDI、OUT、END四条基本指令的使用方法，并用PLC编程软件编写一个点动控制线路的程序。

1. 输入继电器X和输出继电器Y

对PLC使用者来说，在编写用户程序时不必考虑PLC内部复杂的电路结构，只需将PLC看成众多"软继电器"组成的控制器。"软继电器"实际上是PLC内部存储器某一位的状态，该位状态为"1"，相当于继电器接通；该位状态为"0"，相当于继电器断开。在PLC程序中出现的线圈与触点均属于"软继电器"，"软继电器"与真实继电器的最大区别在于"软继电器"的触点可以无限次地引用。"软继电器"的线圈和触点的符号如图2-5所示。

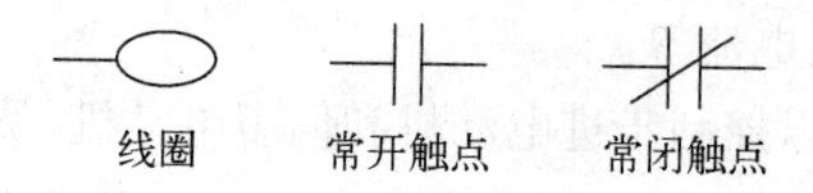

图2-5　软继电器的线圈和触点示意图

(1) 输入继电器X

XC系列PLC的输入继电器以八进制进行编号，地址范围是X0～X43(36点)。输入继电器表示输入接口电路的状态，因此输入继电器的线圈只能由PLC的外部输入信号驱动，在梯形图中不能出现。

(2) 输出继电器Y

XC系列PLC的输出继电器以八进制进行编号，地址范围是Y0～Y27(24点)。输出继电器是PLC唯一能驱动实际负载的继电器，输出继电器的线圈只能由程序驱动。图2-6中输入继电器X0的接点闭合时，输出继电器Y0的线圈被驱动；同时Y0的常开触点闭合，Y1的线圈被驱动。

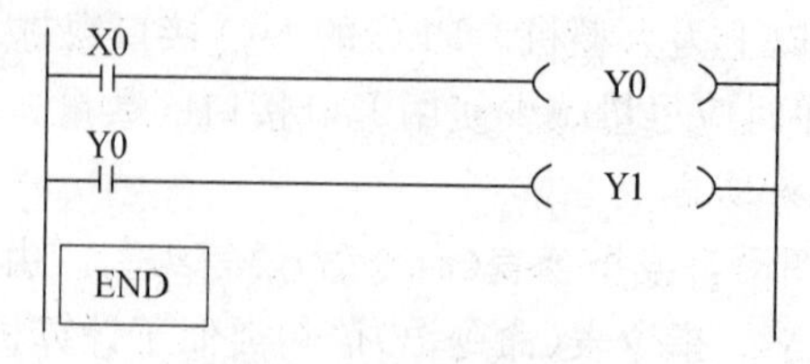

图2-6　输出继电器Y

2. LD、LDI、OUT、END 指令及应用

LD、LDI、OUT、END 指令的助记符、逻辑功能等指令属性如表 2-3 所示。

表 2-3　LD、LDI、OUT、END 指令的属性表

助记符	逻辑功能	电路表示	操作元件
LD	运算开始常开触点	常开触点与左母线连接	X、Y、M、S、T、C、Dn. m、FDn. m
LDI	运算开始常闭触点	常闭触点与左母线连接	X、Y、M、S、T、C、Dn. m、FDn. m
OUT	线圈驱动	驱动线圈输出	Y、M、S、T、C、Dn. m
END	程序结束		无

LD、LDI、OUT、END 指令的应用举例如图 2-7 所示。

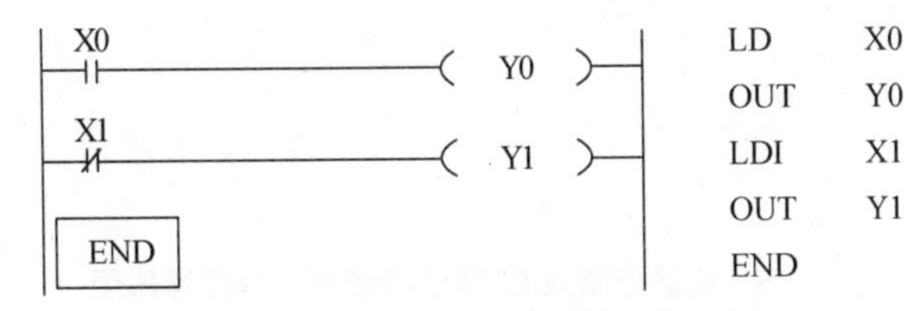

图 2-7　LD、LDI、OUT、END 指令的应用举例

(1) LD 指令是从左母线(或临时左母线)取常开触点指令，以常开触点开始逻辑行的电路也使用这一指令。

(2) LDI 指令是从左母线(或临时左母线)取常闭触点指令，以常闭触点开始逻辑行的电路也使用这一指令。

(3) OUT 指令是对输出继电器 Y、辅助继电器 M、状态继电器 S、定时器 T、计数器 C 的线圈进行驱动的指令(不能驱动输入继电器 X 的线圈)，OUT 指令可以连续使用多次，相当于电路中多个线圈的并联形式。

(4) END 指令是程序结束指令，即 PLC 扫描周期中程序执行阶段结束，进入输出刷新阶段。

3. 应用 PLC 编程软件编写点动控制程序

对 PLC 操作前，要使用编程电缆将编程计算机的串口与 PLC 的通信接口连接好。

(1) 点动控制线路

电动机的点动控制要求是：按下按钮 SB，电动机运转；松开按钮 SB，电动机停机。PLC 的端口分配如表 2-4 所示。

表 2-4　点动控制线路输入/输出端口分配表

输入端口			输出端口		
输入继电器	输入元件	作用	输出继电器	输出元件	控制对象
X1	SB	点动按钮	Y1	KM	电动机 M

PLC 控制的电动机点动控制线路接线图和程序梯形图如图 2-8 所示。

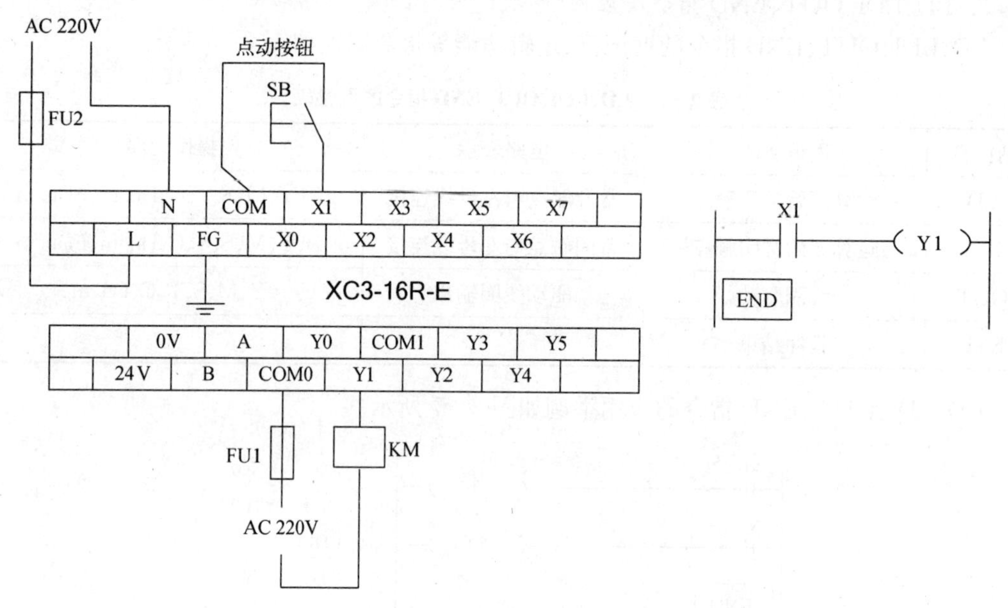

图 2－8　点动控制线路 PLC 接线图和程序梯形图

（2）运行信捷 PLC 编程软件 XCPPro

运行 PLC 的编程软件 XCPPro 后，出现初始启动画面，点击初始启动画面菜单栏中“文件”菜单，在下拉列表中选取“创建新工程”选项，如图 2－9 所示。

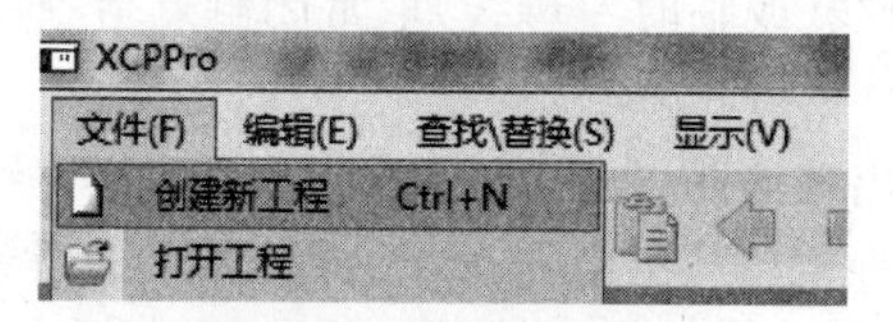

图 2－9　创建新工程

点击“创建新工程”选项后，出现 PLC 机型选择框，如图 2－10 所示。

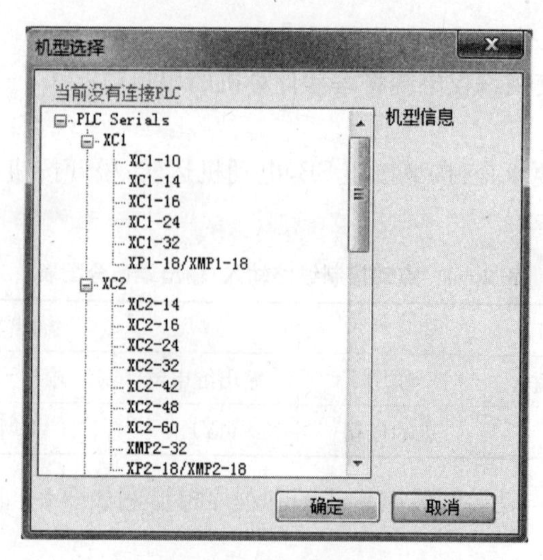

图 2－10　机型选择框

选择“XC3－32”，点击“确定”按钮，则出现程序编辑的主界面，如图 2－11 所示。

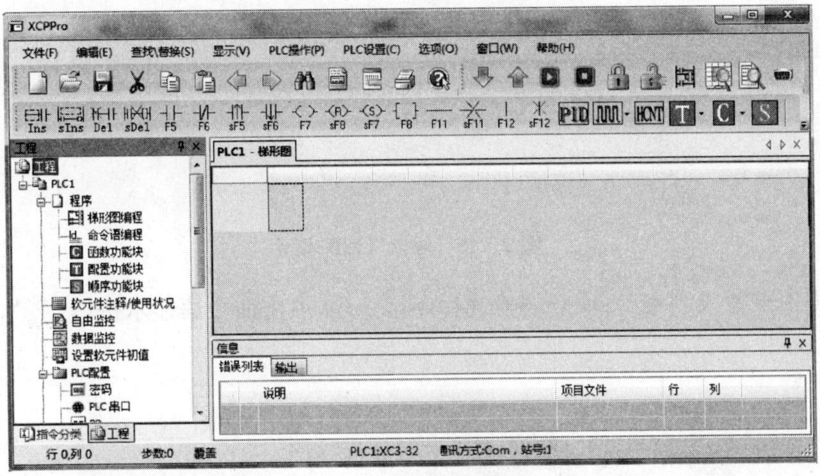

图 2－11　程序编辑主界面

将光标置于程序主界面的左母线处顶端，输入指令语句“LD　X1”，在光标的下方会出现一个指令输入对话框，如图 2－12 所示。按【Enter】键后，X1 的常开触点显示在左母线处，如图 2－13 所示。

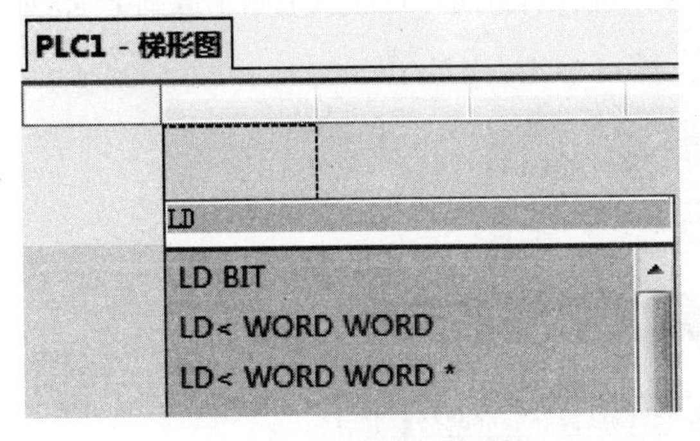

图 2－12　指令输入对话框

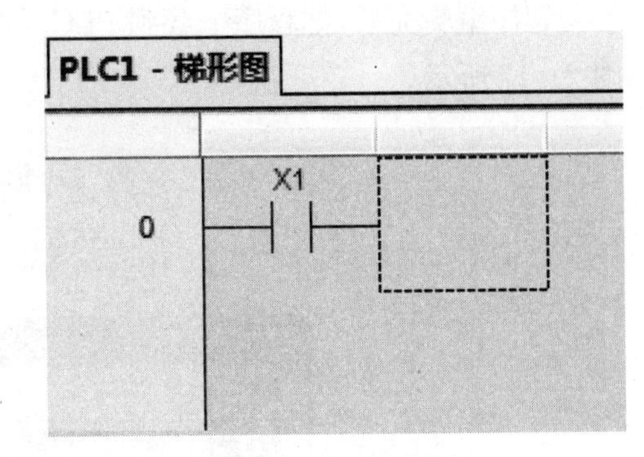

图 2－13　常开触点

继续输入指令语句“OUT　Y1”，在指令输入对话框出现“OUT　Y1”，按【Enter】键后，程序第一行结束，光标跳到第二行左母线处，如图 2－14 所示。

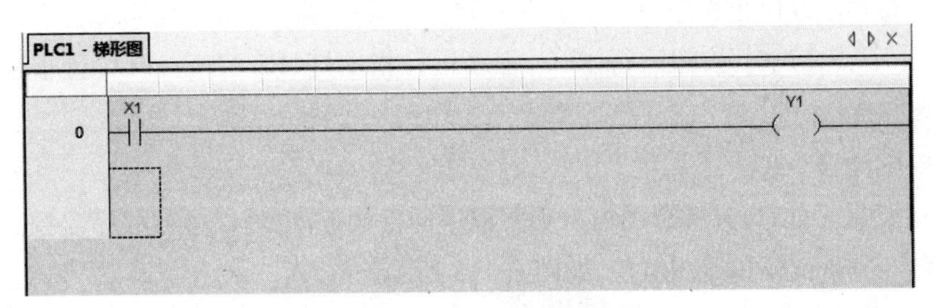

图 2－14　第一行程序结束

输入结束指令“END”，按【Enter】键后，光标跳到第三行左母线处，如图 2－15 所示。

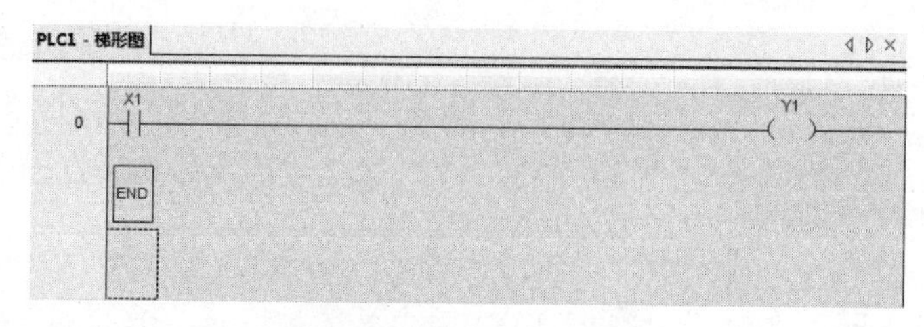

图 2－15　输入“END”指令

程序梯形图输入完成后，如要转换成程序指令表，点击命令语显示按钮“Ld m0”，如图2－16 所示。

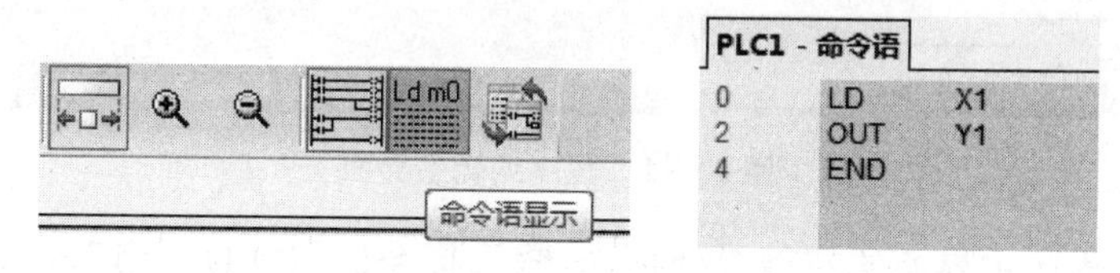

图 2－16　命令语显示

（3）用户程序写入 PLC

程序编辑完后，把程序下载到 PLC。点击“⇩”按钮，将用户程序从电脑下载到 PLC，如图 2－17 所示。

图 2－17　将程序从电脑下载到 PLC

（4）运行程序或停止程序

联机之后，点击“▶”按钮运行 PLC，程序运行指示灯（RUN）亮，PLC 置于程序运行状态；点击“■”按钮停止 PLC 运行。

（5）程序控制

程序运行后，可以通过梯形图窗口观察程序运行状态，也可以进行程序监控。点击工具栏中的“ ”图标，打开梯形图监控，如图 2－18 所示。

图 2－18　梯形图监控

当按下运行 PLC 按钮时，X1 接通，Y1 线圈通电。输入继电器 X1、输出继电器 Y1 的状态均为"ON"。在程序监控状态下，当元件的状态为"ON"时，元件符号上有绿色背景(图中黑色)，如图 2－19 所示。

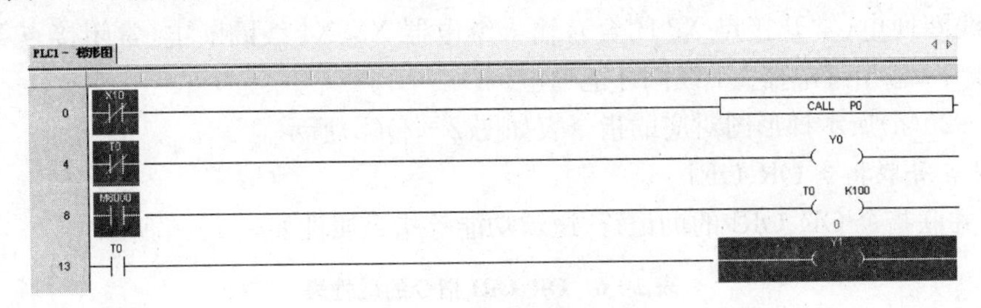

图 2－19　程序监控

(6) 保存程序

至此，完成了点动控制 PLC 程序的编辑、写入、程序运行、监控和操作过程。如果需要保持程序，可点击"文件"、"保存"，选择保存路径和文件名即可。

二、串并联指令、置位指令与自锁控制程序

自锁控制是电气控制系统的基本功能，在本节中，将学习 PLC 软元件接点的串联、并联指令和置位、复位指令，并应用指令编写电动机自锁控制程序。

1. 接点串联指令 AND、ANI

接点串联指令 AND、ANI 的助记符、逻辑功能、操作元件等属性如表 2－5 所示。

表 2－5　AND、ANI 指令的属性表

助记符	逻辑功能	电路表示	操作元件
AND	与	串联一个常开触点	X、Y、M、S、T、C、Dn. m、FDn. m
ANI	与非	串联一个常闭触点	X、Y、M、S、T、C、Dn. m、FDn. m

(1) AND 指令完成逻辑"与"运算，ANI 指令完成逻辑"与非"运算；

(2) 触点串联指令是指单个触点串联连接的指令，串联触点的次数没有限制；

(3) 触点串联指令常用于联锁控制。

【例题 2.1】 阅读图 2－20 所示梯形图，分析其逻辑关系，并写出对应的指令表。

【解】 图 2－20(a)所示梯形图的逻辑关系是：

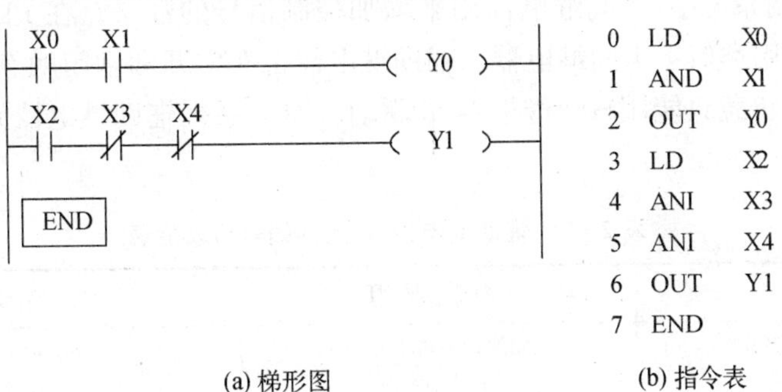

(a) 梯形图　　(b) 指令表

图 2－20　串联指令举例

输入继电器常开接点 X0、X1 串联控制输出继电器 Y0，只有输入继电器 X0、X1 线圈通电（常开接点 X0、X1 闭合）时，输出继电器 Y0 线圈才能通电。

输入继电器 X2 的常开接点与 X3、X4 的常闭接点串联控制输出继电器 Y1，只有输入继电器 X2 线圈通电（常开接点 X2 闭合），输入继电器 X3、X4 线圈断电（常闭接点 X3、X4 闭合）的情况下，输出继电器 Y1 线圈才能通电。

图 2－20(a)所示梯形图对应的指令表如图 2－20(b)所示。

2. 接点并联指令 OR、ORI

接点并联指令 OR、ORI 的助记符、逻辑功能等指令属性如表 2－6 所示。

表 2－6　OR、ORI 指令的属性表

助记符	逻辑功能	电路表示	操作元件
OR	或	并联一个常开触点	X、Y、M、S、T、C、Dn. m、FDn. m
ORI	或非	并联一个常闭触点	X、Y、M、S、T、C、Dn. m、FDn. m

接点并联指令的使用说明：

(1) OR 指令完成逻辑“或”运算，ORI 指令完成逻辑“或非”运算；

(2) 接点并联指令是单个接点并联连接指令，并连接点的次数没有限制；

(3) 接点并联指令常用于自锁控制。

【例题 2.2】 编写一个自锁控制程序。启动/停止按钮分别接输入继电器 X0、X1 端口，负载接触器接输出继电器 Y0 端口。

【解】 自锁控制程序如图 2－21 所示，与继电器控制线路相似，用输出继电器 Y0 的常开接点与 X0 并联即具有自锁功能。

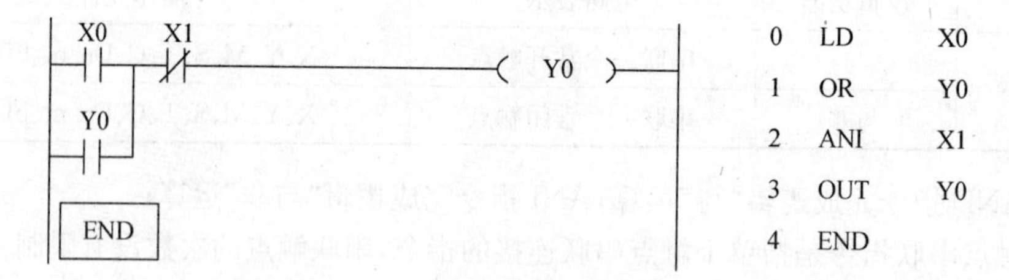

图 2－21　具有自锁控制的程序

3. 辅助继电器 M

在继电器控制系统中，中间继电器用来增加控制信号的数量。在 PLC 控制程序中，辅助继电器 M 的作用类似于中间继电器。辅助继电器也有常开和常闭触点，但是不能直接驱动外部负载，外部负载只能用输出继电器 Y 驱动。XC3 系列辅助继电器元件编号与功能如表 2－7 所示。

表 2－7　辅助继电器 M 元件编号与功能表

一般用	停电保持用	特殊用
M000～M2999 共 3000 点	M3000～M7999 共 5000 点	M8000～M8767 共 768 点

停电保持用辅助继电器在断电之后，会记忆断电之前的状态，下次运行时可再现原状态（利用 PLC 内部电池供电，保持停电前的状态）。

以下是几个常用的辅助继电器：

M8000：运行监控。PLC 运转时始终保持接通（ON）状态。

M8002：初始正向脉冲线圈。PLC 由停止状态（STOP）转为运转状态（RUN）的瞬间接通一个扫描周期。

M8011：10 ms 方波振荡时钟信号。

M8012：100 ms 方波振荡时钟信号。

M8013：1 s 方波振荡时钟信号。

M8014：1 min 方波振荡时钟信号。

M8020：零标记。加减运算结果为零时状态为 ON，否则为 OFF。

M8034：全部输出继电器 Y 禁止（OFF）。

4. 置位指令 SET、复位指令 RST

置位指令 SET、复位指令 RST 的助记符、逻辑功能等指令属性如表 2－8 所示。

表 2－8 SET、RST 指令的属性表

助记符	逻辑功能	电路表示	操作元件
SET	置 1	线圈保持接通	Y、M、S、T、C、Dn. m
RST	清 0	线圈保持断开	Y、M、S、T、C、Dn. m

置位指令和复位指令的使用说明：

(1) SET 和 RST 指令都具有电路自保功能；

(2) 被 SET 指令置位的继电器只能用 RST 指令才能复位；

(3) 定时器、计数器当前值的复位以及触点复位也可使用 RST 指令。

【例题 2.3】 用置位指令与复位指令编写具有自锁功能的程序。启动/停止按钮分别接输入继电器 X0、X1 端口，Y0 为输出端口。

【解】 程序如图 2－22 所示。按下启动按钮，X0 触点闭合，输出继电器 Y0 置位通电，即使 X0 触点断开，Y0 仍保持通电状态；按下停止按钮，X1 触点闭合，输出继电器 Y0 复位断电。可以看出，本例程序与例题 2.2 的程序具有相同的逻辑功能。

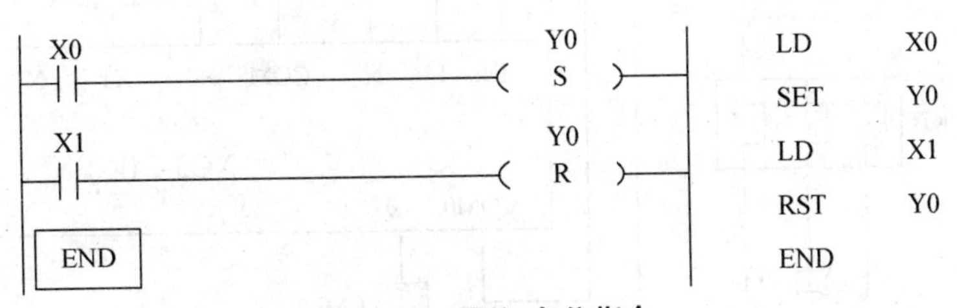

图 2－22 置位、复位指令

任务实施

实习操作：三相电动机自锁控制线路与程序

1. 三相交流电动机自锁控制线路输入/输出端口分配(见表 2－9)

表 2－9　输入/输出端口分配表

输　入			输　出	
输入继电器	输入元件	作用	输出继电器	输出元件
X0	KH	过载保护	Y0	交流接触器 KM
X1	SB1	停止按钮		
X2	SB2	启动按钮		

2. 三相交流电动机自锁控制程序(见图 2－23)

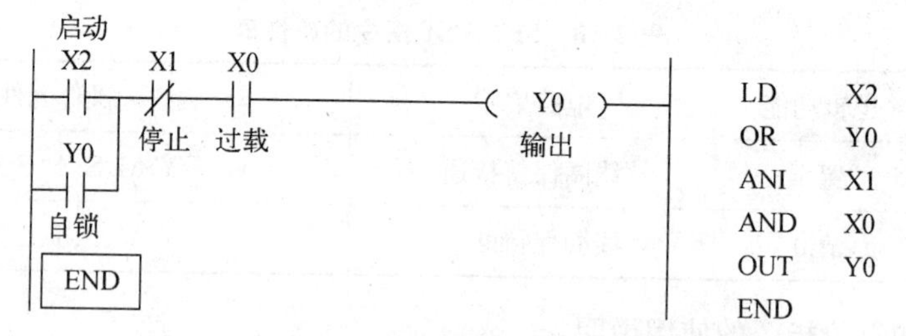

图 2－23　三相交流电动机自锁控制程序示意图

3. 三相交流电动机自锁控制线路图(见图 2－24)

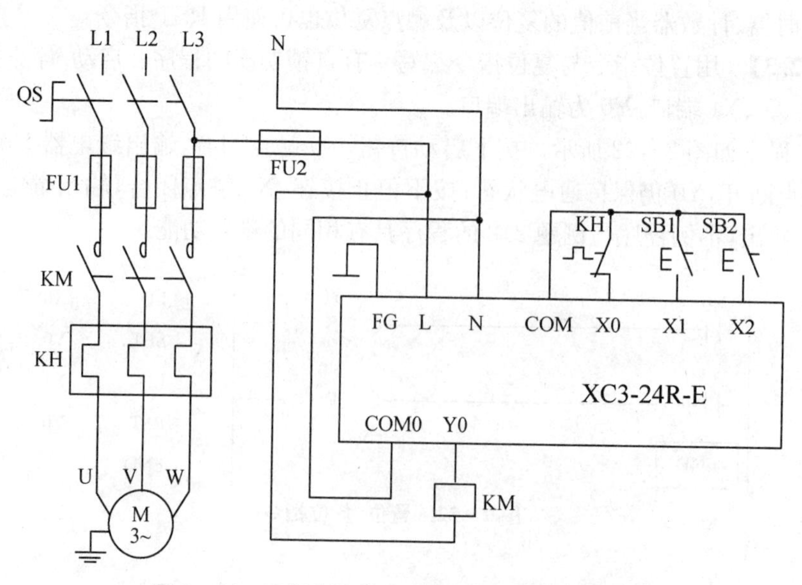

图 2－24　三相交流电动机自锁控制线路示意图

4. 接线时的注意事项

(1) 要认真核对 PLC 的电源规格。不同厂家、类型的 PLC 使用电源可能大不相同。XC 系列 PLC 额定工作电压为交流 100～240 V。交流电源要接于专用端子上，如果接在其他端子上，会烧坏 PLC。

(2) 直流电源输出端输出 24 V 电压，为外部传感器供电，32 点以下的 PLC 输出电流不超过250 mA，48 点以上的 PLC 不超过 460 mA。该端不能接外部直流电源。

(3) 空端子"·"上不能接线，以防损坏 PLC。

(4) 接触器应选择线圈额定电压为交流 220 V 或以下(对应继电器输出型的 PLC)。

(5) PLC 不要与电动机公共接地。

(6) 在实习中，PLC 和负载可共用 220 V 电源；在实际生产中，为了抑制干扰，常用隔离变压器(380 V/220 V 或 220 V/220 V)为 PLC 单纯供电。

5. 操作步骤

(1) 按图 2 - 24 所示连接三相交流电动机自锁控制线路。

(2) 接通电源，PLC 电源指示灯(POWER)亮，PLC 处于编程状态。

(3) 用编程软件将图 2 - 23 所示的控制程序写入 PLC。

(4) 打开梯形图监控功能。

(5) PLC 上输入指示灯 X0 应点亮，表示输入继电器 X0 被热继电器 KH 常闭触点接通。如果指示灯 X0 不亮，说明热继电器 KH 常闭触点断开，热继电器已过载保护。

(6) 按下启动按钮 SB2，输入继电器 X2 通电，X2 常开触点闭合，使输出继电器 Y0 通电自锁，交流接触器 KM 通电，电动机 M 通电运行。

(7) 按下停止按钮 SB1，输入继电器 X1 通电，X1 常闭触点断开，使输出继电器 Y0 断电解除自锁，交流接触器 KM 失电，电动机 M 断电停机。

6. 联机调试

单击工具栏中的"运行"图标或者在命令菜单中选择"PLC 操作/运行 PLC"，运行 PLC 程序；单击工具栏中的梯形图监控图标或者在命令菜单中选择"PLC 操作/梯形图监控"，在线监控程序。

任务 2　三路抢答器控制

任务提出

抢答器广泛用于电视台、商业机构及学校，为竞赛增添了刺激性、娱乐性，在一定程度上丰富了人们的业余生活。本任务介绍一种抢答器，能使三个人同时参加抢答，赛场中设有一个裁判台，三个参赛台。总体设计选用信捷 PLC 控制，抢答操作方便，在很多的场所都可以使用，并且给人的视觉效果非常好。

该抢答器可作为智力竞赛的评论装置。根据应答者抢答情况自动设定答题时间，并根据情况用灯光和声音显示其回答正确或错误，在工作人员的操作下对答题者所显示的分数进行加分或减分。

三路智力抢答器有三个抢答按钮 SB1～SB3，最先按下的按钮有效，在此之后按下的按钮无效，伴有灯光、声音指示，并开始计时(答题时间)，计时时间到(答题给定的时间)，声音提示停止答题。如果抢答者答题正确或错误，主持人或操作员按下加分键或减分键，将对显示屏上显示的分数值加分或减分。该抢答器组成框图如图 2－25 所示。

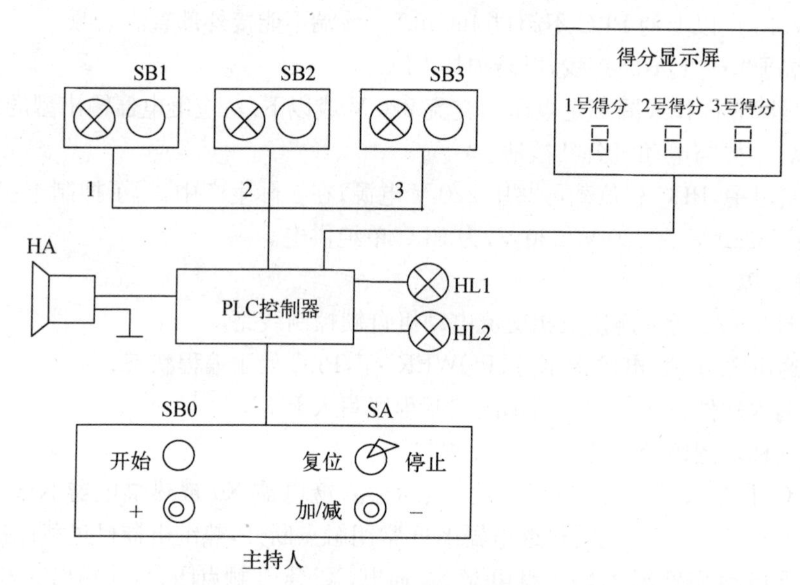

图 2－25　三路智力抢答器组成框示意图

那么，如何用 PLC 控制来实现一个能实现上述功能的三路智力抢答器系统？

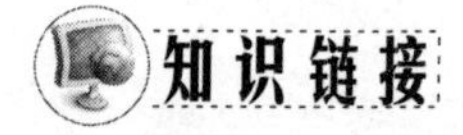

一、了解触摸屏

1. 什么是工业触摸屏

工业触摸屏是通过触摸式工业显示器实现人机交互的智能化界面(HMI)，是替代传统控制按钮和指示灯的智能化操作显示终端。它可以用来设置参数、显示数据、监控设备状态、以曲线/动画等形式描绘自动化控制过程。更方便、快捷，表现力更强，易于为 PLC 的控制程序所控制。功能强大的触摸屏创造了友好的人机界面，作为一种特殊的计算机外设，它是目前最简单、方便、自然的一种人机交互方式。

图 2－26　信捷 TH765 触摸屏

信捷 TH765 触摸屏的外观如图 2－26 所示。

2. 触摸屏的工作原理

触摸屏由触摸检测装置和控制装置组成。触摸检测装置安装在显示器屏幕前面，用于检测用户触摸位置，接受后送触摸屏控制装置；而触摸屏控制装置的主要作用是从触摸点检测装置上接收触摸信息，并将它转换成触点坐标，再送给 CPU；另外，控制装置也能接收 CPU 发来的命令并执行。

3. 触摸屏的接口与连接

如图 2－27 所示为 TH765－UT 触摸屏反面区。

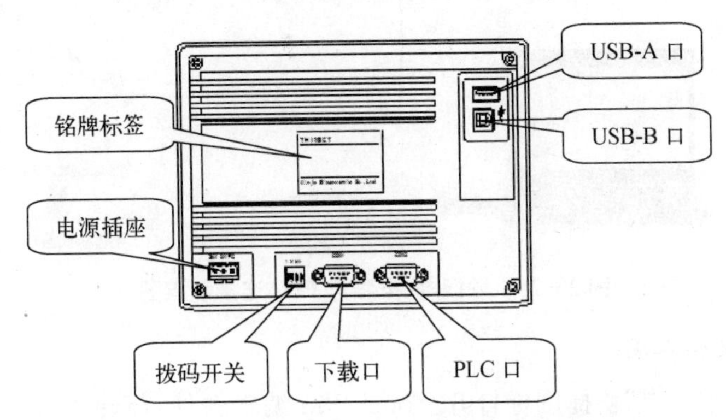

图 2－27　信捷 TH765－UT 触摸屏反面区

信捷 TH 系列触摸屏接口说明如表 2－10 所示。

表 2－10　信捷 TH 系列触摸屏接口说明表

外　观	名　称	功　能
1 2 3 4 1 2 3 4	拨码开关	用于设置强制下载、触控校准等，具体参照触摸屏硬件手册
Download	COM1 通信口	支持 RS232/RS485 通信 扩展口：1 A6B(仅 NT3、NU3 支持)
PLC	COM2 通信口	支持 RS232/RS485/RS422 通信
	USB－A 接口	可插入 U 盘存储数据
	USB－B 接口	连接 USB 线，上传/下载程序

一般可按照如图 2－28 所示方式连接信捷 TH765 触摸屏、电脑和 PLC。TH765 上的 PLC 口连接到 PLC 上。USB－B 口进行组态程序的上传/下载。同时要确保拨码开关全拨到“OFF”位置(即触摸屏出厂时的默认设置)。

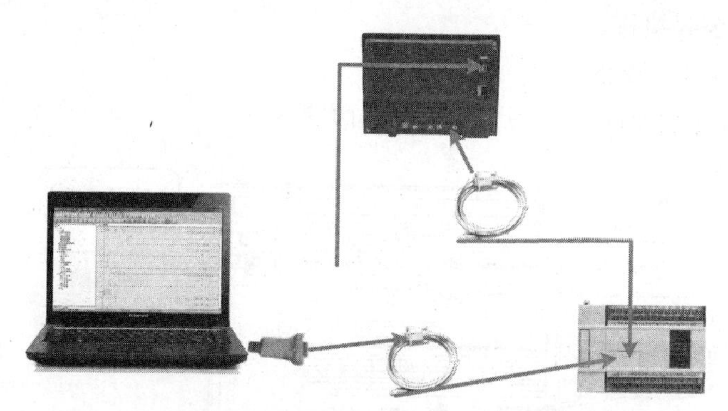

图 2-28　触摸屏、电脑与 PLC 连接示意图

4. 触摸屏的软件界面

通过双击“TouchWin 编辑工具 快捷方式”快捷图标打开 TouchWin 编辑软件，新建工程。出现如图 2-29 所示界面。

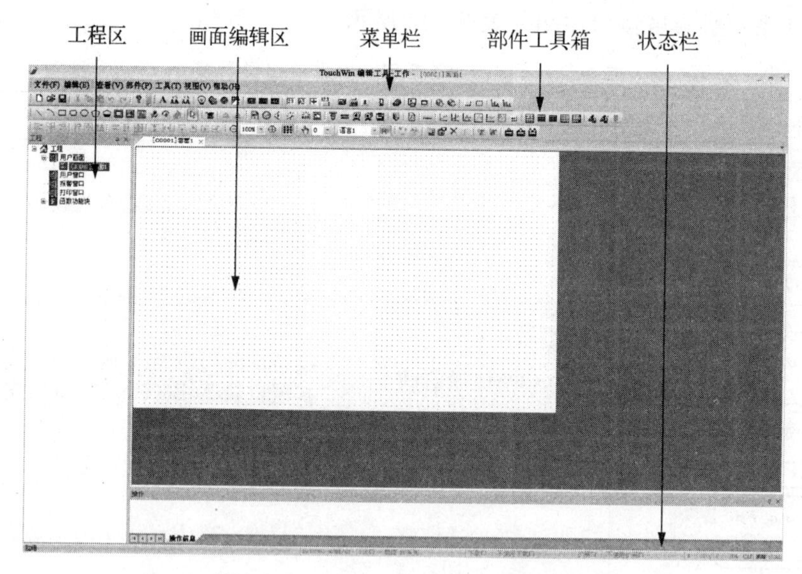

图 2-29　TouchWin 软件编辑界面图

- ➢工程区　　　涉及画面及窗口的新建、删除、复制、剪切等基本操作；
- ➢画面编辑区　工程画面制作平台；
- ➢菜单栏　　　共有 7 组菜单，包括文件、编辑、查看、部件、工具、窗口、帮助；
- ➢部件工具栏　包括标准、画图、操作、缩放、图形调整、显示器、状态、部件等工具栏操作；
- ➢状态栏　　　显示触摸屏型号、PLC 口连接设备、下载口连接设备等显示信息。

5. 触摸屏简单工程制作

对 PLC 而言，梯形图是程序；对触摸屏而言，画面就是程序。但在制作画面前应确认触摸屏型号和通信设备类型，这是画面程序和设备正常运行的前提。制作触摸屏工程的步骤框图如图 2-30 所示。

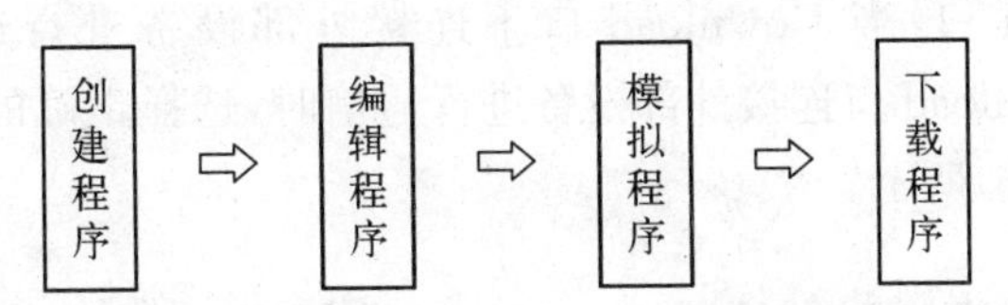

图 2 - 30　制作触摸屏工程的步骤框图

（1）创建工程

① 打开编辑软件，单击标准工具栏“ ”图标或“文件”菜单下的“新建”选项，如图 2 - 31 所示。

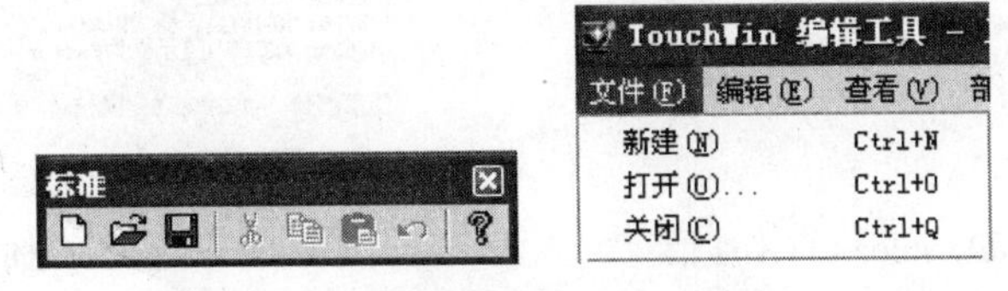

图 2 - 31　创建触摸屏工程的两种方法

② 选择正确的显示器型号，本实例选择 B/TH765 - N/MT/UT，如图 2 - 32 所示。

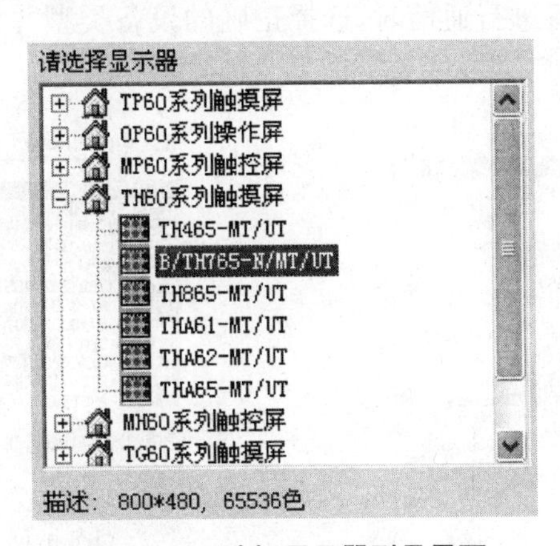

图 2 - 32　选择显示器型号界面

③ 设置 PLC 口，选择正确的 PLC 类型，如图 2 - 33 所示，设置其通信参数，如图 2 - 34 所示。

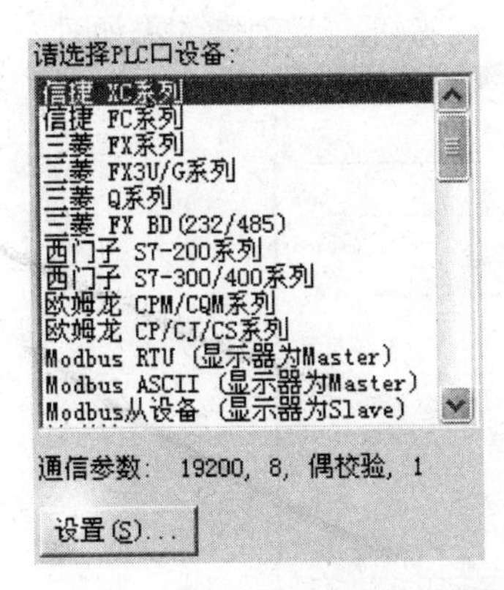

图 2 - 33　选择 PLC 口设备对话框

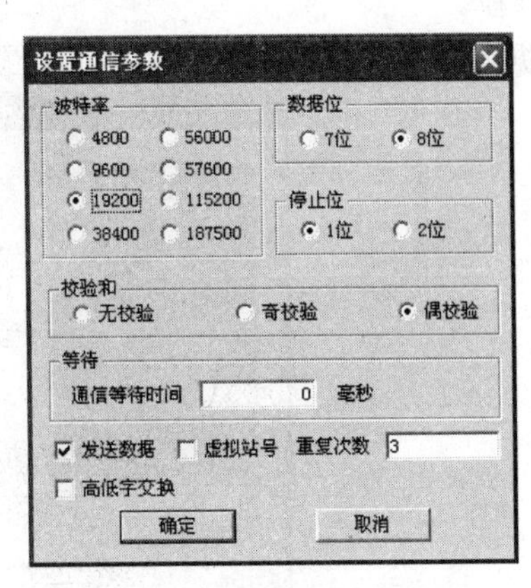

图 2 - 34　设置通信参数对话框

④ 设置 Download 口，当 Download 口不连接外部设备进行通信时，选择“不使用 Download 口”；当 Download 口连接外部设备进行通信时，选择正确的设备类型并设置通信参数，如图 2-35(a)、(b)所示。

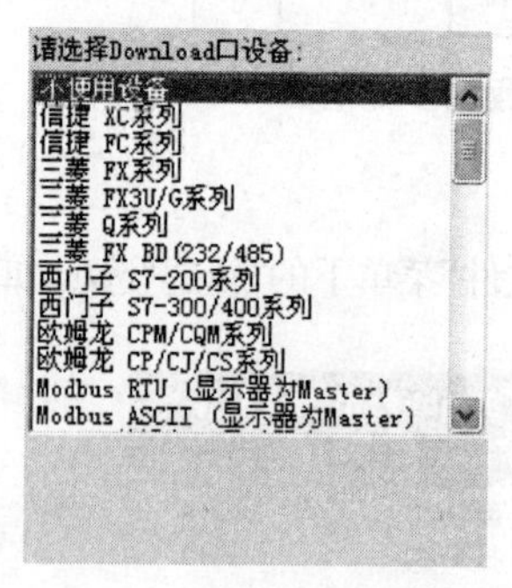

(a) Download 口不通信

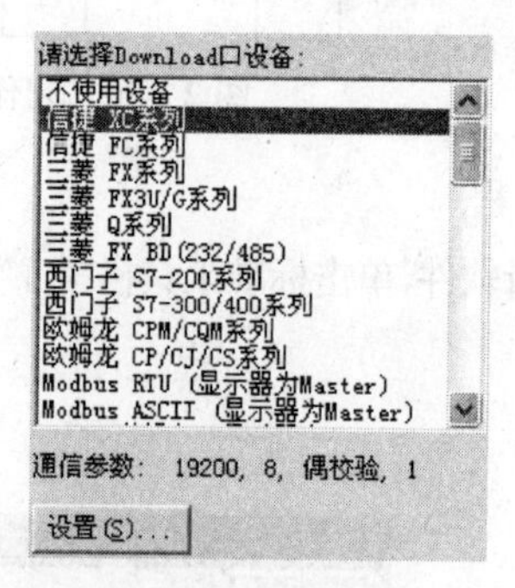

(b) Download 口通信

图 2-35 Download 口的设置

⑤ 设置扩展口，同 Download 口，当扩展口不连接外部设备进行通信时，选择“不使用设备”；当扩展口连接外部设备进行通信时，选择正确的设备类型并设置通信参数，如图 2-36(a)、(b)所示。

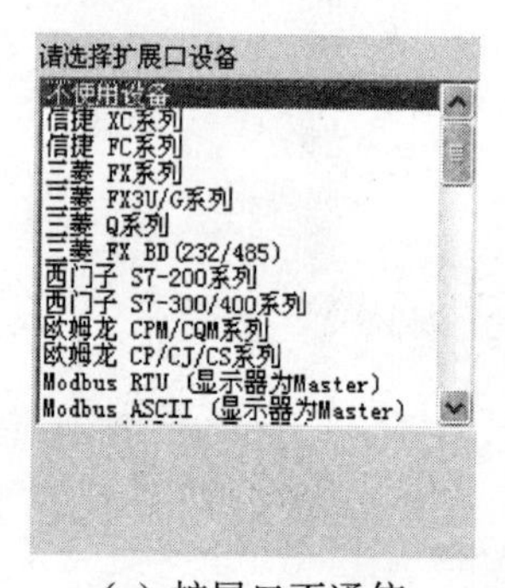

(a) 扩展口不通信

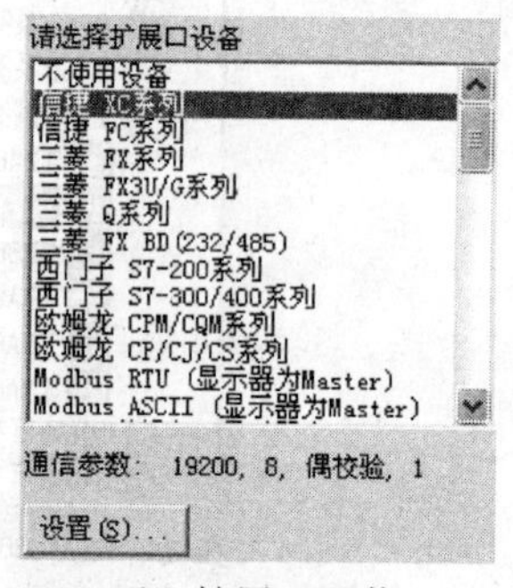

(b) 扩展口通信

图 2-36 扩展口的设置

只有当前触摸屏型号是 TH765-NT3、TH765-NU3 时，才需要设置扩展口，请在使用中注意其操作。

⑥ 根据需要填写名称、作者、备注等内容，最后单击“完成”按钮，工程创建完毕，如图 2-37 所示。

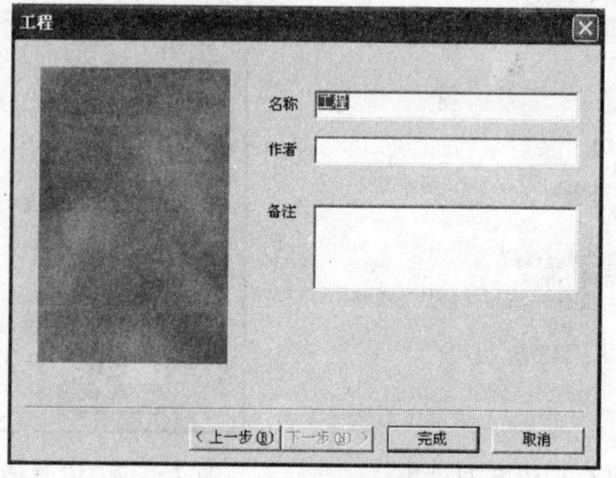

图 2-37 工程对话框

(2) 画面编辑

实现开关量 Y0 取反操作,同时在触摸屏上通过指示灯显示 Y0 的输出状态,如图 2-38 所示。

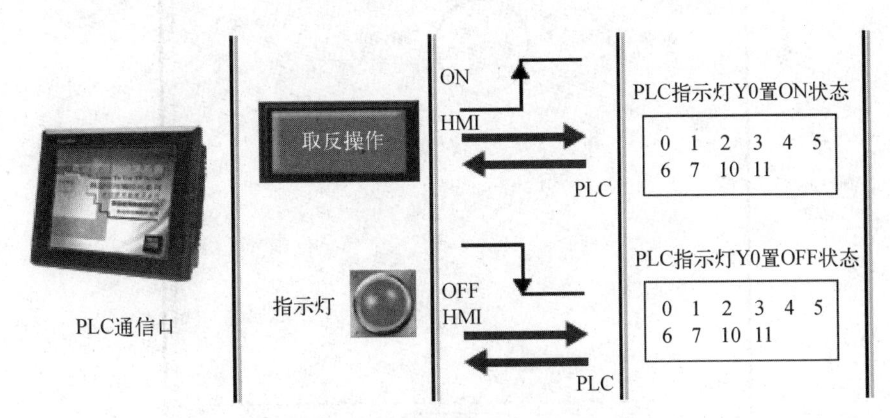

图 2-38　触摸屏控制 PLC 输出状态

① 按钮制作

单击菜单栏"部件/操作键/按钮"或标准工具栏"按钮"图标"",在编辑画面上单击,在弹出的属性对话框中设置其属性。

■ 对象

对象类型:设为"Y0",如图 2-39 所示。

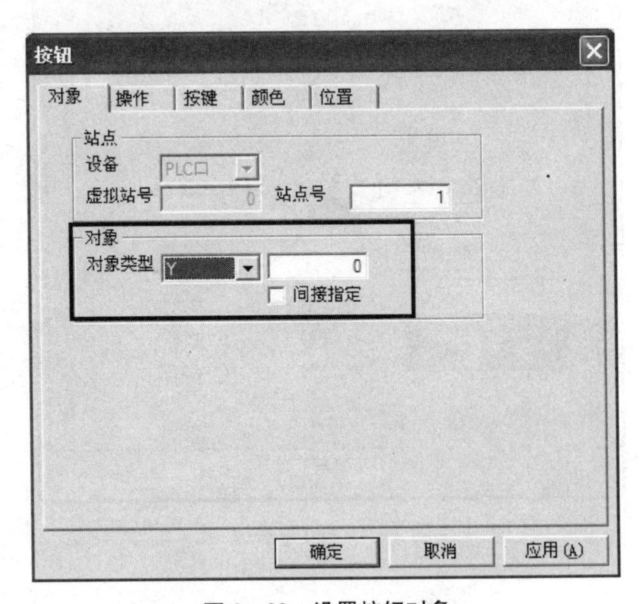

图 2-39　设置按钮对象

■ 操作

按钮操作:设为"取反",如图 2-40 所示。

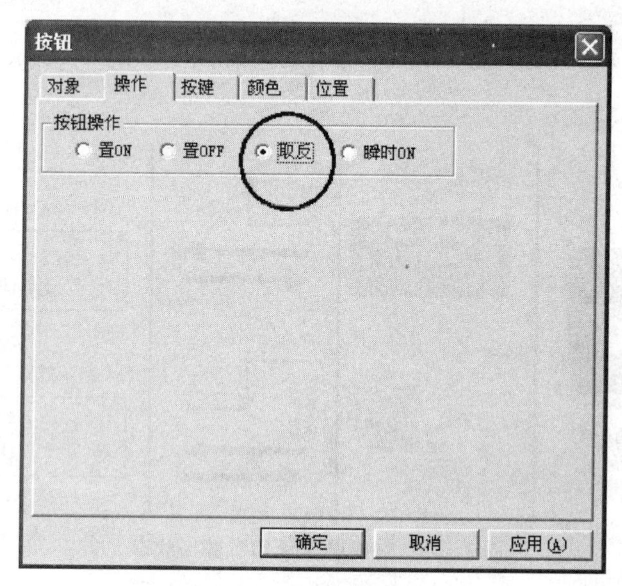

图 2-40　设置按钮操作

■ 按键

文字内容：输入“取反操作”，如图 2-41 所示。

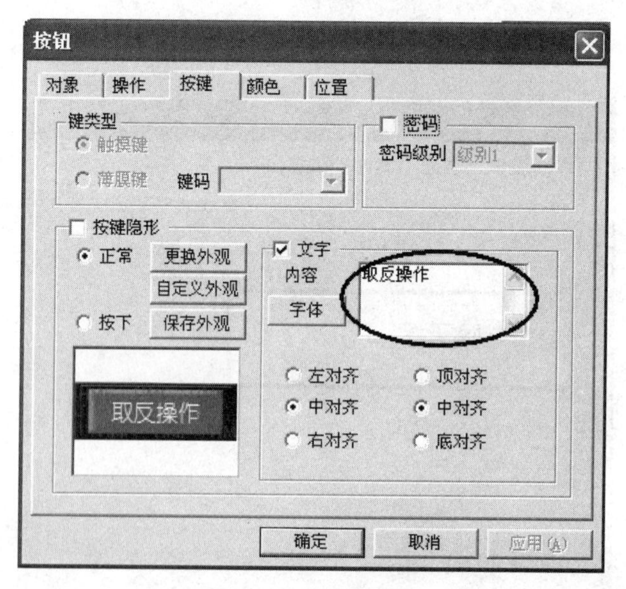

图 2-41　设置按键

② 指示灯制作

单击菜单栏“部件/操作键/指示灯”或标准工具栏“指示灯”图标“ ”，在编辑画面上单击，在弹出的属性对话框中设置其属性。

■ 对象

对象类型：设为“Y0”，如图 2-42 所示。

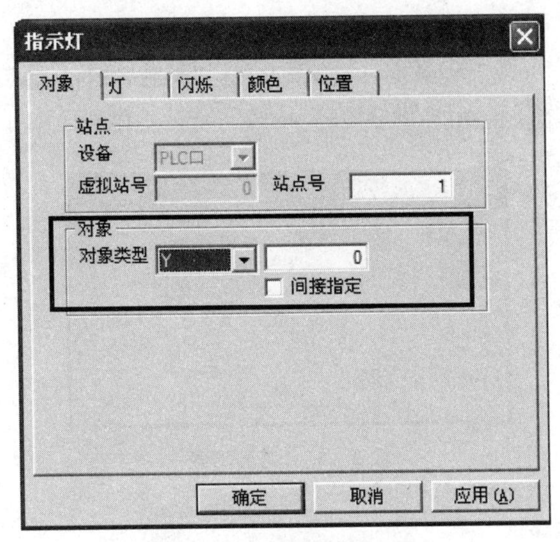

图 2-42　设置指示灯对象

■ 灯

分别设置其 ON 状态和 OFF 状态的外观显示，分别如图 2-43(a)、(b)所示。

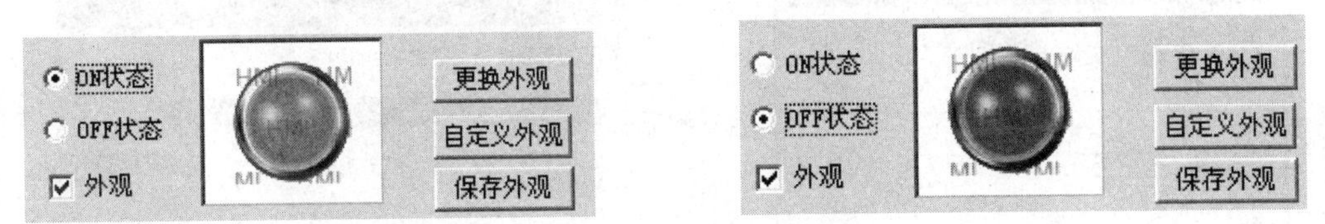

(a) 指示灯 ON 状态设置　　(b) 指示灯 OFF 状态设置

图 2-43　设置指示灯状态

(3) 离线模拟

为方便用户调试编辑画面，可在计算机上仿真 HMI 和 PLC 的实际操作情况(无须连接 PLC)。

① 单击菜单栏"文件/离线模拟"或标准工具栏"离线模拟"图标"　"；

② 单击"取反操作"按钮，可以通过指示灯直接观察到 Y0 的输出状态，ON 和 OFF 的状态分别如图 2-44(a)、(b)所示。

(a) 指示灯 ON 状态图　　(b) 指示灯 OFF 状态

图 2-44　取反操作后指示灯状态图

(4) 工程下载

TouchWin 编辑软件支持普通下载和完整下载两种下载方式，而且对于不同系列的触摸屏，请选择相应的下载线进行下载，本案例使用 USB 下载线下载程序，串口下载请参考触摸屏硬件手册。

① 普通下载

单击菜单栏“文件/下载工程数据”或操作工具栏“下载”图标“”，即可下载程序。

这种下载方式不具有上传功能，即触摸屏中的程序无法上传到计算机上，如图 2-45 所示。

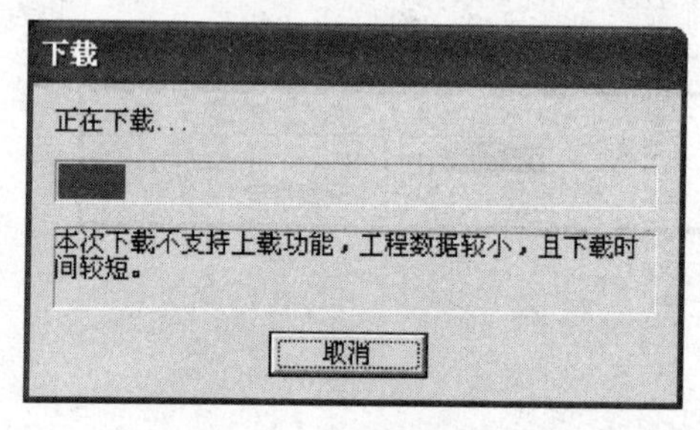

图 2-45　普通下载

② 完整下载

单击操作工具栏“完整下载”图标“”，即可下载程序。这种下载方式可以将触摸屏的程序上传到计算机上，也可以通过加密，限制程序被上传的权限，如图 2-46(a)、(b)所示。

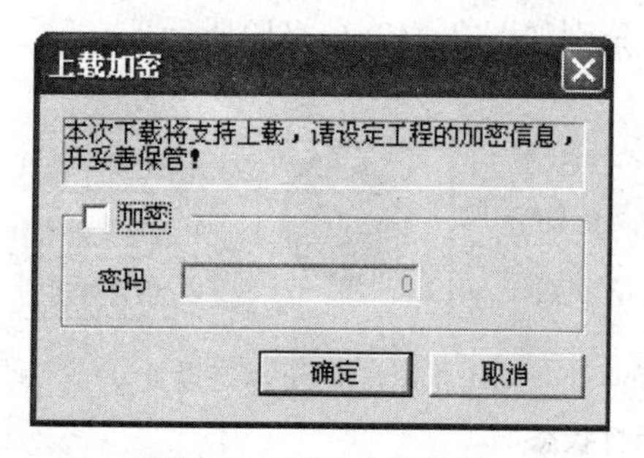

图 2-46(a)　上载加密

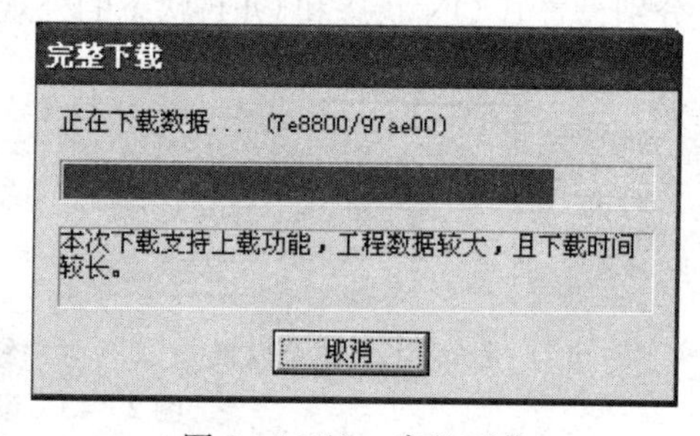

图 2-46(b)　完整下载

图 2-46　支持上传的完整下载

程序下载至 PLC 后，触摸屏以通信的方式实时地将各部件的状态传送至 PLC，PLC 也将触摸屏画面上所有部件的状态以通信的方式传送至触摸屏来显示。以本例来说，工作过程就是当操作人员在触摸屏上操作 Y0 的状态后，相当于写入了让 Y0 置 1 的通信指令，通过电缆传送至 PLC 后，PLC 改变 Y0 的状态，然后再将改变后的状态传送至触摸屏来显示。

具体触摸屏上各部件的使用，可参照《TouchWin 用户手册》。

任务分析

1. 三路智力抢答器应达到以下要求

(1) 按下启动按钮(开始抢答)后，若 10 s 内无人抢答，则抢答器自动撤销抢答信号(有声音提示)，说明该题无人抢答，自动作废。

(2) 按下启动按钮(开始抢答)后，第一个按下按钮有效，其余信号(后按下)无效。有效信号用灯光和声音表示。

(3) 若有人抢答，即按下任意一个抢答按钮，从按下按钮开始计时，在答题时间(约 1 min)完毕时，有灯光和声音信号提示答题时间已到。

(4) 三路抢答器应有指示灯显示和分数显示对应答题正确或错误者,在操作人员控制下可对其加1分或减1分。加分最大可达到9分,减分最少分值为0分。

三路智力抢答器工作流程图如图2-47所示。

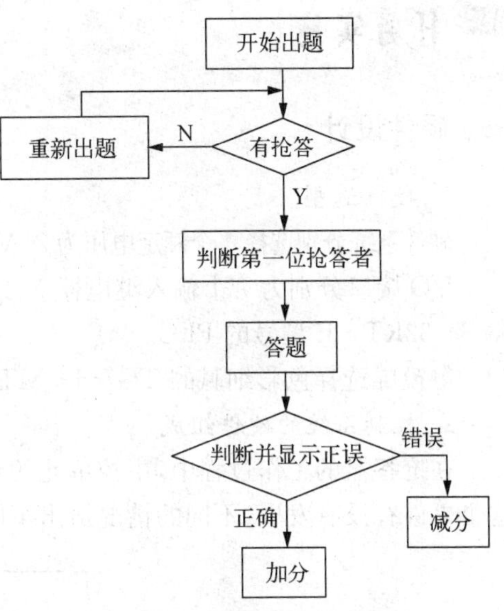

图2-47　三路智力抢答器工作流程示意图

2. 工作任务

(1) 根据控制要求,进行抢答器PLC控制系统硬件电路设计,包括主电路、控制电路及PLC硬件配置电路。

(2) 根据控制要求,编制抢答器PLC控制应用程序。

(3) 编写设计说明书,内容包括:

① 设计过程和有关说明。

② 基于PLC的抢答器电气控制系统电路图。

③ PLC控制程序。

④ 电器元器件的选择和有关计算。

⑤ 电气设备明细表。

⑥ 参考资料、参考书及参考手册。

⑦ 其他需要说明的问题,例如操作说明书、程序的调试过程、遇到的问题及解决方法、对课程设计的认识和建议等。

根据任务要求、硬件布置及主持人操作的方便,设计如图2-48所示柜台。

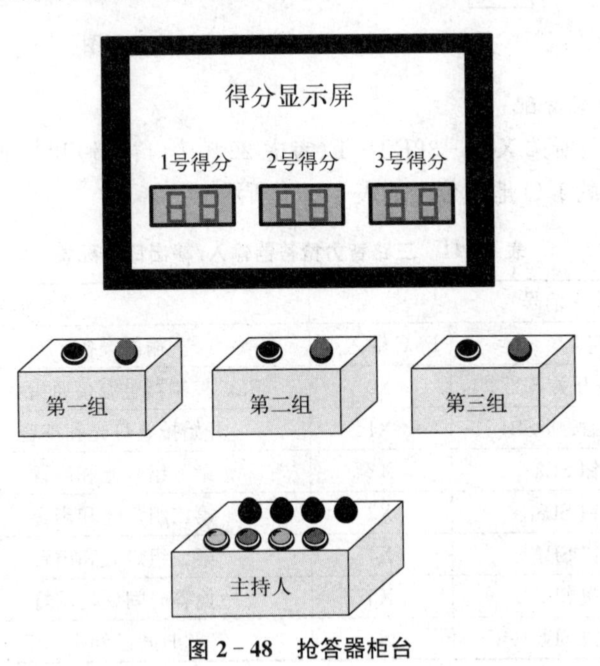

图2-48　抢答器柜台

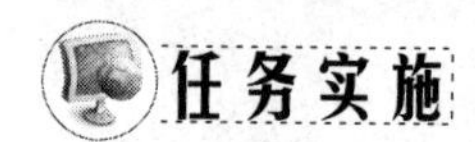

一、硬件设计

1. 硬件选型

硬件系统分别选择4个额定电压为24 V的电铃,8个额定电压为24 V的灯泡和触摸屏显示器。

I/O接口分别为7个输入继电器X、7个输出继电器Y和20%接口裕量,所以选择信捷XC3－32RT－E型号的PLC。

触摸屏选择色彩细腻的TG765－MT。

2. 控制系统的硬件组成

在抢答器的工作过程中,主控单元的主要控制对象首先是输入信号,控制系统就是判别这个事件有没有发生,不同的情况给出不同的结果,其硬件组成结构图如图2－49所示。

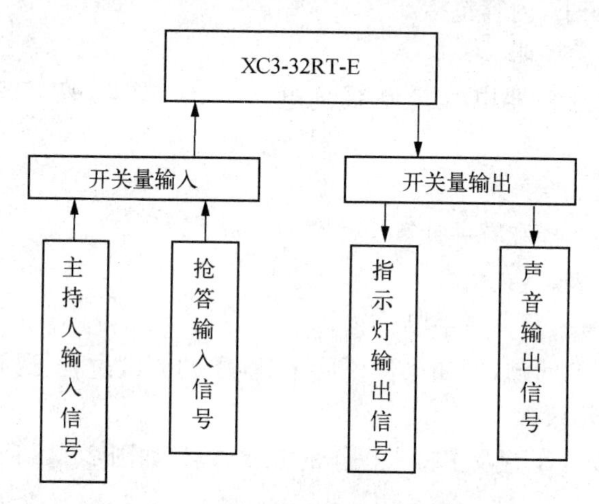

图2－49　控制系统硬件组成结构示意图

3. 硬件I/O地址分配

根据任务要求及所选XC3－32RT－E(考虑20%接口裕量)和其他硬件(电铃、灯、七段数码显示管),PLC的I/O地址分配如表2－11所示。

表2－11　三路智力抢答器输入/输出口分配表

输入信号		输出信号	
输入设备/符号	PLC输入点	输出设备	PLC输出点
主持人复位/停止开关SB0	X0	PLC控制器电源接通指示灯	Y0
主持人按抢答开始按钮SB1	X1	开始抢答灯光和声音	Y1
主持人加分按钮SB2	X2	第一组灯光和声音	Y2
主持人减分按钮SB3	X3	第二组灯光和声音	Y3
第1号抢答按钮SB4	X4	第二组灯光和声音	Y4
第2号抢答按钮SB5	X5	抢答时间到指示灯	Y5
第3号抢答按钮SB6	X6	答题时间已到指示灯	Y6

4. 硬件系统接线图

(1) 外部硬件接线图

根据题目要求和I/O地址分配，XC3－32RT－E的PLC外部系统接线图如图2－50所示。

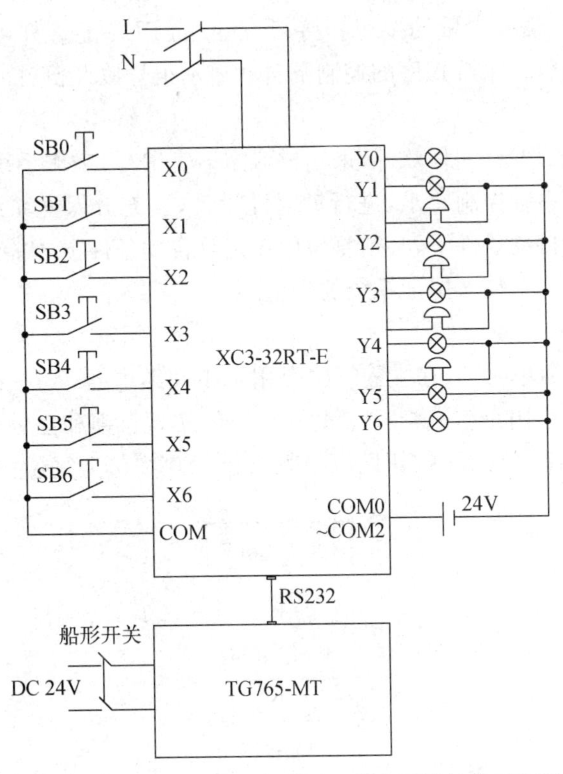

图2－50　XC3－32RT－E的PLC外部系统接线示意图

(2) 硬件接线分析

为了硬件电路接线方便，SB1抢答的开始按钮对应输入点为X1，输出点为Y0。SB4、SB5、SB6分别对应三个参赛对象，输入点分别为X4、X5、X6，输出点分别为Y2、Y3、Y4。SB0为抢答的复位按钮，对应输入点为X0。

(3) 外部控制电路(电源和急停开关)

根据急停原理，在整个系统供电线路中串入接触器的常开线圈，然后再将急停按钮串联在接触器线圈的供电回路中，设备正常运行时，线圈KM得电，触点KM吸合；出现紧急情况时，按下停止按钮，线圈KM失电，触点KM断开，整个系统失电。急停控制电路如图2－51所示。

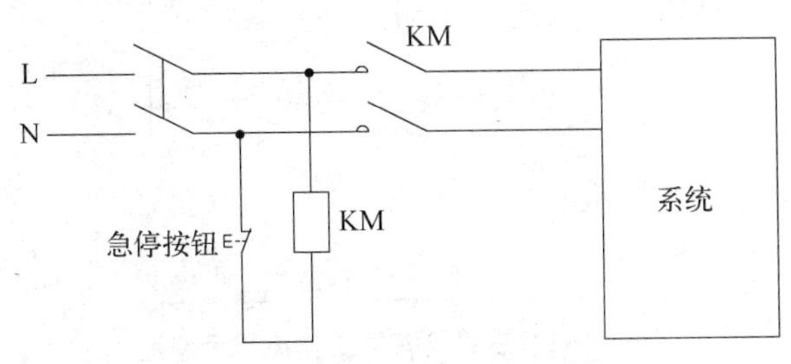

图2－51　急停控制电路示意图

二、抢答器软件系统设计

1. 整体设计

根据PLC智能抢答器的控制要求，应用程序采用一体化结构。通过PLC控制程序来实现整体的运行，系统仅需要少量的按钮和接口，一般的PLC配置都可运行。在抢答时只需按动按钮即可。数码管在系统程序的控制下自动显示组号以及倒计时时间。安全、可靠、省时、省力、价格便宜。

控制软件应用XCPPro编程软件，采用梯形图语言编写，工作系统自动控制流程框图如图2-52所示。根据系统控制要求，进行针对性设计，要充分保证系统的安全，保证整个系统的运行安全可靠。自动条件下，必须复位后在满足自动条件下才能进行自动运行程序，当中充分应用各个过程的互锁来保证系统的安全。

2. PLC控制程序

为了编程结构的简单明了，在主程序中引用了中间继电器，X4～X6分别为三组选手的抢答信号，同时我们用中间继电器M1、M2、M3、M4实现自锁和互锁功能，以保证每个选手公平抢答。主持人控制台有X1按钮用以抢答开始，X0按钮为复位按钮。程序流程图如图2-52所示。

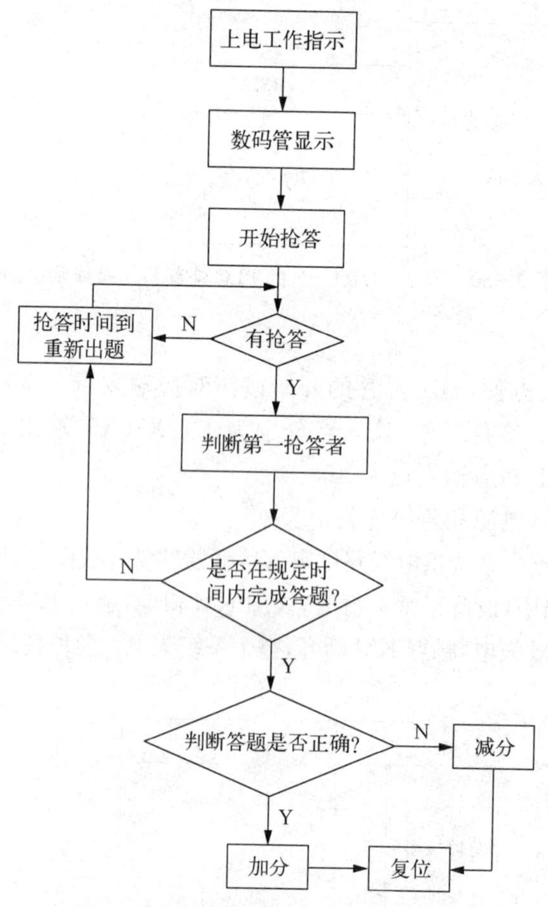

图2-52　三路抢答器工作流程示意图

(1) 上电指示灯工作

利用 M8002 作为触发条件,触发系统工作指示灯亮。程序如图2－53所示。

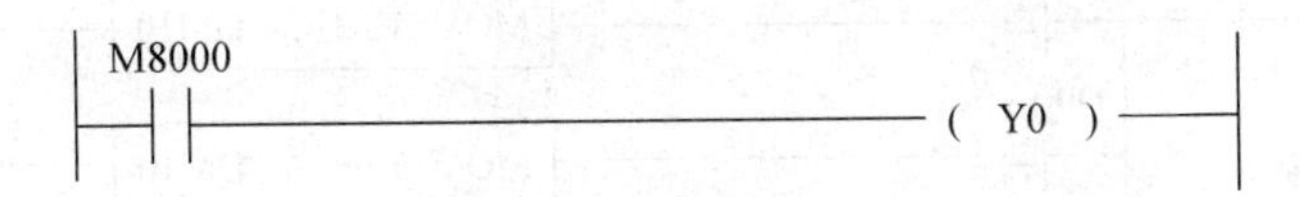

图 2－53　初始化操作

(2) 数码管显示

数码管要求在触摸屏显示器上显示,一个数码管由 7 段组成,给每段配置一个对象(如图 2－54 所示),则控制辅助继电器的状态与显示数值之间的关系如表 2－12 所示。

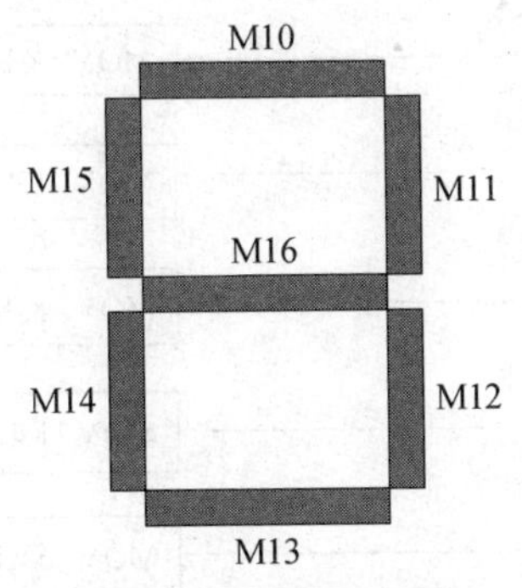

图 2－54　数码管对象配置

表 2－12　辅助继电器的状态与显示数值之间的关系

显示数字	继电器状态							
	M10	M11	M12	M13	M14	M15	M16	DM10
0	1	1	1	1	1	1	0	K63
1	0	1	1	0	0	0	0	K6
2	1	1	0	1	1	0	1	K91
3	1	1	1	1	0	0	1	K79
4	0	1	1	0	0	1	1	K102
5	1	0	1	1	0	1	1	K109
6	1	0	1	1	1	1	1	K125
7	1	1	1	0	0	0	0	K7
8	1	1	1	1	1	1	1	K127
9	1	1	1	1	0	1	1	K111

所以,要想显示对应的数字,只需要往 DM 内赋值即可。

注:DM10 是由 M10～M25 这 16 个位元件组成的字元件。具体的梯形图实现如图

2－55所示。

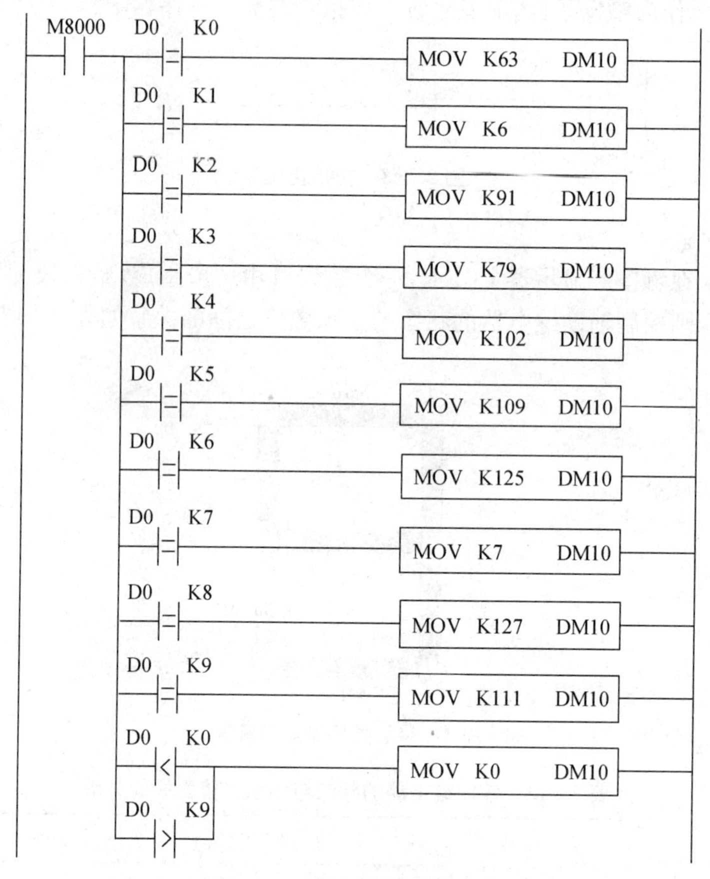

图 2－55　数码管显示梯形图

参照图 2－55 所示梯形图，编写剩余两组数码管显示的程序，注意 DM*n* 占用 16 个位，所以下面两组 DM*n* 的首地址至少从 DM16 开始。

(3) 开始抢答程序

主持人按下抢答按钮后，置位 M0，作为开始标志位，程序如图 2－56 所示。

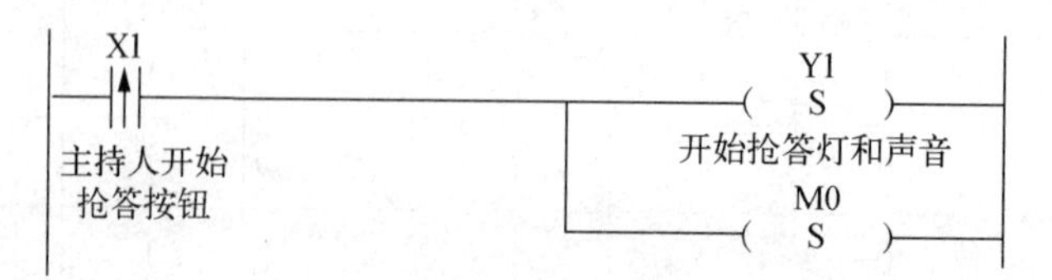

图 2－56　开始抢答程序示意图

(4) 三组抢答者抢答程序

在抢答者按下抢答按钮的同时，即 X4(或 X5，X6)为 ON 时，产生一个互锁信号 M4(锁定禁止其他选手抢答)。同时 Y2(或 Y3，Y4)有 1 s ON 信号，为了以后程序，选择置位 M1(或 M2、M3)作为抢答标志位，程序如图 2－57 所示。

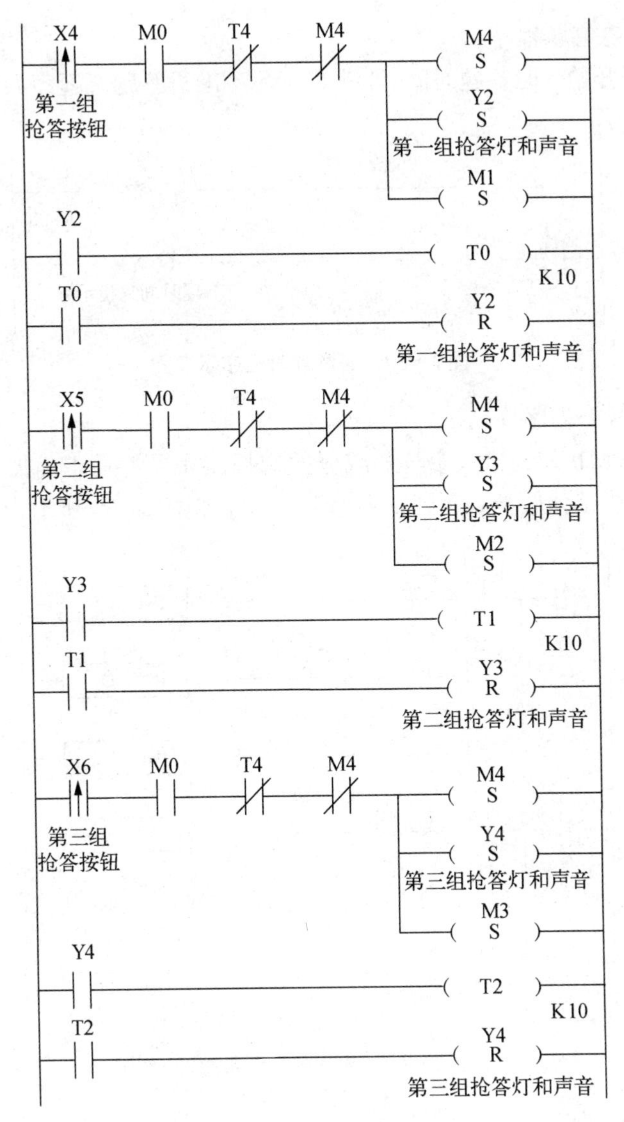

图 2－57　三人抢答程序示意图

(5) 无人抢答程序

根据任务要求，当 10 s 内无人抢答则取消答题信号(用 T4 实现)。只有开始后，且三组抢答标志位(M1、M2、M3)都没有动作，才开始定时，定时时间到，关闭"开始抢答"灯，点亮"抢答时间到"指示灯。程序如图 2－58 所示。

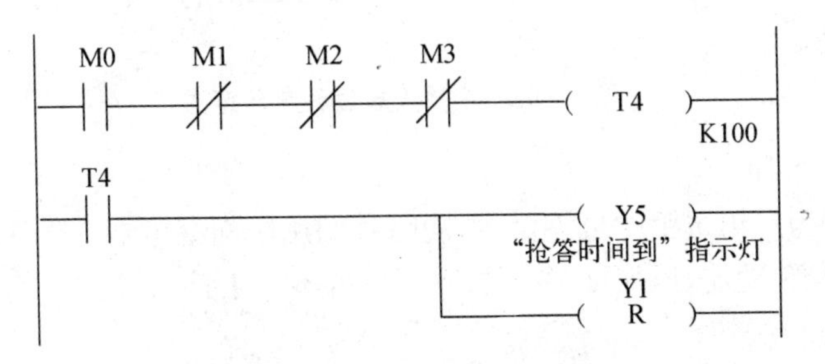

图 2－58　无人抢答程序示意图

(6) 抢答后没有答题程序

如果已抢答则开始计时答题时间，计满 60 s 后不准再答题。程序如图 2－59 所示。

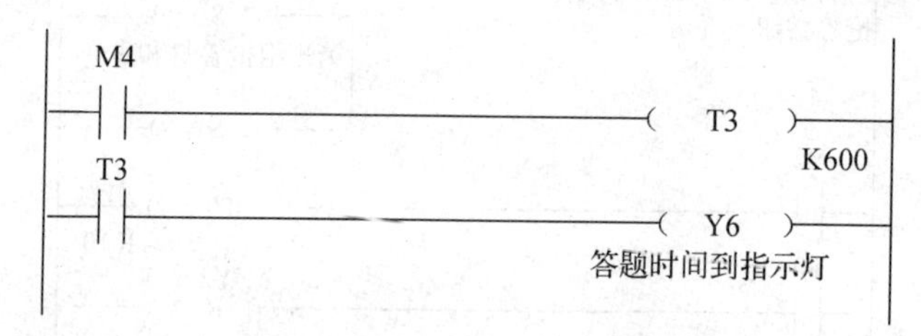

图 2－59　答题计时程序示意图

(7) 主持人加减分程序

抢答者的信号(M1、M2、M3)参与加减分的选择。如果答题正确加 1 分，错误减 1 分。如果加分超过 9 分或减分低于 0 分则置零处理。程序如图 2－60 所示。

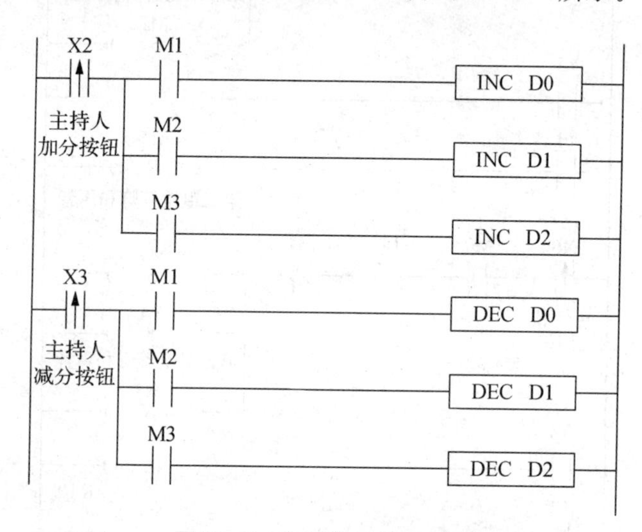

图 2－60　加减分显示示意图

(8) 主持人复位程序

程序如图 2－61 所示。

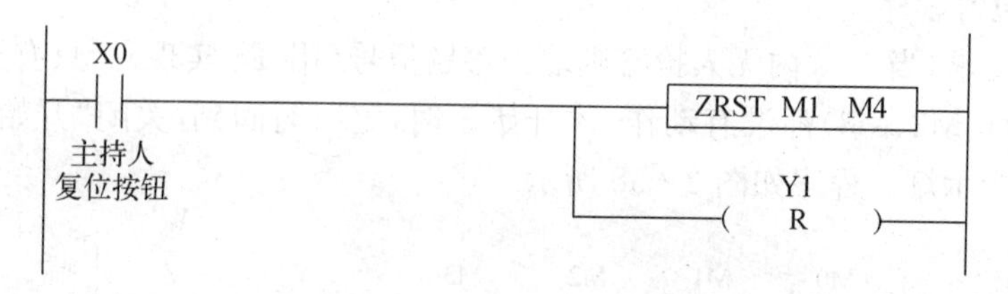

图 2－61　主持人复位程序示意图

(9) 抢答器总程序

X4～X6 分别为三组选手的抢答信号，同时我们用中间继电器 M1、M2、M3、M10、M51、M52 进行自锁和互锁功能，以保证每个选手公平抢答。主持人控制台有 X1 按钮用以抢答开始，X0 按钮为复位按钮。

按下启动按钮 SB1，复位所有数据寄存器（累加计分的数据寄存器 D1～D4 除外），然后三组抢答者开始抢答，抢答的同时产生一个切断信号 M10（目地是后者抢答无效），抢答后开始计时，答题时间为 60 s。答完以后主持人开始加减分（在抢答的基础之上产生一个选通信号），没有抢答的组加不了或减不了分数。在加减分的同时需要对 D1～D4 进行判断（可以用 CMP 指令或 LD）。如果超过 9 或低于 0 都以 0 处理。

由各功能块程序及任务要求编写程序，如图 2－62 所示。

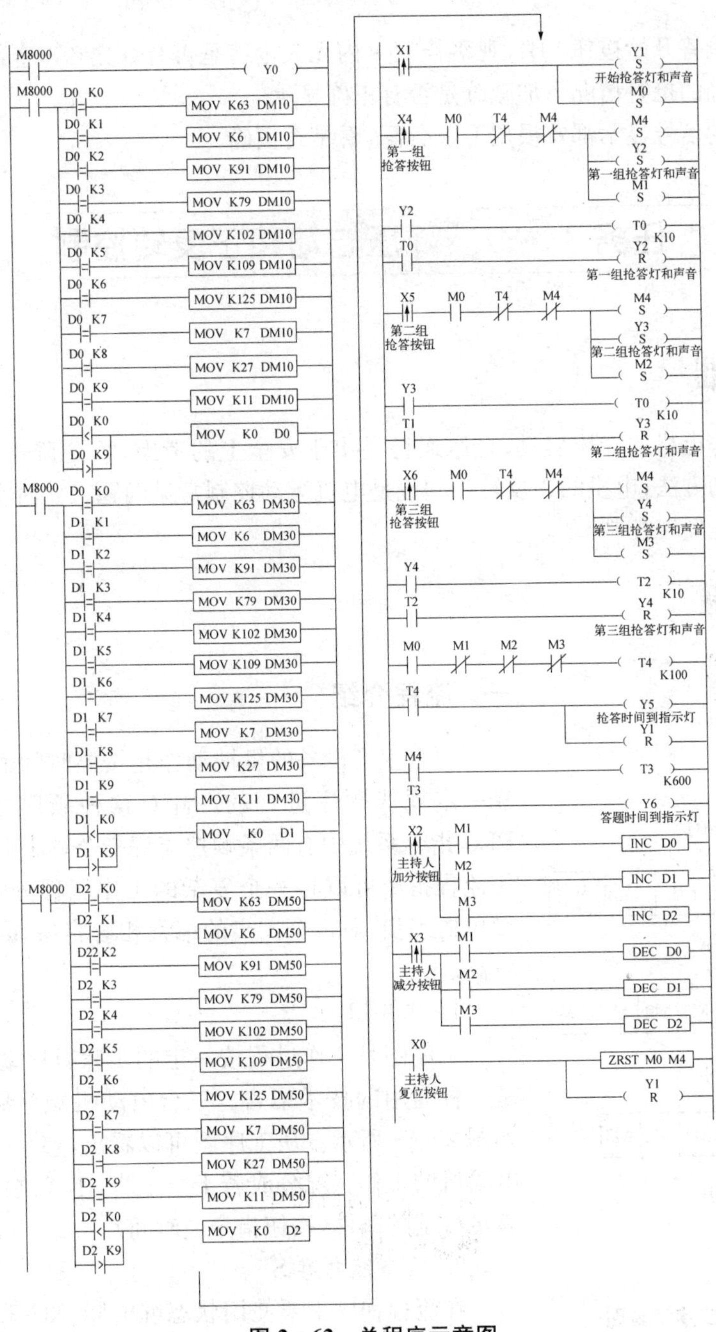

图 2－62　总程序示意图

三、联机调试

将各个输入/输出端子和实际控制系统中的按钮、所需控制设备正确连接，完成硬件的安装。知识竞赛抢答器的程序是由信捷 PLC 编程软件 XCPPro 编制完成，正常工作时程序存放在存储卡中，若要修改程序，直接打开知识竞赛抢答器的程序，即可在线调试。

(1) 按下抢答开始按钮 SB1，先在 10 s 内抢答，看答题开始计时 60 s 后是否有灯光和声音信号。

(2) 按下抢答开始按钮 SB1，观察若 10 s 内无人抢答是否有灯光和声音信号。

(3) 在正确的抢答情况下加减分是否有正确显示。

(4) 所有的信号显示都要根据 I/O 分配，看是否正确。

任务 3　Y/△降压启动和正反转控制

任务提出

实现大功率电机的降压启动、全压运行是出于安全上的考虑，Y/△降压启动就是一种常见的降压启动方法；电机的正反转控制也是电机运动控制常见问题。如何实现电动机 Y-△降压启动和正反转控制?

知识链接

一、流程介绍

很多生产设备的机械动作是按照时间的先后次序，遵循一定规律顺序进行的。针对这种顺序控制，XC 系列 PLC 指令系统中有两条顺控流程指令，简称流程指令。利用流程指令可以将一个复杂的工作流程分解为若干个较简单的工步，对每个工步的编程相对容易，因此，编程效率较高。

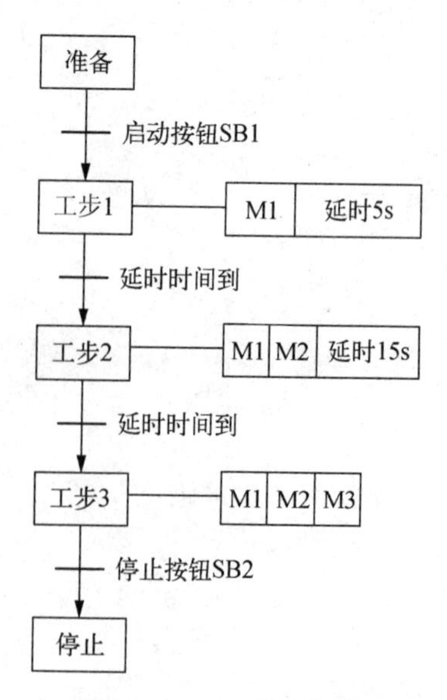

图 2-63　工序示意图

1. 工序图

工序图是工作过程按一定的步骤有序动作的图形，它是一种通用的技术语言。三台电动机顺序启动的工序图如图 2-63 所示。从工序图可以看出，整个工作过程依据电动机的工作状况分成若干个工步，工步之间的转换需要满足特定的条件(按钮指令或时间)。

2. 状态继电器 S

在流程程序中要使用状态继电器，XC 系列的 PLC 共有状态继电器 1024 个点，分为两类，状态继电器元件分类如表 2-13 所示。

表 2-13　状态继电器 S 分类表

一般用	停电保持用
S0～S511 共 512 点	S512～S1023 共 512 点

3. 状态流程图

状态流程图是描述顺序控制功能的图解表示法(见图 2-64)，状态流程图主要由状态(工步)、动作、有向连线、转换条件组成。在应用步进指令编程前，最好先绘出状态流程图，然后根据状态流程图写步进梯形图程序。

(1) 状态

将一个步进程序分解为若干个工步，这些工步称为状态。状态用单线方框表示，每一个状态要使用一个状态继电器来表示，如 S1 状态。

(2) 动作

状态方框右边用线条连接的为符合本状态下的控制对象，简称为动作(允许某些状态无工作对象)。

(3) 有向连线

有向连线表示状态的转移方向。在画状态流程图时，将代表各状态的方框按先后顺序排列，并用有向连线将它们连接起来。表示从上到下或从左到右这两个默认方向的有向连线的箭头也可省略。

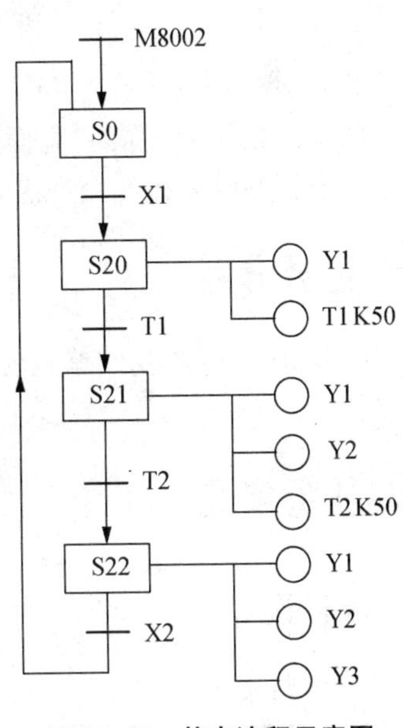

图 2-64　状态流程示意图

(4) 转换条件

状态之间的转换用与有向连线垂直的短画线来表示，将相邻两状态隔开。转换条件标注在转换线的旁边。转换条件是与转换逻辑相关的接点，可以是常开接点、常闭接点或它们的组合。

(5) 状态流程图

由图 2-63 所示的工序图可以方便地转换成反映步进顺序控制的状态流程图，如图 2-64 所示。例如，“准备”对应着初始状态 S0，工步 1 对应状态 S20 等。同工序图一样，状态流程图分成若干个状态，每个状态都有相应的动作，状态之间的转换需要满足特定的条件。

(6) 活动状态(活动步)

当状态继电器置位时，该状态便处于活动状态，相应的动作被执行；处于不活动状态时，相应的非保持型动作被停止。

4. 流程指令 STL、STLE

流程指令 STL、STLE 的助记符、电路表示等指令属性如表 2-14 所示。

表 2-14　STL、STLE 指令的属性表

助记符	逻辑功能	电路表示	操作元件
STL	置 1	流程开始	状态继电器 S
STLE	清 0	流程结束	—

流程指令的使用说明如下：

(1) STL 指令是将流程接点接到左母线，流程接点同主控指令一样，只有常开接点。流程接点接通，需要用 SET 指令进行置位。将左母线移到新的临时位置，即移到流程接点右边，相当于临时母线。所以，流程指令后的接点必须使用“取”指令。

(2) 流程接点具有主控功能。流程接点接通，与之相连的电路被执行；流程接点断开，与之相连的电路停止执行。若要在流程接点断开时仍然保持线圈的输出，要使用置位指令 SET 而不要使用输出指令 OUT。

(3) STLE 指令称为“流程返回”指令，其功能是返回到原来左母线的位置。STLE 指令在每一个状态的末行使用一次，否则程序报错不能运行。

任务分析

根据这个任务，我们首先要进行硬件设计，画出顺序功能图，编写 PLC 程序，然后下载调试。

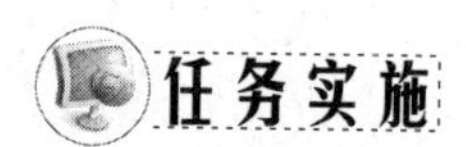

任务实施

一、硬件设计

1. 控制要求

对于较大容量的交流电动机，启动时可采用 Y/△降压启动。电动机开始启动时 Y 形连接，延时一定时间后，自动切换到△形连接运行。Y/△转换用两个接触器切换完成，由 PLC 输出点控制。正转时按下反转开关无反应，按下停止按钮，电动机停止转动，按下反转按钮，启动 Y 形连接。此时按下正转按钮系统无反应。

2. 资源分配表

表 2-15　资源分配表

输入设备		PLC 输入继电器	输出设备		PLC 输出继电器
代号	功能		代号	功能	
SB1	正转按钮	X0	KM1	正转接触器	Y2
SB2	停止按钮	X1	KM2	反转接触器	Y3
SB3	反转按钮	X2	KM3	Y 形接触器	Y4
FR(常闭)	过载保护	X3	KM4	△形接触器	Y5

注意，由于实验装置上的 PLC 是继电器和晶体管混合输出的 RT 型 PLC，其 Y0 和 Y1 是晶体管输出，不可以通入交流电，因此不允许将交流接触器线圈接至 Y0、Y1。

3. I/O 接线图(如图 2－65 所示)

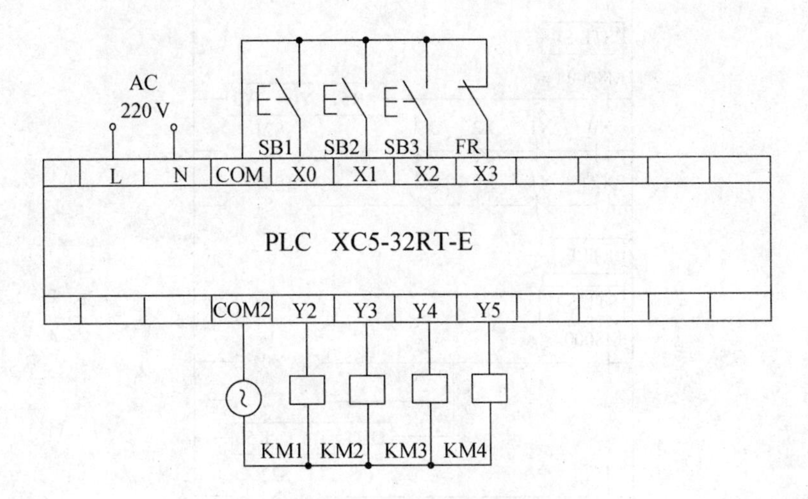

图 2－65　I/O 接线示意图

4. 状态流程图(顺序功能图)(如图 2－66 所示)

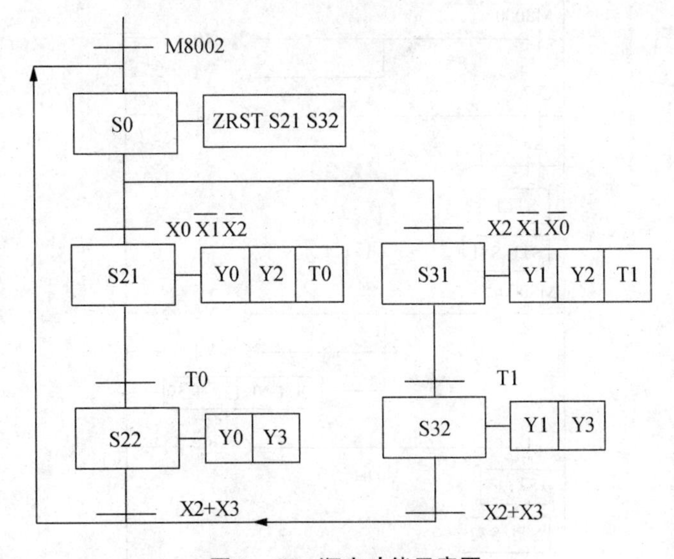

图 2－66　顺序功能示意图

二、软件设计(梯形图)

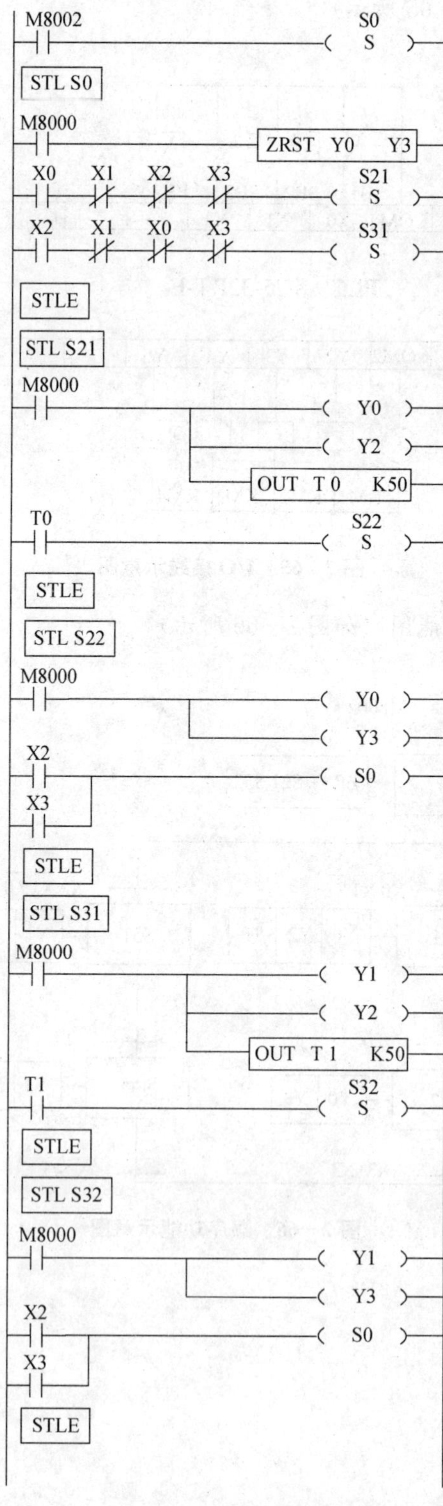

图 2-67 梯形示意图

三、联机调试

1. 硬件连接

将 PLC 的输入/输出端子和实际控制系统中的按钮及所需控制设备正确连接，完成硬件的安装接线。

2. 下载运行 PLC 程序

将程序下载至 PLC 内后，单击工具栏中的“运行”图标或者在命令菜单中选择“PLC/运行”，运行 PLC 程序；单击工具栏中的“程序监控”图标或者在命令菜单中选择开始程序监控，在线监控程序。

3. 动作调试

(1) PLC 运行后，先按下正转按钮 SB1(X0)，观察电动机的状态，是否为 Y 形正转；等待 5 s 后，再次观察电动机的状态，是否为△形正转；此时按下反转按钮 SB3，观察电动机是否有变化。

(2) 断开 SB1，接通反转按钮 SB3(X2)，观察电动机的状态，是否为 Y 形反转；等待 5 s 后，再次观察电动机的状态，是否为△形反转；此时按下正转按钮 SB1，观察电动机是否有变化。

(3) 按下停止按钮 SB2(X1)，观察电动机是否停止动作。

(4) 断开过载保护按钮 FR(X3)、SB1(或 SB3)，观察电动机是否有动作。

任务 4　基于行程原则的位置控制(行程开关和接近开关)

任务提出

运料小车(三相异步电机)的工作过程如图 2－68 所示。运料小车初始位置在右侧限位开关 X1 处等待装料，按下启动按钮 X3，Y2 处于 ON 状态，打开料斗闸门，开始装料，同时定时器 T0 定时，8 s 后关闭料斗的闸门，Y1 处于 ON 状态，左行送料，碰到限位开关 X2 后停下，Y3 处于 ON 状态，开始卸料，同时定时器 T1 定时，10 s 后卸料完毕，Y3 处于 OFF 状态，Y0 处于 ON 状态，右行返回，碰到限位开关 X1 后停止运行，完成一个工作周期。

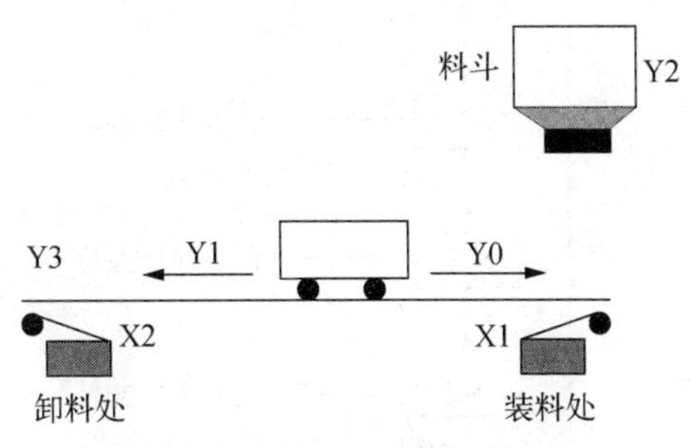

图 2－68　运料小车工作示意图

什么是状态流程图？如何利用行程开关或接近开关来实现位置控制？

知识链接

如何画状态流程图？可以用画图板、AutoCAD 软件、Visio 软件来绘制流程图。但是信捷开发环境暂时还不支持直接画顺序功能图，进而生成梯形图程序。目前较为普遍的做法是使用 Visio 软件来绘制顺序功能图。Visio 软件是 Office 软件的一部分，可以使用其内置的"框架图"模板进行 SFC 设计。其画图方法与在绘图板上相似，而且更加方便，如图 2－69 所示。

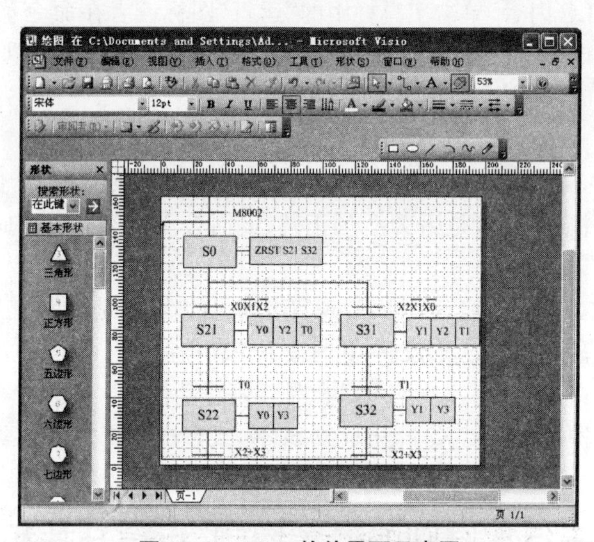

图 2－69　Visio 软件界面示意图

任务分析

实现顺序控制可以有多种方法，对于信捷 PLC 来说，采用 STL、STLE 指令或 BLOCK 顺序功能块的方法实现顺序控制较为方便。

注意：为了分析程序方便，对元件使用了 PLC 地址编号。根据工作过程可设计出状态流程图，如图 2－70 所示。

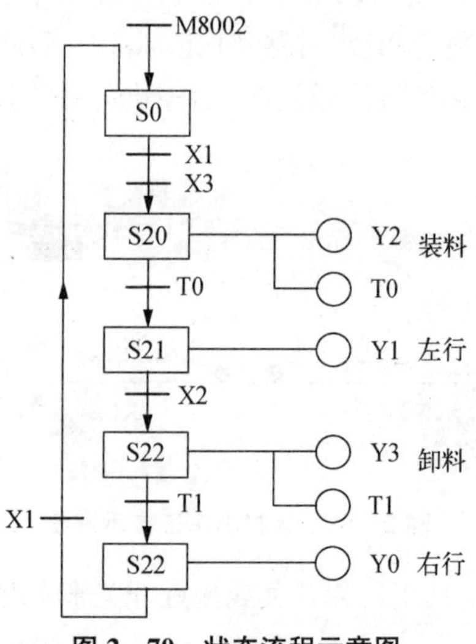

图 2－70　状态流程示意图

任务实施

一、PLC 输入/输出端口分配(见表 2-16)

表 2-16　输入/输出端口分配表

输　入			输　出		
输入继电器	输入元件	作用	输出继电器	输出元件	控制对象
X1	SQ1	右限位开关	Y2	接触器 KM1	右行
X2	SQ2	左限位开关	Y3	接触器 KM2	左行
X3	SB	启动按钮	Y4	接触器 KM3	装料
			Y5	接触器 KM4	卸料

二、运料小车控制线路(见图 2-71)

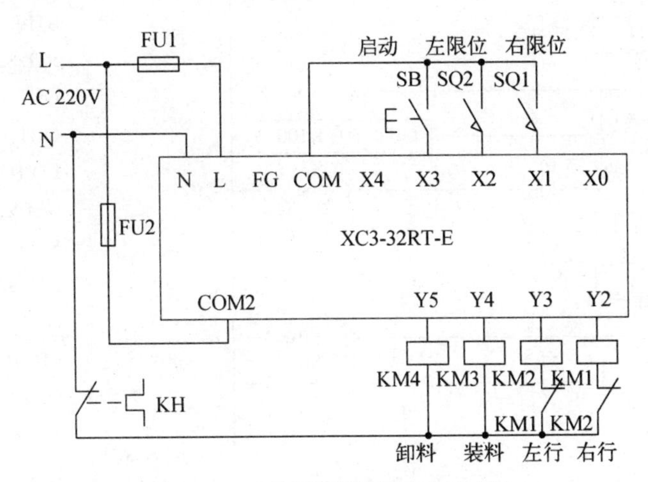

图 2-71　运料小车控制线路示意图

三、运料小车程序梯形图与指令表(见图 2-72)

从 S0 状态到 S20 状态的转移条件 X3、X1 是“与”逻辑关系，表示只有小车停在装料位置并且按下启动按钮后，才能进行装料动作。“与”逻辑可用 X3 与 X1 的串联电路实现。

四、系统调试

1. 连接控制线路

按图 2-71 所示连接运料小车控制线路。

2. 操作步骤

(1) 接通 PLC 电源，使 PLC 处于编程状态。

(2) 将图 2-72 所示程序写入 PLC。

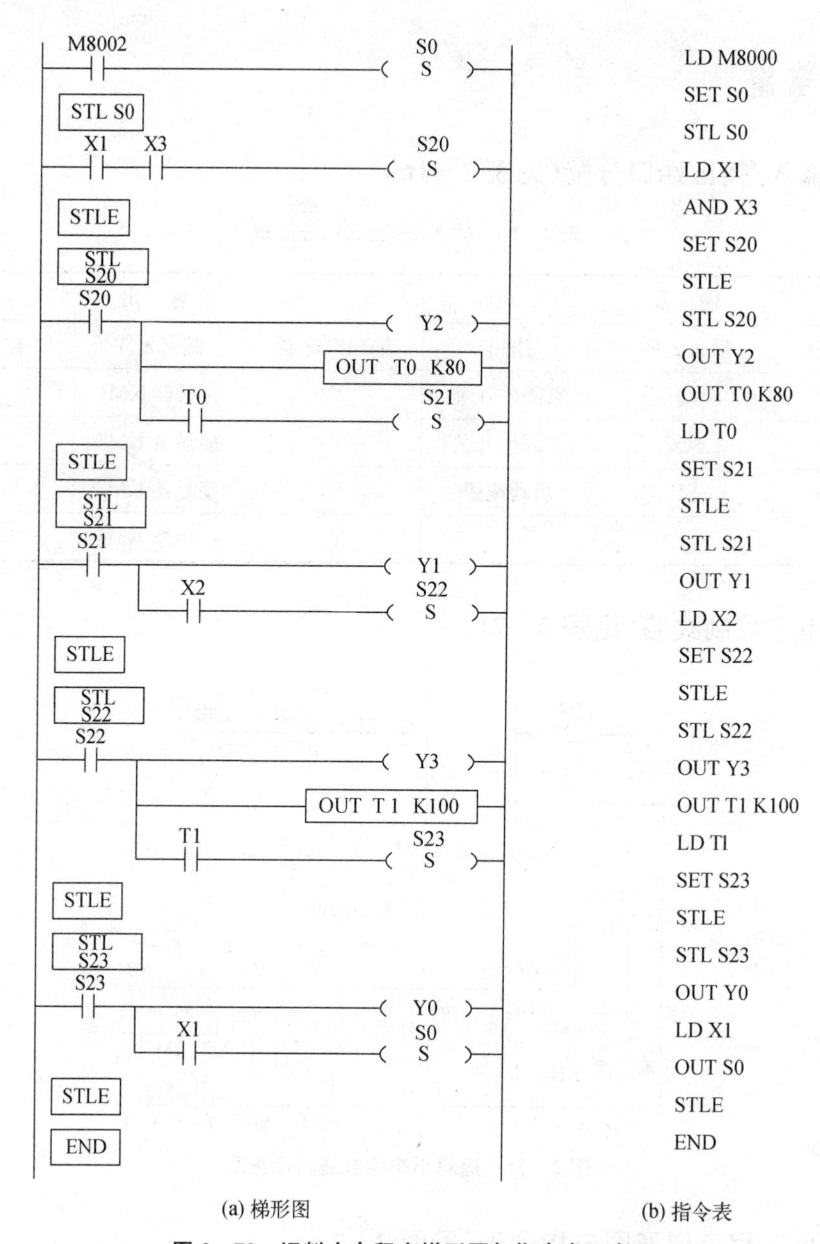

(a) 梯形图　　(b) 指令表

图 2－72　运料小车程序梯形图与指令表示意图

(3) 使 PLC 处于程序运行状态。

(4) 进入程序监控状态。

(5) 模拟运料小车工作过程。接通行程开关 X1，按下启动按钮 X3，步进程序运行，Y2 输出指示灯亮，小车装料；小车装料后，Y1 灯亮，小车左行；断开行程开关 X1，接通行程开关 X2，Y1 灯灭，Y3 灯亮，小车卸料；小车卸料后，Y0 灯亮，小车右行；断开行程开关 X2，接通行程开关 X1，Y0 灯灭，表示小车返回原位，可以进行下一次循环。

拓展

选择不同运行方式的运料小车

在多个分支结构中，根据不同的转移条件来选择其中的某一个分支流程，这就是选择结构流程控制。下面以图 2－73 所示的运料小车运送 3 种原料的控制为例，介绍选择结构的状态流程图和流程梯形图程序的编程。

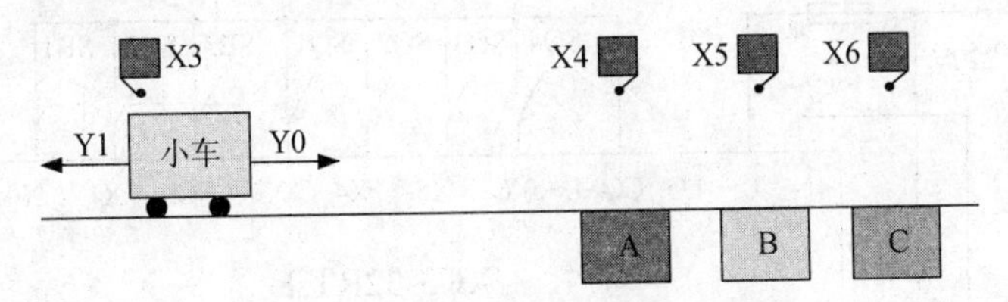

图 2－73　运料小车工作过程示意图

1. 运料小车的选择方式

运料小车在左面装料处(X3 限位)从 a、b、c 三种原料中选择一种装入，右行送料，自动将原料对应卸在 A(X4 限位)、B(X5 限位)、C(X6 限位)处，左行返回装料处。

用开关 X1、X0 的状态组合选择在何处卸料。

X1X0＝11，即 X1、X0 均闭合，选择卸在 A 处；

X1X0＝10，即 X1 闭合、X0 断开，选择卸在 B 处；

X1X0＝01，即 X1 断开、X0 闭合，选择卸在 C 处。

从图 2－74 所示的状态流程图可以看出，状态 S0 有 3 个转移方向，即可以分别转移到 S20、S30 和 S40 分支状态。具体转移到哪一个分支，由 X0 和 X1 的状态组合所决定。

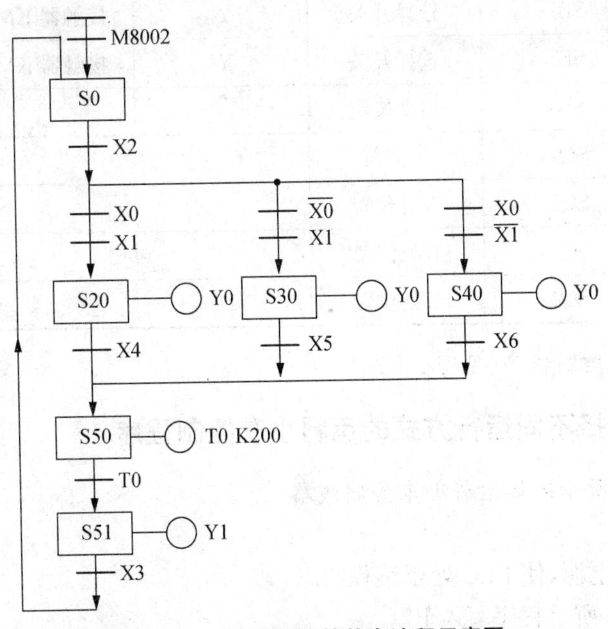

图 2－74　选择结构的状态流程示意图

例如，当装 b 原料时，使开关状态 X1X0＝10，按下启动按钮 X2，则选择进入 S30 状态，小车右行。当小车触及行程开关 X4 时，由于 S20 状态为 OFF，所以 X4 不影响小车的运行。当小车继续右行触及 X5 时，则进入 S50 状态，小车在 B 处停止，卸下 b 原料，同时 T0 延时，延时 20 s 后，进入 S51 状态，小车左行，触及行程开关 X3 时，小车在装料处停止，完成一个工作周期。

2. 运料小车控制线路(见图 2－75)

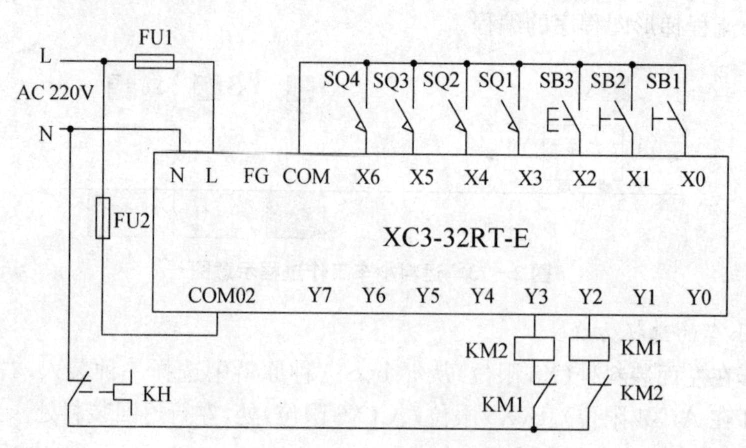

图 2－75 运料小车控制线路示意图

3. PLC 输入/输出端口分配(见表 2－17)

表 2－17 输入/输出端口分配表

输入			输出		
输入继电器	输入元件	作用	输出继电器	输出元件	控制对象
X1	SB1	选择开关	Y0	接触器 KM1	右行
X2	SB2	选择开关	Y1	接触器 KM2	左行
X3	SB3	启动按钮			
X4	SQ1	左限位			
X5	SQ2	A 处位置			
X6	SQ3	B 处位置			
X7	SQ4	C 处位置			

4. 运料小车的控制程序(见图 2－76)

五、实习操作:选择不同运行方式的运料小车控制程序

1. 按图 2－75 所示连接运料小车控制线路

2. 操作步骤

(1) 接通 PLC 电源,使 PLC 处于编程状态。

(2) 将图 2－76 所示程序写入 PLC。

(3) 点击“运行 PLC”按钮,使 PLC 处于程序运行状态。

(4) 进入程序监控状态。

(5) 模拟运料小车工作过程。

卸在 A 处:X1X0＝11,按下启动按钮 X2,Y0 灯亮,小车右行。接通 X4,延时 20 s 后,Y1 灯亮,小车左行。接通 X3,程序返回原位。

卸在 B 处:X1X0＝10,按下启动按钮 X2,Y0 灯亮,小车右行。接通 X5,延时 20 s 后,Y1

灯亮，小车左行。接通 X3，程序返回原位。

卸在 C 处：X1X0＝01，按下启动按钮 X2，Y0 灯亮，小车右行。接通 X6，延时 20 s 后，Y1 灯亮，小车左行。接通 X3，程序返回原位。

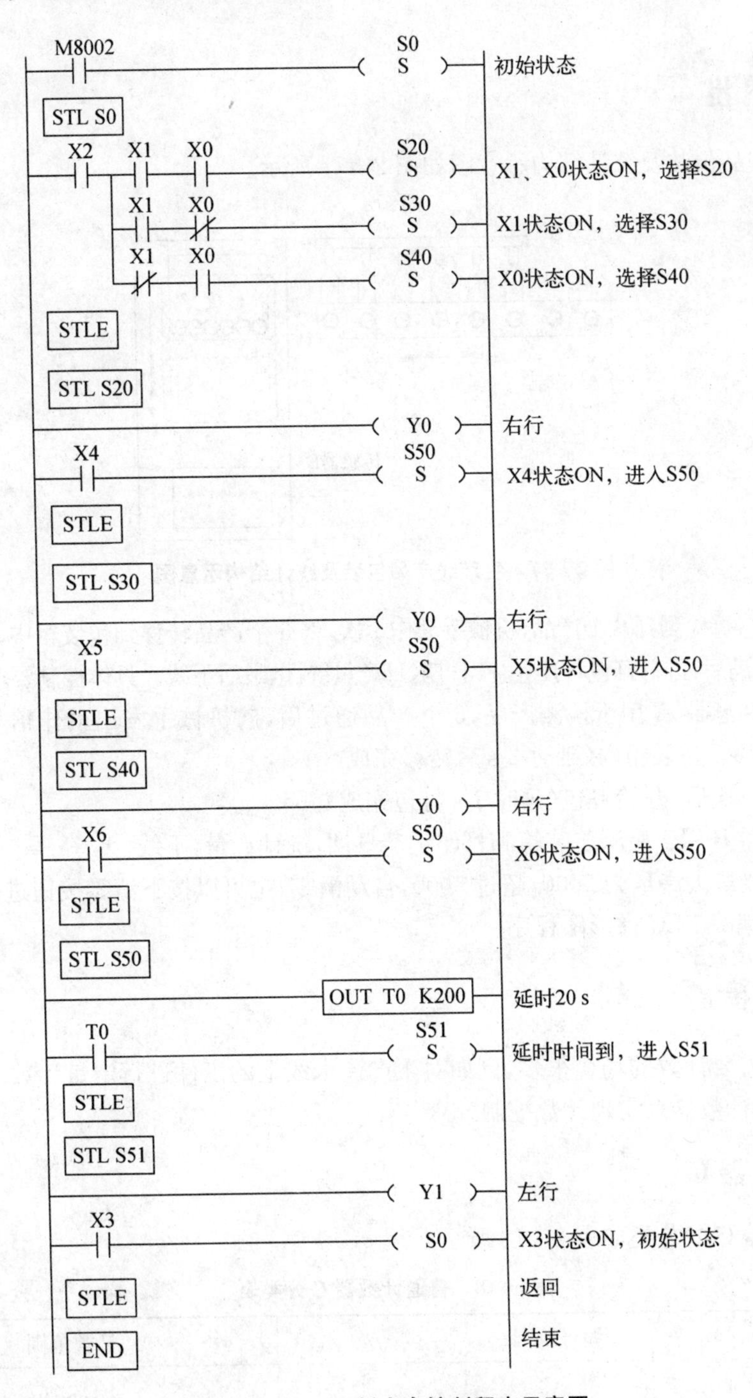

图 2－76　运料小车控制程序示意图

任务5 基于外部事件的顺序控制（计数器）

任务提出

生产线产品包装及统计结构示意图如图2－77所示。

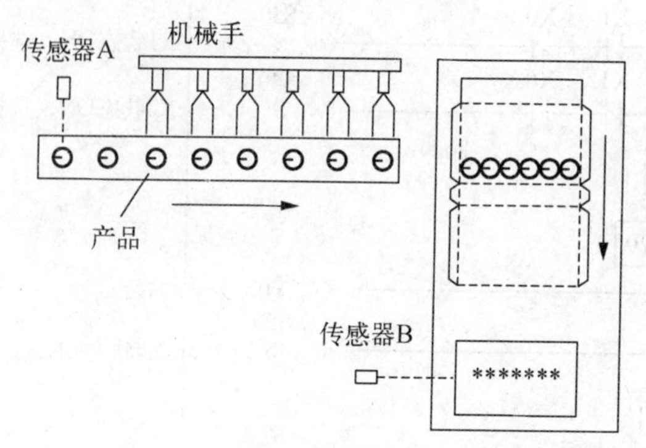

图2－77 生产线产品包装及统计结构示意图

光电传感器每检测到6个产品，机械手动作1次，将6个产品转移到包装箱中，机械手复位，当24个产品装满后，进行打包，打印生产日期，日产量统计，最后下线。具体控制要求如下：

（1）光电传感器A用于检测产品，6个产品通过后，向机械手发出动作信号，机械手将这6个产品转移至包装箱内（延时2 s后转移完成）。

（2）转移4次后，开始打包（延时1 s打包完成）。

（3）传感器B用于检测包装箱和打印生产日期，统计产量，下线。

（4）生产线最大产量为5000，超过5000，自动清零；也可以按下清零按钮进行清零。

为此设备编写PLC梯形图程序。

知识链接

在生产中需要计数的场合很多，例如对生产流水线上的工件进行定量计数。在PLC程序中，可以应用计数器来实现计数控制。

一、普通计数器C

普通计数器C的分类如表2－18所示。

表2－18 普通计数器C分类表

计数器名称	编号范围	点数	计数范围
16位顺计数器	C0～C299	300	1～32767
32位顺/倒计数器	C300～C599	300	－2 147 483 648～2 147 483 647
高速计数器	C600～C639	40	

XC 系列 PLC 有 640 个计数器，地址编号为 C0～C638，其中 C0～C599 为普通计数器，C600～C639 为高速计数器。本章只介绍普通计数器，高速计数器不多作介绍。

普通计数器 C 的使用说明：

(1) 计数器的功能是对输入脉冲进行计数，计数发生在脉冲的上升沿，达到计数器设定值时，计数器触点动作。每个计数器都有一个常开和常闭触点，可以无限次引用。

(2) 计数器有一个设定值寄存器，一个当前值寄存器。16 位计数器的设定值范围是 1～32 767，32 位顺/倒计数器的设定值范围是 －2 147 483 648～2 147 483 647。设定值为 K0 和 K1 的作用相同，都是在第一次计数时动作。

(3) 普通计数器在计数过程中发生断电，则前面所计的数值全部丢失，再次通电后开始计数。

(4) 掉电保持计数器在计数过程中发生断电，则前面所计数值保存，再次通电后从原来数值的基础上继续计数。XC 系列 PLC 的计数器 C 的断电保持区域可由设计者设定，默认范围为 C320～C639。

(5) 计数器除了计数端外，还需要一个复位端。

(6) 32 位顺/倒计数器是循环计数方式。

二、16 位顺计数器(C0～C299)

图 2－78 所示的程序监控梯形图中，X0、X1 分别是计数器 C0 的复位端和脉冲信号输入端。每当 X1 接通一次，C0 的当前值就加 1，当 C0 的当前值与设定值 K5 相等时，计数器的常开触点 C0 闭合，Y0 通电。当 X0 闭合时，C0 复位，C0 的常开触点断开，Y0 断电。

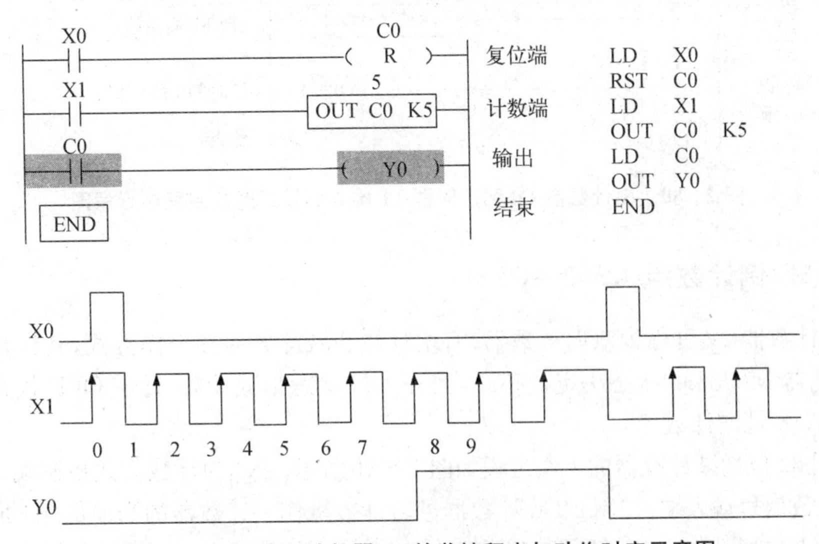

图 2－78　16 位顺计数器 C0 的监控程序与动作时序示意图

【例题 2.4】 程序如图 2－79 所示，当 X0 保持接通后延时多长时间 Y0 才能通电？

【解】 当 X0 保持接通后，由定时器 T1 组成的振荡电路开始工作，T1 的常开触点每隔 10 s 接通一次，使计数器 C0 的当前值增加，当 C0 的当前值增加到 10 时，C0 的常开触点闭合，使控制对象 Y0 接通。因此，Y0 的延时时间 t 为定时器的振荡周期值乘以计数器的设

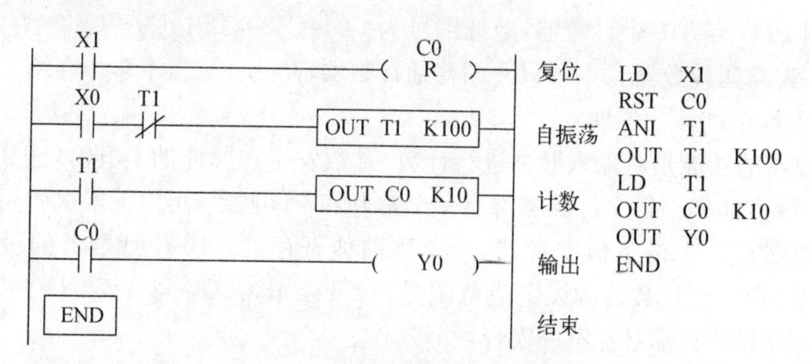

图 2-79 例题 3.15 程序示意图

定值。

$t=0.1\times100\times10=100$ s

X1 为计数器 C0 的复位端，当 C0 复位时，Y0 断电。

定时器的计时时间都有一个最大值，如 100 ms 的定时器最大计时时间为 3276.7 s，如果所需要的延时时间大于最大值，可以采用计数器与定时器配合或者多个定时器串联获得较长延时时间。在图 2-80 所示的梯形图程序中，当 X0 保持接通后，经过 5 h(0.1 s×18000×10=18000 s)延时，Y0 才接通。

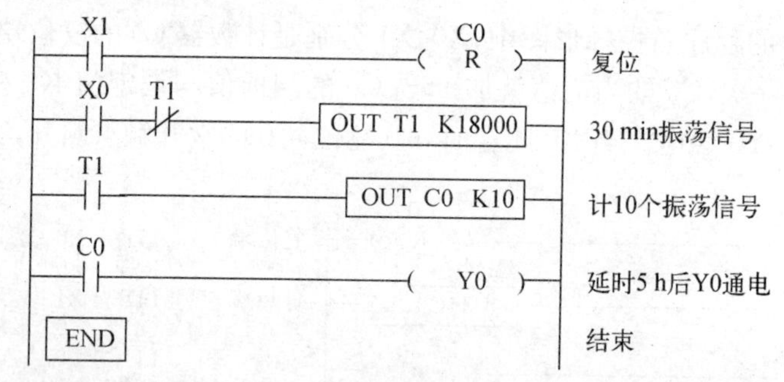

图 2-80 由计数器 C0 和定时器 T1 构成的长延时控制程序示意图

三、32 位顺/倒计数器(C300～C599)

顺/倒计数器(又可称为双向计数器)有增计数和减计数两种工作方式，其计数方式由特殊辅助继电器 M8238 的状态决定，M8238 处于 ON 状态是减计数，处于 OFF 状态或者程序不出现 M8238 是增计数。

普通用 32 位增减计数器的工作过程如图 2-81 所示。X0 为计数方式控制端，X1 为复位端，X2 为计数信号输入端，控制 C300 计数器进行计数操作。计数器的当前值－4 加到－3(增大)时，其触点接通(置 1)，当计数器当前值由－2 减到－3 时(减小)时，其触点断开(置 0)。

四、经典电路

1. *应用计数器延时的程序*

只要提供一个时钟脉冲信号作为计数器的计数输入信号，计数器就可以实现定时功能，时钟脉冲信号的周期与计数器的设定值相乘就是定时时间。时钟脉冲信号可以由 PLC 内

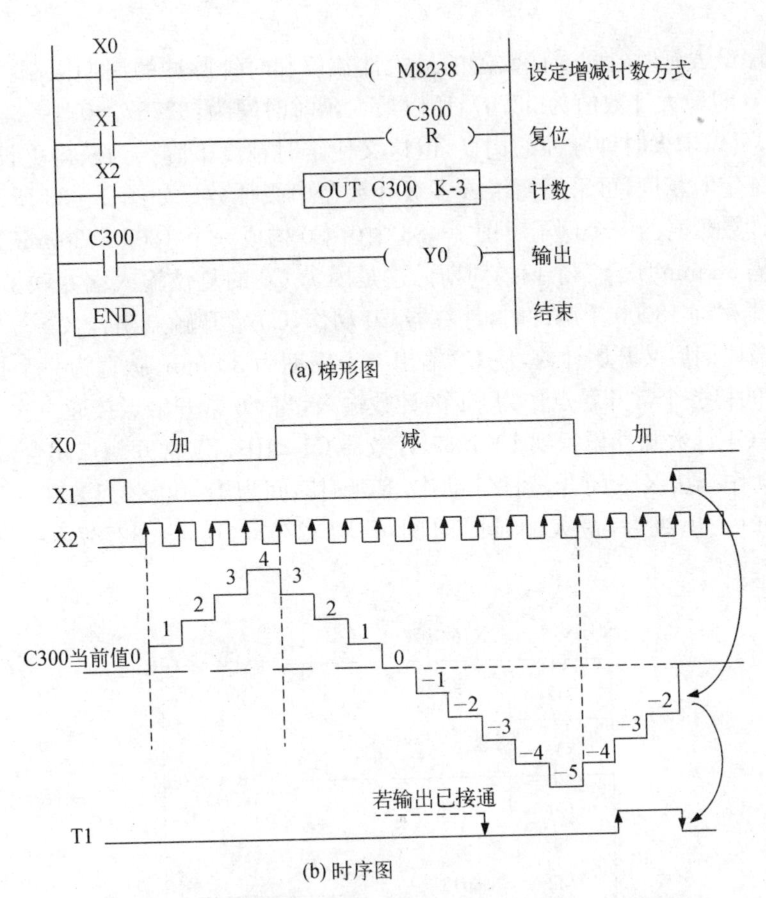

图 2-81 应用顺/倒计数器 C300 的程序与动作时序示意图

部特殊继电器产生(如 XC 系列 PLC 的 M8011、M8012、M8013 和 M8014 等),也可以由连续脉冲发生程序产生,还可以由 PLC 外部时钟电路产生。

如图 2-82 所示为采用计数器实现延时的程序,由 M8012 产生周期为 0.1 s 的时钟脉冲信号。当启动信号 X15 闭合时,M2 得电并自锁,M8012 时钟脉冲加到 C0 的计数输入端。当 C0 累积到 18000 个脉冲时,计数器 C0 动作,C0 常开触点闭合,Y5 线圈接通,Y5 的触点动作。从 X15 闭合到 Y5 动作的延时时间为 18000×0.1=1800 s。延时误差和精度主要由时钟脉冲信号的周期决定,要提高定时精度,就必须用周期更短的时钟脉冲作为计数信号。

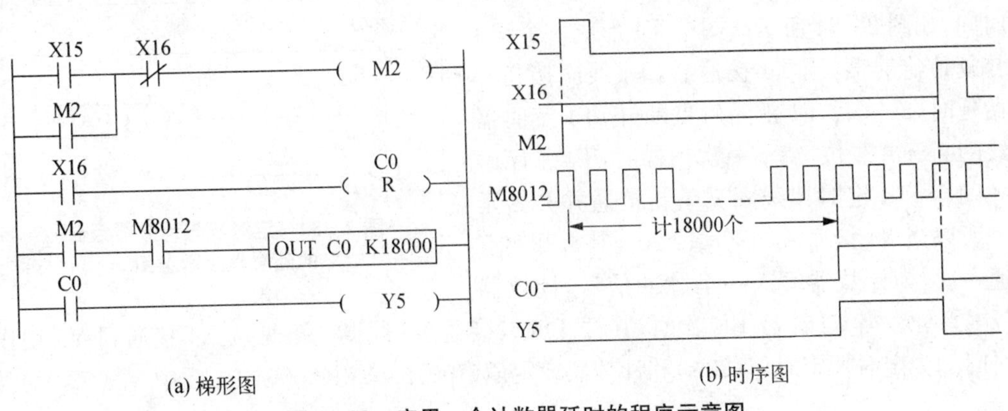

图 2-82 应用一个计数器延时的程序示意图

延时程序最大延时时间受计数器的最大计数值和时钟脉冲的周期限制，如图 2－83 所示，计数器 C0 的最大计数值为 32767，所以最大延时时间为：32767×0.1＝3276.7 s。要增大延时时间，可以增大时钟脉冲的周期，但这又使定时精度下降。为获得更长时间的延时，同时又能保证定时精度，可采用两级或多级计数器串级计数。如图 2－83 所示为采用两级计数器串级计数延时的一个例子。图 2－83 中由 C0 构成一个 1800 s(30 min)的定时器，其常开触点每隔 30 min 闭合一个扫描周期。这是因为 C0 的复位输入端并联了一个 C0 常开触点，当 C0 累积到 18000 个脉冲时，计数器 C0 动作，C0 常开触点闭合，C0 复位，C0 计数器动作一个扫描周期后又开始计数，使 C0 输出一个周期为 30 min、脉宽为一个扫描周期的时钟脉冲。C0 的另一个常开触点作为 C1 的计数输入，当 C0 常开触点接通一次，C1 输入一个计数脉冲，当 C1 计数脉冲累积到 10 个时，计数器 C1 动作，C1 常开触点闭合，使 Y5 线圈接通，Y5 触点动作。从 X15 闭合，到 Y5 动作，其延时时间为 18000×0.1×10＝18000 s(5 h)。计数器 C0 和 C1 串级后，最大的延时时间可达：32767×0.1×32767 s＝29824.34 h＝1242.68 天。

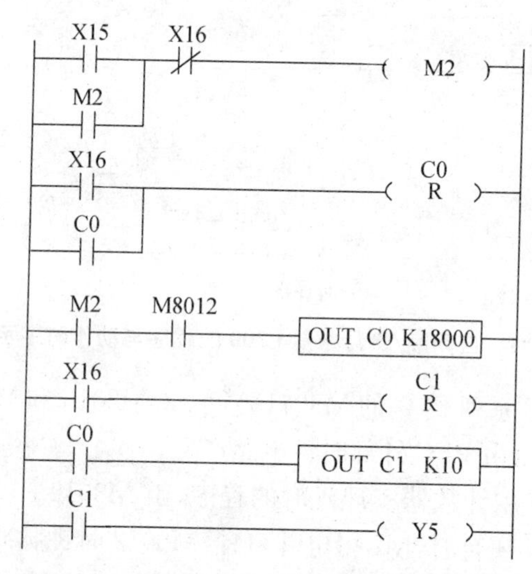

图 2－83　应用两个计数器的延时程序示意图

2. 定时器与计数器组合的延时程序

利用定时器与计数器级联组合可以扩大延时时间，如图 2－84 所示。图中 T4 形成一个20 s 的自复位定时器，当 X4 接通后，T4 线圈接通并开始延时，20 s 后 T4 常闭触点断开，T4 定时器的线圈断开并复位，待下一次扫描时，T4 常闭触点才闭合，T4 定时器线圈又重新接通并开始延时。所以当 X4 接通后，T4 每过 20 s 其常开触点接通一次，为计数器输入一个脉冲信号，计数器 C4 计数一次，当 C4 计数 100 次时，其常开触点接通 Y3 线圈。可见从 X4 接通到 Y3 动作，延时时间为定时器定时值(20 s)和计数器设定值(100)的乘积(2000 s)。图中 M8002 为初始

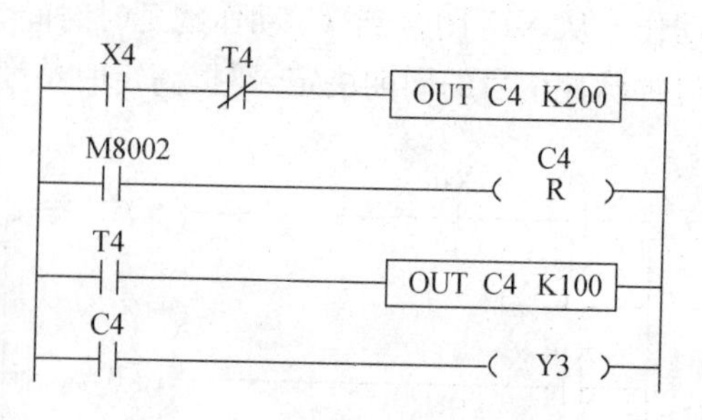

图 2－84　定时器与计数器组合的延时程序示意图

化脉冲,使 C4 复位。

3. 计数器级联程序

计数器计数值范围的扩展,可以通过多个计数器级联组合的方法来实现。图 2-85 为两个计数器级联组合扩展的程序。X1 每通/断一次,C60 计数 1 次,当 X1 通/断 50 次时,C60 的常开触点接通,C61 计数 1 次,与此同时 C60 另一对常开触点使 C60 复位,重新从零开始对 X1 的通/断进行计数,每当 C60 计数 50 次时,C61 计数 1 次,当 C61 计数到 40 次时,X1 总计通/断 50×40=2000 次,C61 常开触点闭合,Y31 接通。可见本程序计数值为两个计数器计数值的乘积。

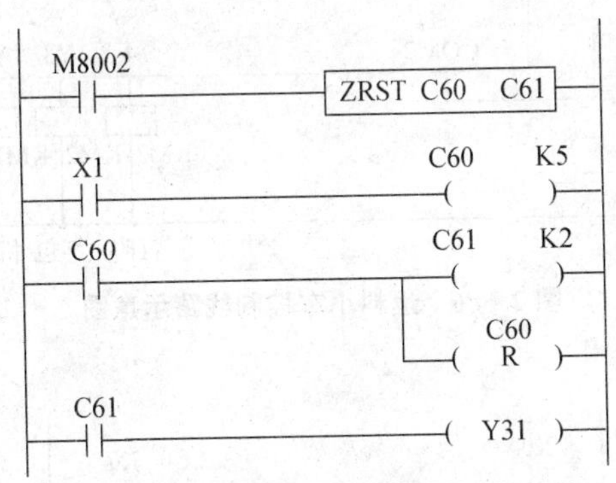

图 2-85 两个计数器级联的程序示意图

任务分析

本任务首先要给工业机器人一个供料信号,将物品放置到皮带上。然后开动皮带,利用传感器传来的检测信号给计数器进行计数。当物品数达到预置值时,计数上升显示灯亮,提醒用户进行下一步的封装操作。

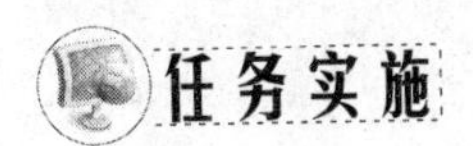

一、PLC 输入/输出端口分配(见表 2-19)

表 2-19 PLC 输入/输出端口分配表

输 入			输 出		
输入继电器	输入元件	作用	输出继电器	输出元件	控制对象
X0	SQ1	检测开关 A	Y2	接触器 KM1	机械手
X1	SQ2	传感器 B	Y3	接触器 KM2	打包动作
X2	SB	清零按钮	Y4	接触器 KM3	盖章

二、运料小车控制线路(见图 2-86)

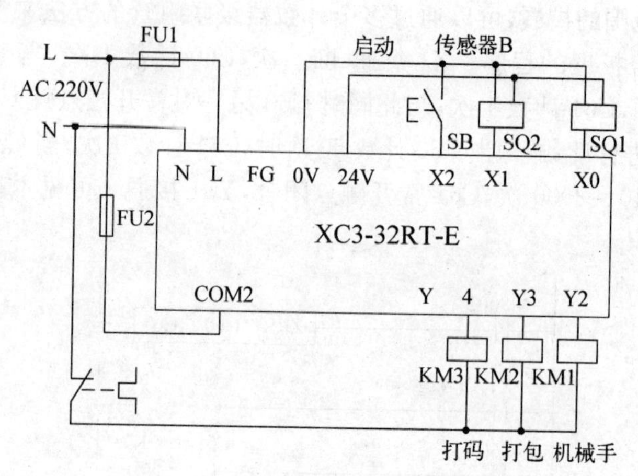

图 2-86 运料小车控制线路示意图

三、梯形图

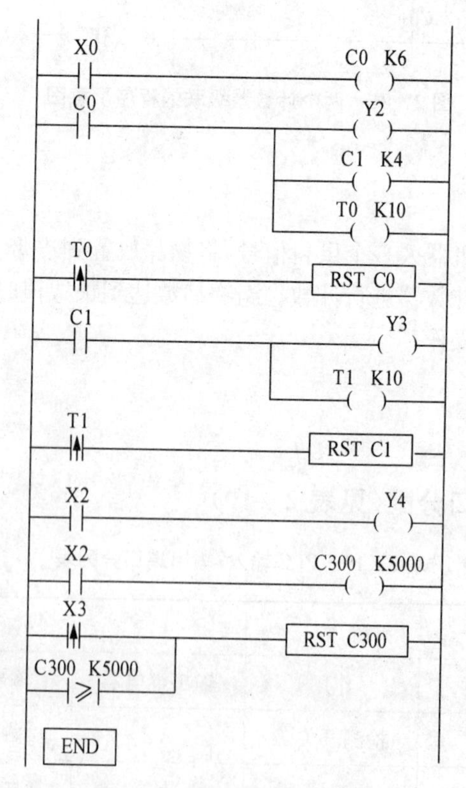

图 2-87 梯形图编程示意图

四、系统调试

1. 连接控制线路

按图 2-86 所示连接运料小车控制线路。

2. 操作步骤

(1) 接通 PLC 电源,使 PLC 处于编程状态。

(2) 将图 2-87 所示程序写入 PLC。

(3) 使 PLC 处于程序运行状态。

(4) 进入程序监控状态。

(5) 模拟生产线包装过程。

任务 6　交通灯控制

任务提出

如图 2-88 所示,十字路口的交通灯中,红灯为停车禁行信号,绿灯为放行信号,黄灯为绿灯向红灯转换的提示信号。

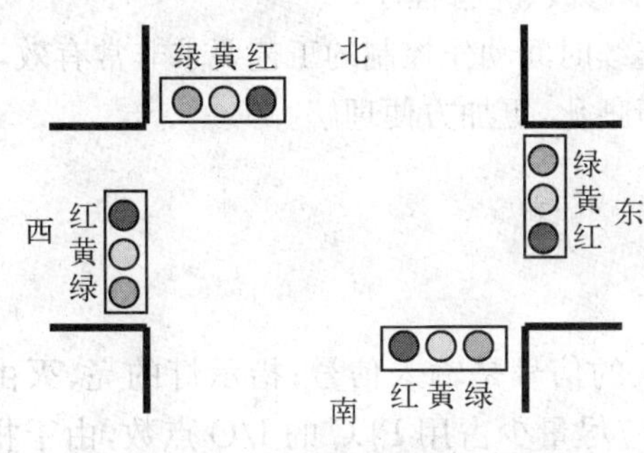

图 2-88　交通灯控制示意图

具体要求如下：

(1) 放行时间:南北方向为 30 s,东西方向为 20 s。

(2) 转换时间:欲禁行方向的黄灯和欲放行之前的红灯以 2 Hz 的频率闪烁 5 s,时间到后,一方放行,一方禁行。

(3) 设置启动开关和停止开关对系统进行启动和停止控制。

如何实现交通灯控制?

知识链接

一、PLC 系统维护

为了维护 PLC 系统的稳定运行,在标准周期内(一般为 6～12 个月)需要对设备进行定期检查;对于超出判定标准范围的,需要进行必要的处理使其达到标准。具体说:

(1) 每半年或半季度检查 PLC 接线端子连接情况,如有松动需要紧固接线端子。

(2) 对主机供电电源每月要测量工作电压,如发现异常需及时处理。

(3) 为保障元件的功能不出故障及模块不损坏,必须用保护装置并认真做好防静电工作。

二、时序图设计法

时序图设计法就是当PLC各输出信号的状态变化有一定的时间顺序时，可从分析时序图入手进行程序设计。这样可以有效地避免因程序中的时序计时错误而导致程序的不正确。

时序图设计法的基本步骤：

(1) 根据各输入、输出信号之间的时序关系，画出输入和输出信号的工作时序图。

(2) 把时序图划分成若干个区段，确定各区段的时间长短。找出区段间的分界点，弄清分界点处各输出信号状态的转换关系和转换条件。

(3) 确定所需的定时器个数，分配定时器号，确定各定时器的设定值。

(4) 明确各定时器开始定时和定时到两个时刻各输出信号的状态。最好制作一个状态转换明细表。

(5) 作PLC的I/O分配表。

(6) 根据时序图、状态转换明细表和I/O分配表，画出PLC梯形图。

(7) 作模拟实验，进一步修改、完善程序。

采用时序图设计法对连续时间动作控制的工艺要求非常有效，在高效完成程序的同时，可以使得程序最大程度的清晰化，更加方便理解。

任务分析

分析控制要求可知：

本例中由控制开关输入的信号是输入信号；指示灯的亮、灭由PLC的输出信号控制。在满足控制要求的前提下，应尽量少占用PLC的I/O点数，由于相对方向的同色灯在同一时间亮、灭，可将同色灯并联，用一个输出信号控制。这样只占6个输出点。可知使用信捷XC1-16R/T-E/C即可。

(1) 根据各输入、输出信号之间的时序关系，画出输入和输出信号的工作时序图(图2-89)。

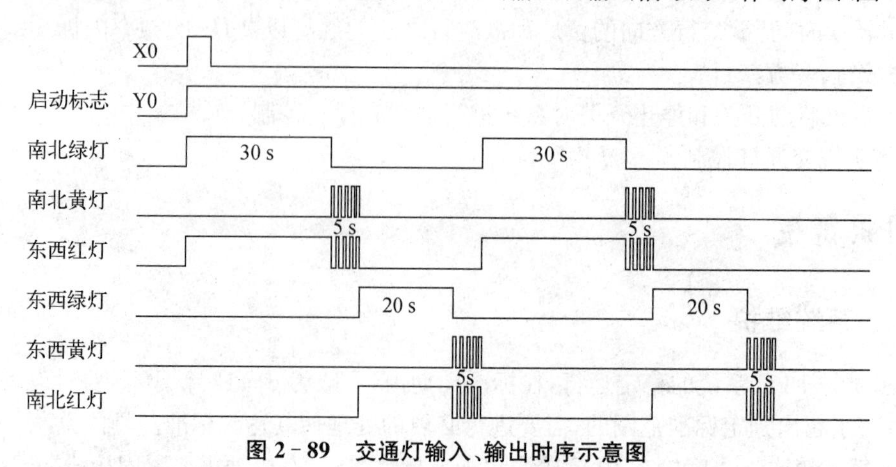

图2-89　交通灯输入、输出时序示意图

(2) 把时序图划分成若干个区段，确定各区段的时间长短。找出区段间的分界点，弄清分界点处各输出信号状态的转换关系和转换条件，如图2-90所示。

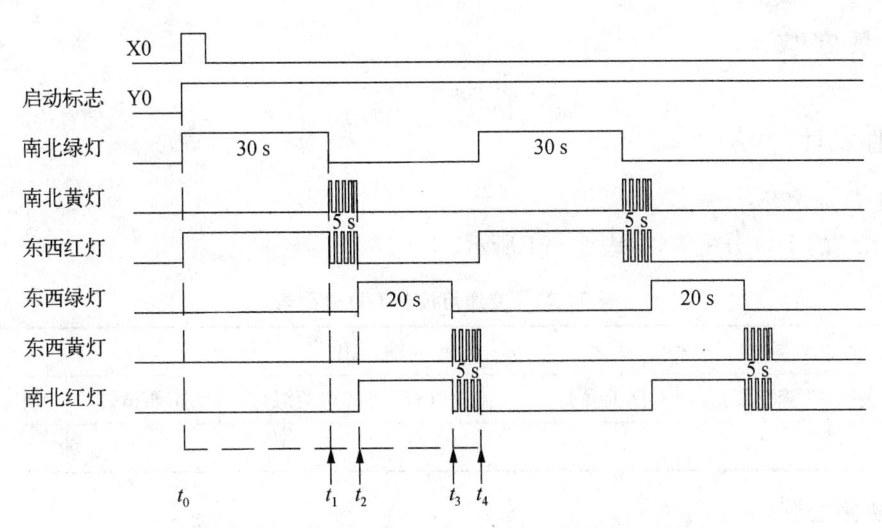

图 2－90　交通灯时序图划分区段及分界点示意图

由时序图可以知道，不同方向的红灯和绿灯常亮的时间一样，均为 20 s 或者 30 s，红灯闪烁时间与黄灯闪烁时间一样，均为 5 s，频率均为 1 Hz。

一个循环有 4 个时间分界点：t_1、t_2、t_3、t_4。在这 4 个分界点处信号灯的状态将发生变化。

(3) 确定所需的定时器个数，分配定时器号，确定各定时器的设定值，如图 2－91 所示。

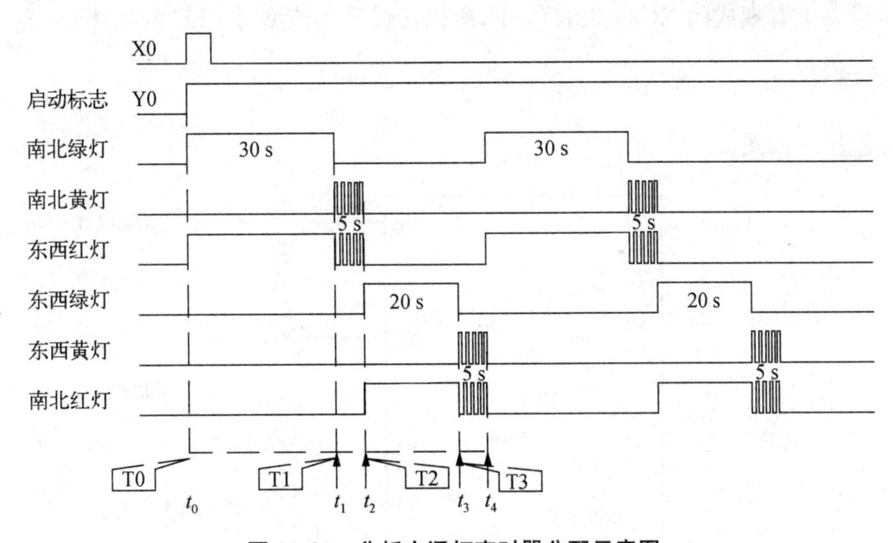

图 2－91　分析交通灯定时器分配示意图

用 T0 到 T3 四个定时器控制红、黄、绿信号灯的转换。

(4) 明确各定时器开始定时和定时结束两个时刻各输出信号的状态。最好作一个状态转换明细表，如表 2－20 所示。

表 2－20　交通灯控制状态转换明细表

定时器	T0	T1	T2	T3	定时器
通电延时 OFF 控制	启动开始计时，红绿灯亮时间	黄灯、红灯开始闪烁计时	红绿灯转换，红绿灯亮时间	黄灯、红灯闪烁开始计时	通电延时 OFF 控制

任务实施

一、硬件设计

1. I/O 分配

作 PLC 的 I/O 分配表,如表 2 - 21 所示。

表 2 - 21　交通灯控制 I/O 分配表

输入	输　出					
控制开关	南北绿灯	南北黄灯	南北红灯	东西绿灯	东西黄灯	东西红灯
X0	Y0	Y1	Y2	Y3	Y4	Y5

2. 硬件选型

(1) PLC 选型

根据输入/输出端所选 PLC 型号为:XC3 - 32RT - E。输出交流电源。XC3 是 XC 系列中的标准机型,内置用户存储器 128K,最大可扩展到 284 个 I/O 点,有多种特殊功能扩展,实现多种特殊控制功能(PID、高速计数、A/D、D/A 等);有功能很强的数学指令集;通过通信扩展板或特殊适配器可实现多种通信和数据链接。

由于设备上有现成的 XC3 - 32RT - E,所以接线采用该型号 PLC 的接法。

二、硬件接线

硬件连接图如图 2 - 92 所示。

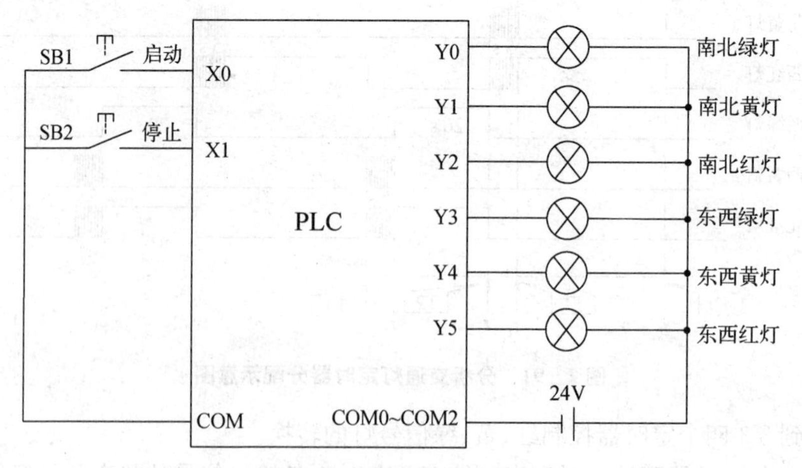

图 2 - 92　硬件连接示意图

三、梯形图

梯形图如图 2 - 93 所示。

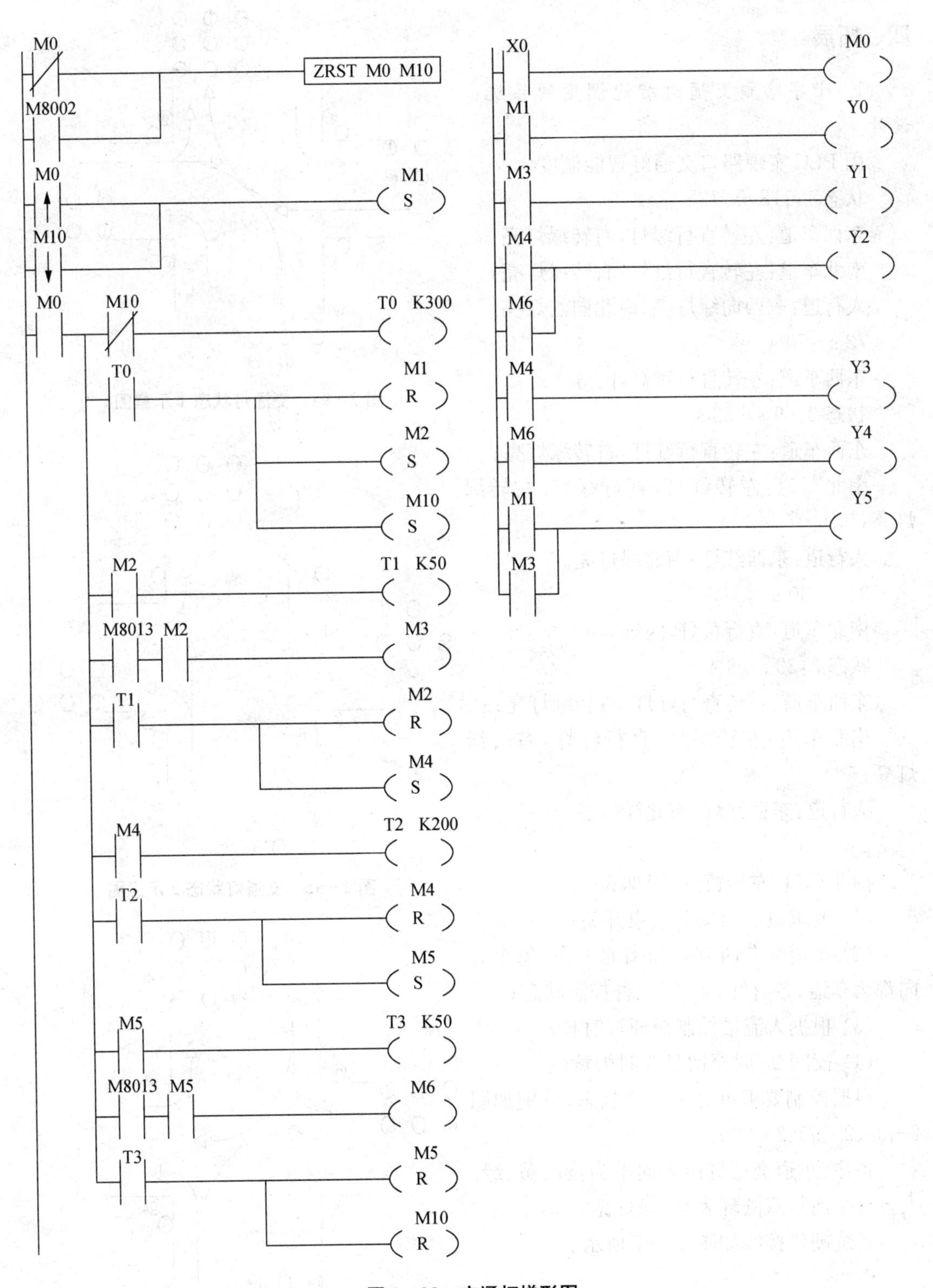
M0
M8002
ZRST M0 M10
M0
M10
M1
S
M0
M10
T0 K300
T0
M1
R
M2
S
M10
S
M2
T1 K50
M8013
M2
M3
T1
M2
R
M4
S
M4
T2 K200
T2
M4
R
M5
S
M5
T3 K50
M8013
M5
M6
T3
M5
R
M10
R
X0
M0
M1
Y0
M3
Y1
M4
Y2
M6
M4
Y3
M6
Y4
M1
Y5
M3

图 2－93　交通灯梯形图

四、拓展

1. 十字路口交通灯智能调度的系统设计

用 PLC 实现路口交通灯智能调度。

状态 1:118 s～73 s

东西车道:左转直行绿灯,右转绿灯亮;

南北车道:左转直行红灯,右转绿灯亮;

人行道:东西向绿灯亮,南北向红灯亮。

72 s～70 s

东西车道:左转直行黄灯,闪烁 3 s。

状态 2:69 s～33 s

东西车道:左转直行红灯,右转绿灯亮;

南北车道:左转红灯,直行绿灯,右转绿灯亮;

人行道:东西红灯,南北绿灯亮。

32 s～30 s

南北车道:直行黄灯,闪烁 3 s。

状态 3:29 s～3 s

东西车道:左转直行红灯,右转绿灯亮;

南北车道:左转绿灯,直行红灯,右转绿灯亮;

人行道:东西红灯,南北绿灯亮。

2 s～0 s

南北车道:左转黄灯,闪烁 3 s。

(1) 要求具有启动和结束开关;

(2) 车道为东西方向和南北方向,每个方向都为车道,各有红、黄、绿三种控制状态;

(3) 根据人流量控制交通灯时长;

(4) 夜间 23 时至次日 5 时为黄灯。

根据控制要求可分为三个状态,分别如图 2-94、2-95、2-96 所示。

备注:车道交通灯由上向下为:红、黄、绿。人行道交通灯双圆环表示:绿灯亮。

系统硬件接线如图 2-97 所示。

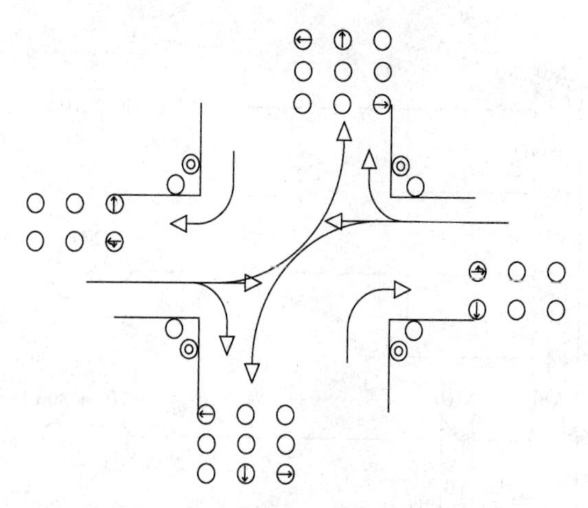

图 2-94 交通灯状态 1 示意图

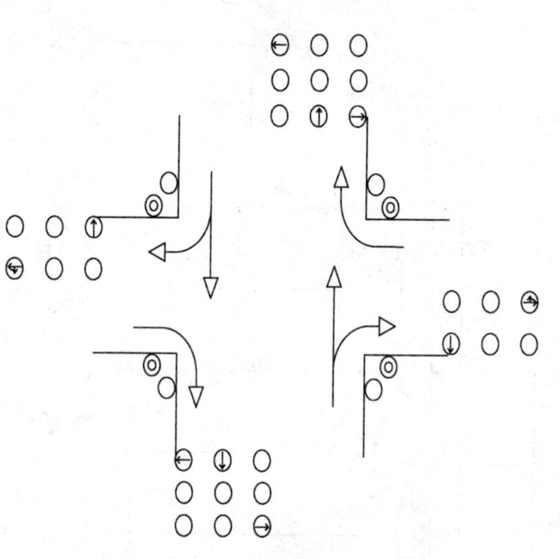

图 2-95 交通灯状态 2 示意图

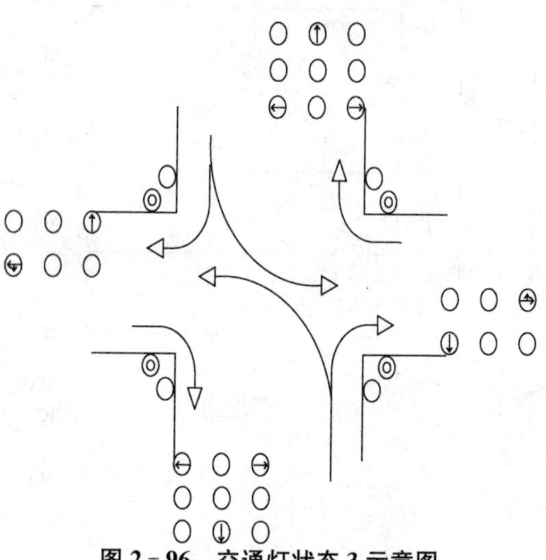

图 2-96 交通灯状态 3 示意图

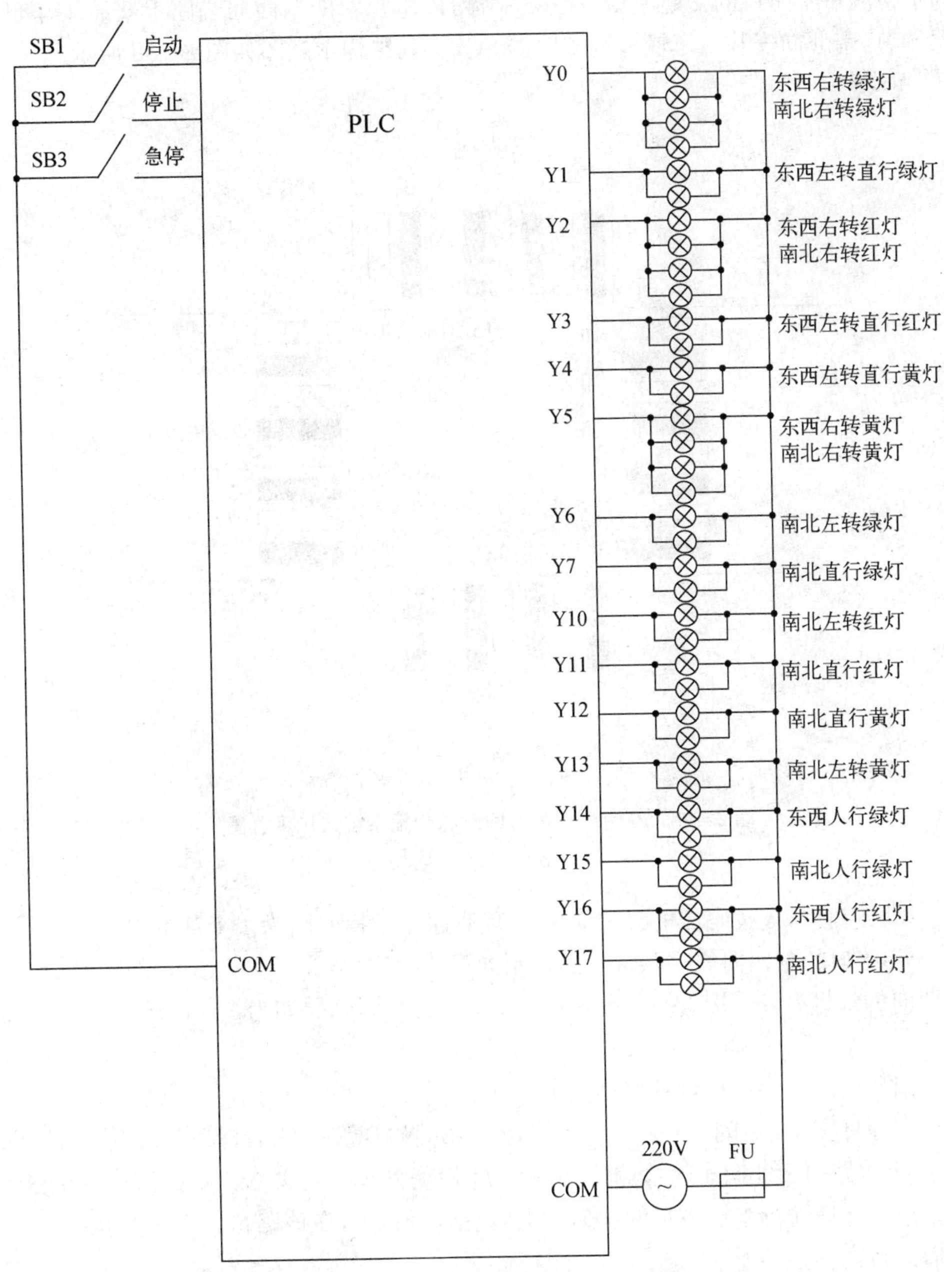

图 2-97 交通灯智能调度系统接线示意图

2. 十字路口交通灯开通时间动态分配的系统设计

在实训考核装置上，按照题目要求编写程序。在使用计算机编写程序时，保存的文件名为工位号。完成考核设备的整体调试，使该设备能按要求正常工作。

(1) 定义

用 PLC 实现路口交通灯信号开通时间的比例动态分配。

(2) 系统描述

现有一个十字路口的交通灯控制系统，路口由两个红灯、两个绿灯、两个黄灯组成。

为了检测每个路口的交通流量，在第一个路口所管辖的东西向马路上安装了车辆检测传感器 SQ1，南北向安装了车辆检测传感器 SQ2。其结构示意图如图 2 - 98 所示。

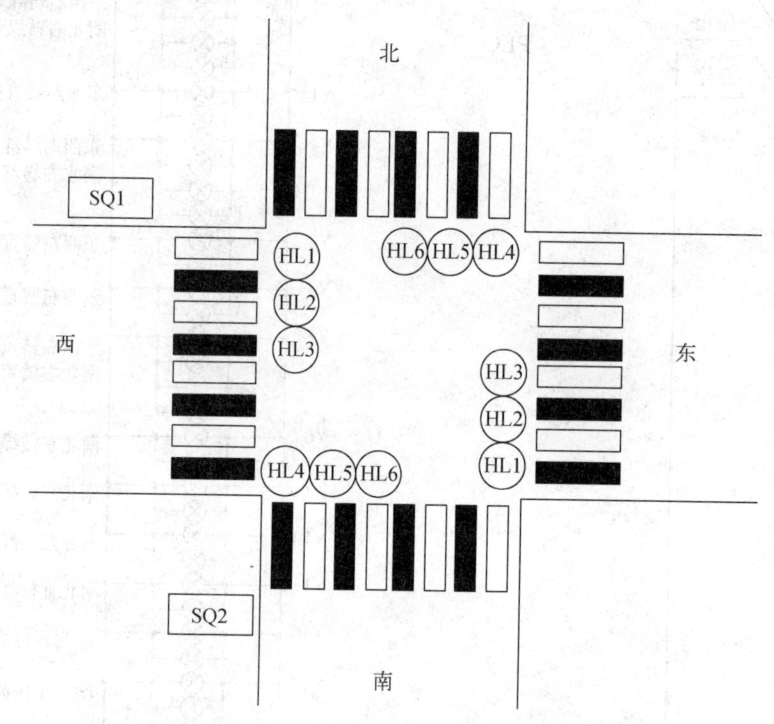

图 2 - 98　交通灯开通时间动态分配系统结构示意图

(3) 控制任务

① 启动按钮后，当拨码器的设定为 1 时，代表路口切换时间为 1 个基本周期(16 s)。

a. 十字路口的东西向红、绿、黄灯的控制如下：

东西向的红灯亮 8 s，接着绿灯亮 4 s 后闪烁 2 s 灭(闪烁周期为 1 s)，黄灯亮 2 s 后，依此循环。

对应南北向的红、绿、黄灯的控制如下：

南北向绿灯亮 4 s 后闪 2 s 灭(闪烁周期为 1 s)，黄灯亮 2 s 灭，红灯亮 8 s，依此循环。

b. 当十字路口南北向车辆检测传感器 SQ2 检测到单位时间(32 s)内该路口的通行车辆数量是东西路口通行车辆数量的 2 倍以上(包括 2 倍)时，在该路口的下一个执行周期，路口的绿信比将会调整如下：

南北向的红灯亮 4 s，接着绿灯亮 8 s 后闪烁 2 s 灭(闪烁周期为 1 s)，黄灯亮 2 s 后，依此循环。

东西向绿灯亮 2 s 后闪 1 s 灭(闪烁周期为 1 s)，黄灯亮 2 s 灭，红灯亮 12 s，依此循环。

同理，当东西向路口的通行车辆数量是南北向路口通行车辆数量的 2 倍以上(包括 2 倍)时，路口的绿信比将会颠倒，即东西向通行时间为 12 s，南北向通行时间为 4 s。

c. 当通过拨码器手动改变信号周期时，路口信号的通行时间都同比例变化，即假设拨码器调整信号切换时间为两个基本周期时，在第一个十字路口的南北向的红灯亮 16 s，接着绿灯亮 12 s 后闪烁 2 s 灭(闪烁周期为 1 s)，黄灯亮 2 s 后，依此循环。

调整后的周期将在再次按下启动按钮 SB1 并执行完成当前信号周期后执行。

② 按下夜间运行按钮 SB2 时，所有路口仅黄灯闪烁(周期为 1 s)。

③ 按下停止按钮 SB3 时，路口所有的交通灯均不亮。

(4) 硬件接线(如图 2－99 所示)

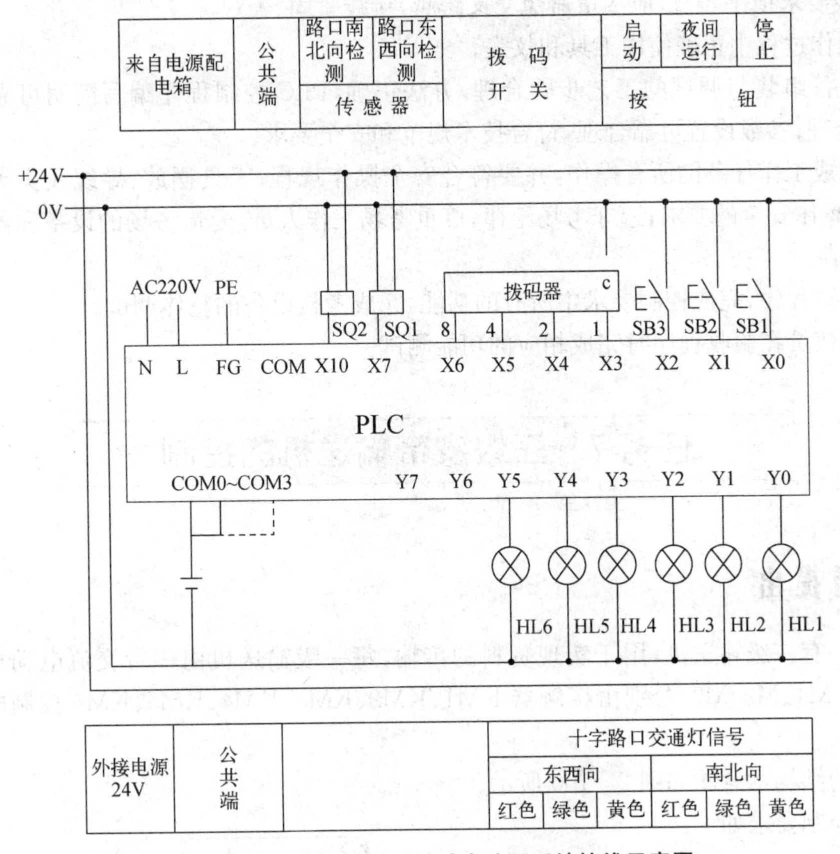

图 2－99　交通灯开通时间动态分配系统接线示意图

(5) 编写程序

根据系统的功能要求，完成下列操作：

① 根据系统要求，将开关量输入/输出地址在电气原理接线图上进行标识，并将 PLC 的电气原理接线图补充完整。

② 编写 PLC 程序，注意程序的编写要符合 IEC61131－3 标准规范。

(6) 系统调试

① 要求使用万用表检测系统的供电电源电压、输入端口电流、输出端口电压。

② 使用万用表检测传感器信号，调整传感器的位置、灵敏度及极性。

③ 编写程序时要求给程序块、输入/输出端口标明注释。

④ 调试时，要求使用时序图监控各个 I/O 端口的时序变化。

⑤ 要求使用在线监控功能检测各个 I/O 端口、内部寄存器的状态以及存储器的数值。

⑥ 要求使用强制指令测试各个输出端口的状态变化。

⑦ 要求使用断点进行程序的单步调试。

(7) 操作要求

① 在鉴定站提供的实训考核装置上,按照题目要求完成系统的设计。在使用计算机编写程序时,保存的文件名为工位号。

② 按照系统功能的要求正确安装元器件,元件在配线板上布置要合理。安装要正确、紧固,布线要求横平竖直,应尽量避免交叉跨越,接线紧固、美观。

③ 操作过程中正确使用工具和仪表。

④ 设备组装与调试的工艺步骤合理,方法正确,PLC 控制程序编写简明可靠,条理清晰,科学合理;参数设置可靠合理,符合技术规范和安全要求。

⑤ 完成工作任务的所有操作,并要符合安全操作规程;工具摆放、导线线头等的处理,符合电工操作安全的要求;遵守考场纪律,尊重考场工作人员,爱惜考场的设备和器材,保持工位的整洁。

⑥ 编写程序,完成控制要求中所有的功能,完成考核设备的整体调试。

⑦ 考核员在验收程序时完成相应的功能测试。

任务 7　三级皮带输送机的控制

任务提出

现有一套三级输送机,用于实现货料的传输,每一级输送机由一台交流电动机进行控制,电机为 M1、M2、M3,分别由接触器 KM1、KM2、KM3、KM4、KM5、KM6 控制电机的正反转运行。

系统的结构示意图如图 2-100 所示。

具体控制要求如下:

(1) 当装置上电时,系统进行复位,所有电机停止运行。

(2) 当手/自动转换开关 SA0 打到左边时系统进入自动状态。按下系统启动按钮 SB1,电机 M3 首先正转启动,运转 5 s 以后,电机 M2 正转启动,当电机 M2 运转 6 s 以后,电机 M1 正转启动,此时系统完成启动过程,进入正常运转状态。

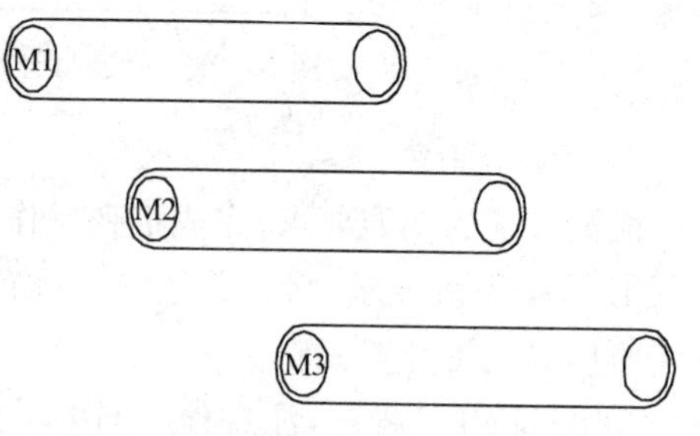

图 2-100　三级输送机结构示意图

(3) 当按下系统停止按钮 SB2 时,电机 M1 首先停止,当电机 M1 停止 4 s 以后,电机 M2 停止,当 M2 停止 4 s 以后,电机 M3 停止。系统在启动过程中按下停止按钮 SB2,电机按启动的顺序反向停止运行。

(4) 当系统按下暂停按钮 SB3 时,三台电机要求停止工作,直到急停按钮取消时,系统恢复到当前状态。

(5) 当手/自动转换开关 SA0 打到右边时系统进入手动状态,系统只能由手动开关控制电机的运行。通过手动开关(SW1～SW6),操作者能控制三台电机的正反转运行,实现货物的手动传输。

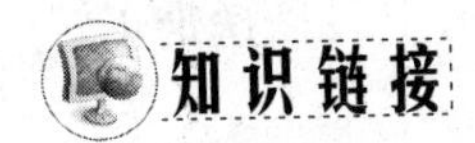

PLC 机型的选择

PLC 的选择主要应从 PLC 的机型、容量、I/O 模块、电源模块、特殊功能模块、通信联网能力等方面加以综合考虑。PLC 机型选择的基本原则是在满足功能要求及保证可靠、维护方便的前提下，力争最佳的性能价格比。选择时应主要考虑结构、安装方式、相应功能、响应速度、系统可靠性等方面的要求，且机型应尽量统一。

1. 相应的功能要求

一般小型(低档)PLC 具有逻辑运算、定时、计数等功能，对于只需要开关量控制的设备都可满足。

对于以开关量控制为主，带少量模拟量控制的系统，可选用能带 A/D 和 D/A 转换单元，具有加减算术运算、数据传送功能的增强型低档 PLC。对于控制较复杂，要求实现 PID 运算、闭环控制、通信联网等功能的系统，可视控制规模大小及复杂程度，选用中档或高档 PLC。但是中、高档 PLC 价格较贵，一般用于大规模过程控制和集散控制系统等场合。

2. 响应速度要求

PLC 是为工业自动化设计的通用控制器，不同档次 PLC 的响应速度一般都能满足其应用范围内的需要。如果要跨范围使用 PLC，或者某些功能或信号有特殊的速度要求时，则应该慎重考虑 PLC 的响应速度，可选用具有高速 I/O 处理功能的 PLC，或选用具有快速响应模块和中断输入模块的 PLC 等。

3. 系统可靠性的要求

对于一般系统，PLC 的可靠性均能满足。对可靠性要求很高的系统，应考虑是否采用冗余系统或热备用系统。

4. 机型尽量统一

一个企业，应尽量做到 PLC 的机型统一。主要考虑到以下三方面问题：

(1) 机型统一，其模块可互为备用，便于备品、备件的采购和管理。

(2) 机型统一，其功能和使用方法类似，有利于技术力量的培训和技术水平的提高。

(3) 机型统一，其外部设备通用，资源可共享，易于联网通信，配上位计算机后易于形成一个多级分布式控制系统。

任务分析

一、任务动作分析

在此单元中执行以下的动作。

(1) 当操作面板上的[PB1](X20)按下，如果机器人在原点位置(X5)，控制机器人供给指令(Y7)被置为 ON。松开[PB1](X20)，直到机器人回到原点位置(X5)，供给指令(Y7)被锁存。

(2) 当传感器(X0)检测到一个部件,上段输送带正转(Y0)被置为ON。

(3) 当传感器(X1)检测到一个部件,中段输送带正转(Y2)被置为ON,上段输送带正转(Y0)停止。

(4) 当传感器(X2)检测到一个部件,下段输送带正转(Y4)被置为ON,而中段输送带正转(Y2)停止。

(5) 当传感器(X3)检测到一个部件,下段输送带正转(Y4)停止。

(6) 当传感器(X3)被置为ON,供给指令(Y7)被置为ON,而且如果机器人在原点位置(X5),一个新部件被补给。

注意:

- 在此练习中我们编程的时候假设每次只有一个部件被放到传送带上。
- 要控制两个或者更多的部件我们还需要另一个程序。这个程序不在此练习范围内。

二、操作要求

(1) 在鉴定站提供的实训考核装置上,按照题目要求完成系统的设计。在使用计算机编写程序时,保存的文件名为工位号。

(2) 按照系统功能的要求正确安装元器件,元件在配线板上布置要合理,安装要正确、紧固,布线要求横平竖直,应尽量避免交叉跨越,接线紧凑、美观。

(3) 操作过程中应正确使用工具和仪表。

(4) 设备组装与调试的工艺步骤合理,方法正确,PLC控制程序编写简明可靠,条理清晰,科学合理;参数设置可靠合理,符合技术规范及安全要求。

(5) 完成工作任务的所有操作,符合安全操作规程:工具摆放、导线线头等的处理,符合电工操作安全的要求;遵守考场纪律,尊重考场工作人员,爱惜考场的设备和器材,保持工位的整洁。

(6) 编写程序完成控制要求中所有的功能,完成考核设备的整体调试。

(7) 考核员在验收程序时完成相应的功能测试。

任务实施

一、I/O地址分配(表2-22)

表2-22 I/O地址分配表

说 明	名 称
启动按钮 SB1	X0
停止按钮 SB2	X1
暂停按钮 SB3	X2
M1 正转手动开关 SW1	X3
M1 反转手动开关 SW2	X4
M2 正转手动开关 SW3	X5

续表

说　明	名　称
M2 反转手动开关 SW4	X6
M3 正转手动开关 SW5	X7
M3 反转手动开关 SW6	X10
手/自动转换开关 SA0	X11
M1 正转 KM1	Y2
M1 反转 KM2	Y3
M2 正转 KM3	Y4
M2 反转 KM4	Y5
M3 正转 KM5	Y6
M3 反转 KM6	Y7

二、硬件接线

根据系统要求，将开关量输入/输出地址在电气原理接线图上进行标识，并将 PLC 的电气原理接线图补充完整，三级输送机系统接线图如图 2－101 所示。

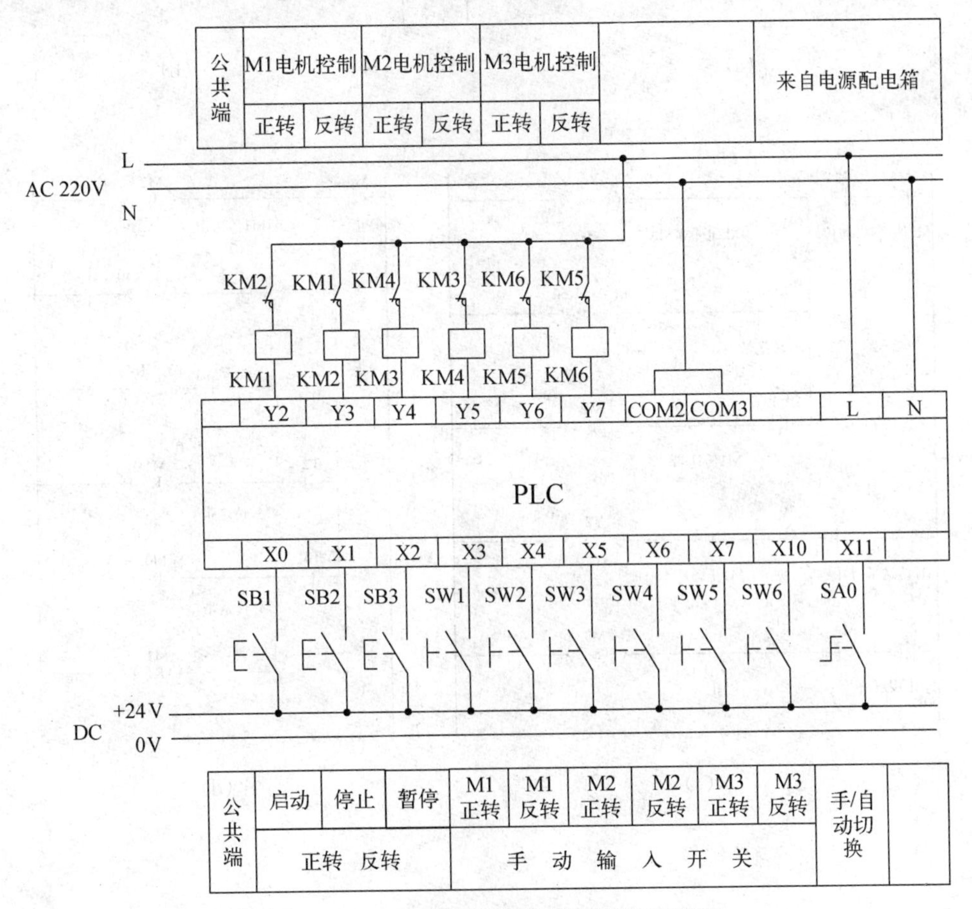

图 2－101　三级输送机系统硬件接线示意图

三、编写 PLC 程序（如图 2－102 所示）

X11
S0
S
手/X11自动转
换开关SA0
ZRST Y2 Y7
Y2:M1正转KM1
Y7:M3反转KM6
ZRST M1 M4
M1:M2传送带
M4:暂停
X11
S10
S
手/自动转
换开关SA0

（a）

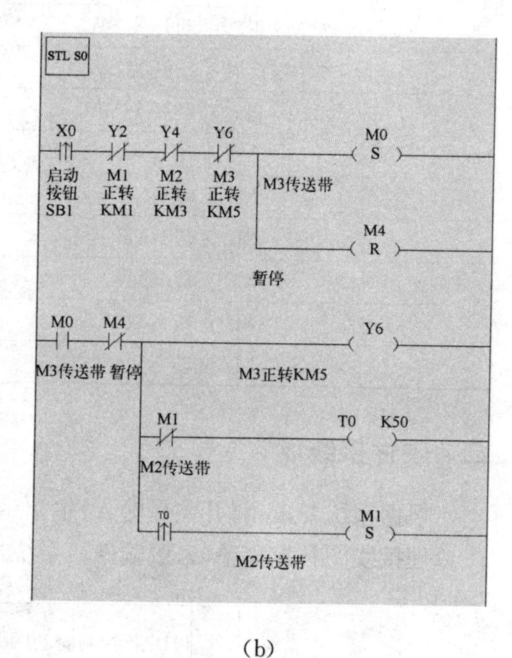

（b）

M1
M4
Y4
M2传送带 暂停
M2正转KM3
M2
T1
K60
M1传送带
T1
M2
S
M1传送带
M2
M4
Y2
M1传送带 暂停
M1正转KM1
X1
M4
M3
S
停止按钮 暂停
SB2
停止

（c）

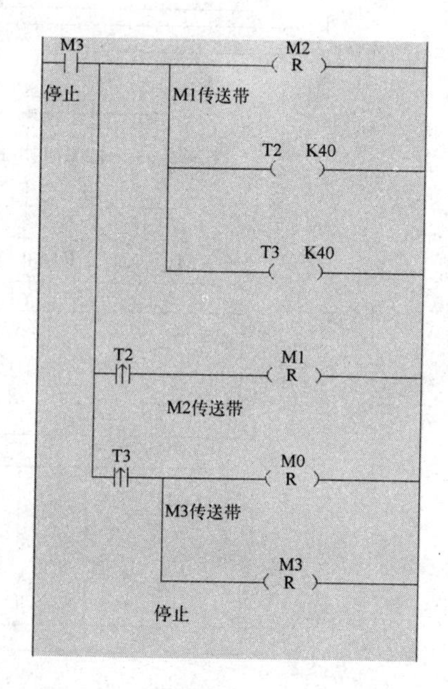

（d）

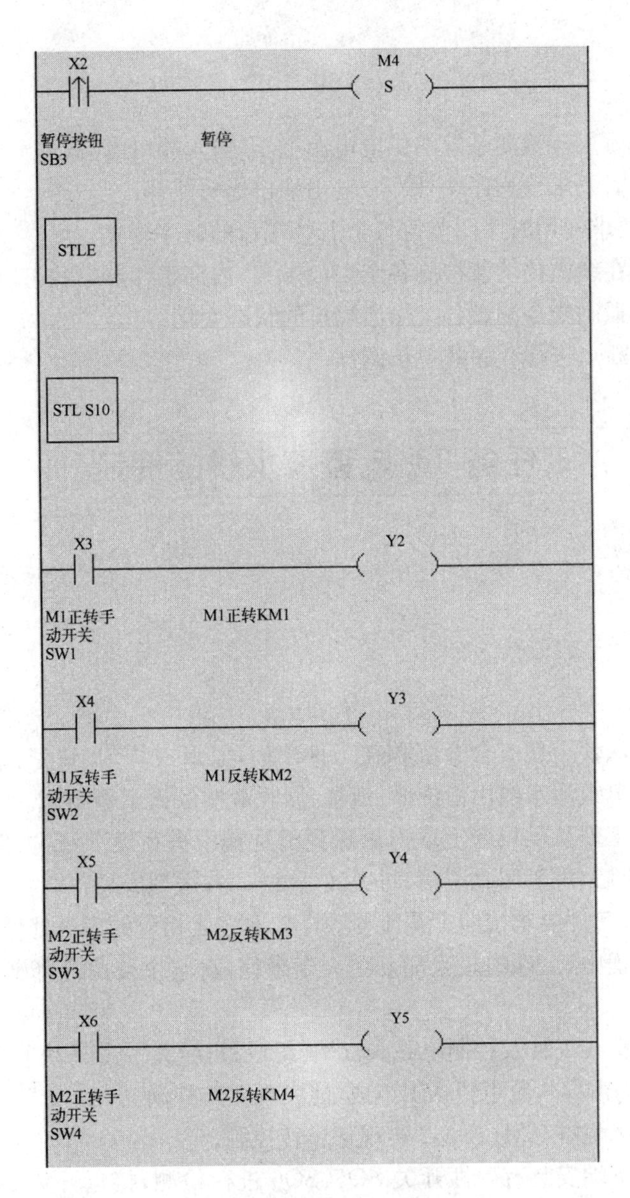

(e)

(f)

图 2-102　三级输送机梯形图

四、系统调试

(1) 要求使用万用表检测系统的供电电源电压、输入端口电流、输出端口电压；
(2) 编写程序时要求给程序块、输入/输出端口标明注释；
(3) 调试时，要求使用时序图监控各个I/O端口的时序变化；
(4) 要求使用在线监控功能检测各个I/O端口、内部寄存器的状态以及存储器的数值；
(5) 要求使用强制指令测试各个输出端口的状态变化；
(6) 要求使用断点进行程序的单步调试。

任务8　电镀流水线的控制

一、系统描述

利用电解的方法使金属或合金沉积在工件表面，以形成均匀、致密、结合力良好的金属层的过程叫电镀。电镀流水线由清洗槽、镀槽、回收液槽及天车等组成。工件电镀的流程是由天车将待加工的工件从供料台上取出后送到清洗槽中进行镀前清洗，然后再送入镀槽进行电镀，待电镀完成后，进入回收液槽，将镀液清洗干净，送到成品台上。

在电镀过程中，工件要求按照工艺流程顺序依次完成相应的表面处理。

在整个电镀过程中，工件的搬运都是由天车来完成，它主要由升降臂、机械夹手及行走机构组成。

升降臂主要由直线气缸及控制电磁阀YV1组成；机械夹手由气动平行夹及控制电磁阀YV2组成；行走机构由导轨及电机M1组成，能实现左右移动。

电机M1通过接触器KM1、KM2实现正反转控制。

直线气缸的上下端安装有磁性开关SQ5、SQ6进行检测，接近开关SQ7用于检测供料台有无货物，接近开关SQ8用于检测成品台有无货物信息，传感器SQ4、SQ3、SQ2、SQ1、SQ0是分别用于检测成品台、回收液槽、镀槽、清洗槽、供料台的位置信号。限位开关SQ9、SQ10安装在天车行走的左右两端。

回收液槽、镀槽、清洗槽分别对应呼叫指示灯HL3、HL2、HL1，当槽中的工件到达加工时间后，指示灯闪烁报警。

该系统在清洗槽的清洗时间设定为2 s，电镀槽的电镀时间为8 s，回收液槽的处理时间为2 s。要求处理的时间与工艺顺序要求具备相关联系，即当工艺顺序轮到时，如果处理时间未到达，则需等待相应时间后完成相关的流程。

其结构示意图如图2-103所示。

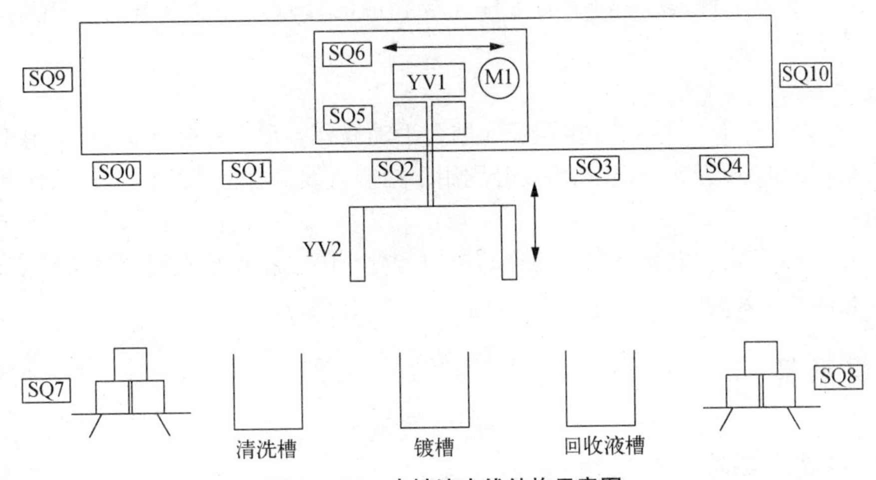

图 2 - 103 电镀流水线结构示意图

二、控制任务

1. 初始状态

当系统上电时，天车处于左限位位置，电磁阀 YV1、YV2 均无动作，直线气缸处于回位状态，气动平行夹处于松开状态。各个工位槽中无工件。电机 M1 处于停止运行状态，指示灯全部熄灭。

2. 自动启动操作

(1) 将手/自动转换开关打到左边，系统自动运行。按下启动按钮 SB1，工作信号指示灯 HL4 亮，表示系统可以工作。

当供料台上有待加工的工件时，天车左行到供料台的上方，直线气缸活塞杆向下运动，将挂钩伸到工件上方，气动平行夹将工件夹紧后延迟 0.5 s，直线气缸活塞杆退回到原位，天车继续右行。

(2) 当工件到达清洗槽的上方，直线气缸活塞杆下降至槽内，气动平行夹松开后将工件放入到槽内后回到原位。工件经过 2 s 的清洗后，将被取出移至电镀槽工位。

(3) 当天车将工件放入到电镀槽内，经过 8 s 的电镀处理，工件将被送往回收液槽进行清洗。工件经过 2 s 的清洗后将被取出移至成品台。

(4) 在电镀过程中，当清洗槽中无工件时，天车自动去供料台取出工件送至槽内完成清洗任务。

(5) 当每个工位槽中工件的处理到达设定时间后，相应工位的报警指示灯要求闪烁(闪烁周期为 1 s)，提示天车到达工位进行取件操作。当回收液、清洗槽、电镀槽这三个工位同时呼叫天车时，天车优先响应电镀槽，其次是回收液槽，最后是清洗槽。天车根据响应级别的顺序完成工件的搬运。

(6) 每个槽中的工件只允许放置一个，当下一个工序的槽中工件未取出时，当前槽的工件不能取出。

3. 停止操作

当按下停止按钮 SB2 后，工作信号指示灯 HL4 闪烁(闪烁周期为 0.5 s)。同时，系统停止从供料台上取出工件，并将剩余的工件完成相应的处理后停止工作，工作信号指示灯HL4灭。

4. 手动操作

将手/自动转换开关打到右边时，系统进入手动操作。设有按钮SB3、SB4用于手动控制天车的左右行走，以及按钮SB5、SB6分别用于控制直线气缸活塞杆的下行动作和平行夹的吸合动作。

如何采用PLC实现电镀流水线的自动控制运行？PLC在运行期间如何进行定期检测，遇到故障应该如何处理？

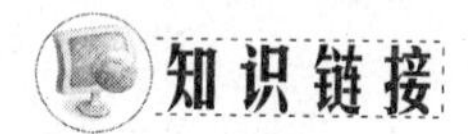

一、PLC系统定期检测的项目

为了维护PLC系统的稳定运行，在标准周期（一般6～12个月）内，需对设备进行定期检查，对于超出判定标准范围的，需要进行必要的处理，使其达到标准，请详细描述定期检测的项目及判断标准，并陈述处理的措施。

（1）请详细罗列定期检查的项目以及检测内容。

（2）在检查时，请描述判断标准，并陈述处理的措施。

答：

（1）每半年或季度检查PLC柜中接线端子的连接情况，若发现松动的地方及时重新坚固连接。

（2）对柜中给主机供电的电源每月重新测量工作电压，如发现异常需及时处理。

（3）每6个月或季度对PLC进行清扫，切断给PLC供电的电源，把电源机架、CPU主板及输入/输出板依次拆下，进行吹扫、清扫后再依次原位安装好，将全部连接恢复后送电并启动PLC主机。

（4）每3个月更换电源机架下方过滤网。

（5）为保障元件的功能不出故障及模板不损坏，必须采用保护装置并认真作好防静电准备工作。

二、PLC故障处理

现有一套PLC系统，在正常运行一段时间后，系统未按程序指定功能完成动作，经勘查，PLC的供电电源正常，输入信号和执行机构正常，程序未出现人为的改动，请分析现场可能出现的故障原因及解决方案。

（1）将每种引起故障的原因分别罗列出来，根据原因分析检测方法和排除手段，当故障原因和解决方法及排除手段不一致时，该故障原因描述无效。

（2）故障原因应从系统正常工作一段时间以后发生的故障原因来解释，检测手段切实可行，主要工具应以万用表为主，配合其他常见工具。

故障1：PLC内部故障。当PLC输出指示灯有信号时，此时用万用表测量PLC输出回路公共端电压和输出端有无电压信号，如果公共端电压正常，而输出端没有电压输出，则为

PLC 内部输出电路故障。如 PLC 内部输出晶体管开路，或内部继电器触点烧蚀，都会引起无输出故障，造成执行机构无动作。修复此类故障有两种方法：① 更换输出地址，再更改程序。② 更换 PLC 内部输出集成电路或损坏的继电器。

故障 2：PLC 外部故障。当 PLC 有输出信号时，用万用表测量输出端子，此时如果有电压信号，则为外部线路故障。可使用万用表用电压法进行一步步测量，检查电压信号是在哪一个环节消失的，主要原因多为线路接线端子接触不良，或接线端子松脱断路造成，只要找到故障部位进行修复即可。

三、系统供电电源检查

现有一套 PLC 系统，要求检测系统的供电电源，按照电源的种类分别罗列检测方式和可能出现故障的原因。

(1) PLC 系统的工作电源有交流电源和直流电源，按照我国电器标准，交流电源为 220 V电压，直流电源为 24 V 电压。

常规检查电源的方法有指示灯判断法和仪表测量法。

指示灯判断法是指根据系统的指示灯来判断现场的提示状态，常见的指示灯包括 PLC 模块上的电源指示灯、传感器上的电源指示灯等。根据电源上的指示灯可以初步判断大概位置和原因。

仪表测量法是指用常用电工仪表，包括电压表、电流表和万用表等仪器，检测电源两端工作的电压值、电流值以及开路电阻值，用以判断电源的工作状态。

(2) 常见的电源故障包括电源断开、电源不稳定等状态。

电源断开通常由两种情况引起：一种是由于接线端子松开，造成电源输出回路断开；另一种原因是电源设备由于短路造成保险丝、断路器断开。

在这种情况下，应该用电压表分别检测一下电源的输出端和设备电源端的工作电压；如果电源输出端无电压，则可以初步判断是电源供应设备问题，需要维修电源供应设备或更换新的电源供应设备；如果电源输出有电压，而设备电源无电压，则应该检测电源传输线路是否都开路，检测到故障点后拧紧或更换新的连接导线。

电压值不稳定通常由两种情况引发：一种是由于电压网故障，引起电压值偏高或偏低；另一种是电源电压低，接通负载时电压不够标准值。

当供电网出现问题时，需要联系行管部门进行协调解决；如果是局域网内工作电压出现问题，需要检测一下三相电源是否均衡或是否存在大型感性负载，根据相关问题进一步检测，当电源输出电功率偏低时，需要更新电源供电设备。

四、更换模块

现有一套 PLC 系统，由于现场对 PLC 性能的要求提高，需要更换同厂家高端的 PLC 扩展模块，请描述更换 PLC 模拟量模块的流程及方法。

(1) 请根据系统要求，描述扩展单元变更的步骤和方法。

(2) 请根据系统要求，描述恢复系统的步骤和方法。

答(1)：将 PLC 系统断电，确认断电无误后，将旧模块端子排上的接线拆除，然后将旧模块拆下，换上新的扩展模块，再将新扩展模块上的接线按照接线要求进行正确接线，如电源输入和信号线等。

答(2)：更换新扩展模块后，再次检查接线无误，PLC系统即可上电，上电后，打开程序进行监控，测量模拟量的I/O特性与原有模块是否一致，如不一致，则需要进行调整，经过上述调整正常后，系统即可投入使用。

五、故障原因及检测

现有一套PLC系统，在货物运输过程中的检测区分别装有电感传感器、电容传感器、颜色传感器。正常情况下能根据货物的材质、颜色等属性将货物分成蓝色铁质物质、黄色铝制物质、蓝色铝质物质、黄色铁制物质四类。并按照顺序依次送入1号库、2号库、3号库、4号库。系统运行一段时间后，在3号库发现有蓝色铁质货物，请分析可能产生故障的原因并给出对应的检测方式和排除方法。

故障分析：

原因1：由于系统运行了一段时间，电感传感器出现松动，检查距离在临界点附近，导致部分铁质物质没有被检测出来，而被误判为铝质。对策：检测传感器有无松动，如有松动现象，加固即可。

原因2：电感传感器接线端子接触不良，输出信号不稳定，时通时断，导致部分铁质物质没有被检测出来，而被误判为铝质。对策：检查传感器接线端子有无接触不良，重新紧固即可。

原因3：电感传感器损坏，导致部分铁质物质没有被检测出来，而被误判为铝质。对策：更换新的传感器。

六、PLC运行时LED状态的检查

现有一台工作的PLC主机单元，上面配有电源指示灯、运行指示灯、锂电池电压指示灯、程序出错指示灯、输入指示灯、输出指示灯。请根据各个灯的工作状态，分析灯的状态与PLC工作之间的关联，并将各个灯的状态详细罗列出来。

(1) 电源指示灯：常亮表示PLC供电电源正常；闪烁表示PLC内部电源工作不正常，可能因为外部负载短路及过载引起；始终不亮，可能是内部保险丝熔断或内部电源块损坏。

(2) 运行指示灯：常亮说明PLC运行正常，如果不亮要检查PLC编程开关是否处在PEG和STOP位置。

(3) 程序出错指示灯：常亮表示程序正常，闪烁表示编写的程序错误或外部干扰导致部分程序出错，需检查程序。

(4) 输入指示灯：常亮表示PLC输入端收到信号，不亮表示外部没有信号进入PLC输入端。

(5) 输出指示灯：常亮表示PLC某个输出端有输出，不亮表示PLC输出端没有信号输出。

任务实施

一、I/O 地址分配(如表 2－23 所示)

表 2－23　电镀生产线 I/O 地址分配表

说　明	名　称
启动按钮 SB1	X0
停止按钮 SB2	X1
供料台位置	X2
检测清洗槽位置 SQ1	X3
检测渡槽位置 SQ2	X4
检测回收液槽位置 SQ3	X5
检测成品台位置 SQ4	X6
直线气缸下端 SQ5	X7
直线气缸上端 SQ6	X10
检测供料台有无货物 SQ7	X11
检测成品台有无货物 SQ8	X12
天车左极限 ST1	X13
天车右极限 ST2	X14
手/自动转换开关 SA0	X15
手动控制天车左行 SB3	X16
手动控制天车右行 SB4	X17
气缸下行按钮 SB5	X20
平行夹吸合按钮 SB6	X21
M1 正转接触器线圈 KM1	Y2
M1 反转接触器线圈 KM2	Y3
升降臂电磁阀 YV1	Y0
机械夹手(气动平行夹、电磁阀)YV2	Y1
清洗槽呼叫指示灯 HL1	Y4
渡槽呼叫指示灯 HL2	Y5
回收液槽呼叫指示灯 HL3	Y6
工作信号灯 HL4	Y7

二、硬件接线

根据系统的功能要求，完成下列操作。

(1) 根据系统要求，将开关量输入/输出地址在电气原理接线图上进行标识，并将 PLC 的电气原理接线图补充完整，如图 2-104 所示。

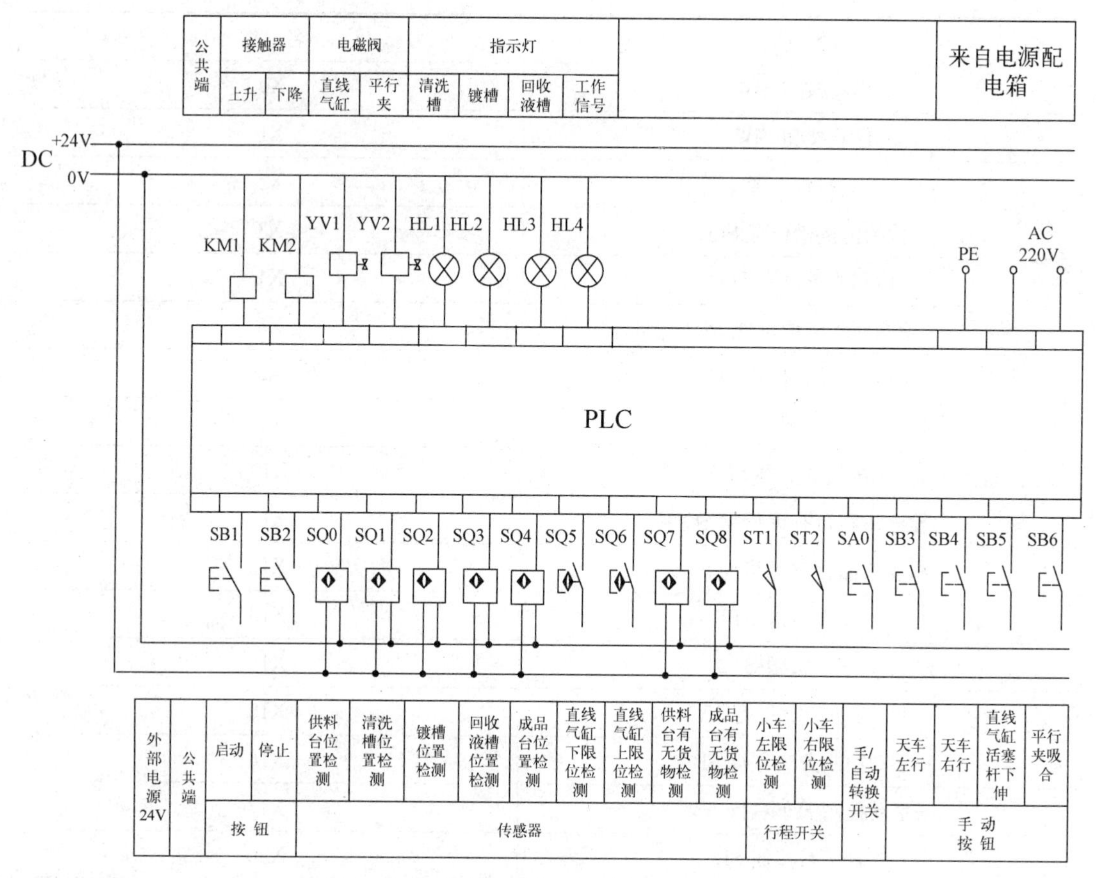

图 2-104 电镀生产线系统硬件接线示意图

(2) 根据现场提供的 PLC，合理设置以下系统参数

① 设置 PLC 与计算机通信的波特率；

② 根据输入信号的类型，合理设置输入延时滤波，将输入滤波延时调整为 12.8 ms 或 16 ms；

③ 设置 PLC 的掉电保持存储区。

三、编写 PLC 程序

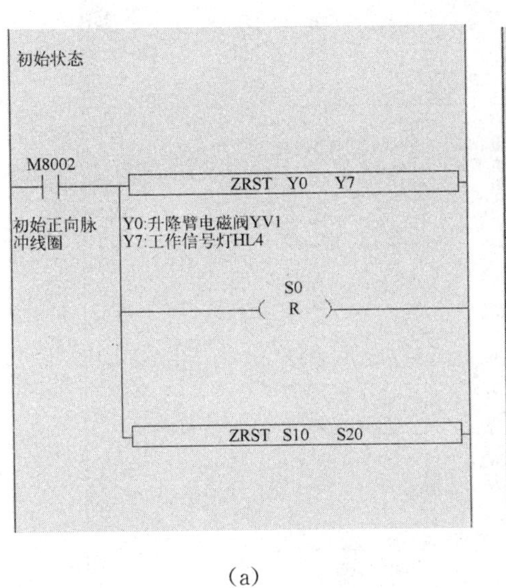

(a)

工作模式切换
M8000
X15
S0
S
运行常ON线圈
手/自动转换开关SA0
X15
S10
S
手/自动转换开关SA0

(b)

STL S0
X16 X13 Y2
手动控制天车左行SB3　天车左极限ST1　M1正转接触器线圈KM1
X17 X14 Y3
手动控制天车右行SB4　天车右极限ST2　M1反转接触器线圈KM2
X20 X7 Y0
气缸下行按钮SB5　直线气缸下端SQ5　升降臂电磁阀YV1
X21 Y1
平行夹吸合按钮SB6　机械夹手/气动平行夹电磁阀YV2
STLE

(c)

自动状态
STL S10
X0 M0
S
启动按钮SB1
M0 X11 X2 Y3 Y2
S
检测供料台有无货物SQ7　供料台位置　M1反转接触器线圈KM2　M1正转接触器线圈KM1
X2 Y2
R
供料台位置　M1正转接触器线圈KM1
MSET Y0 Y1
Y0:升降臂电磁阀YV1
Y1:机械夹手/气动平行夹电磁阀YV2
OUT T0 K5

(d)

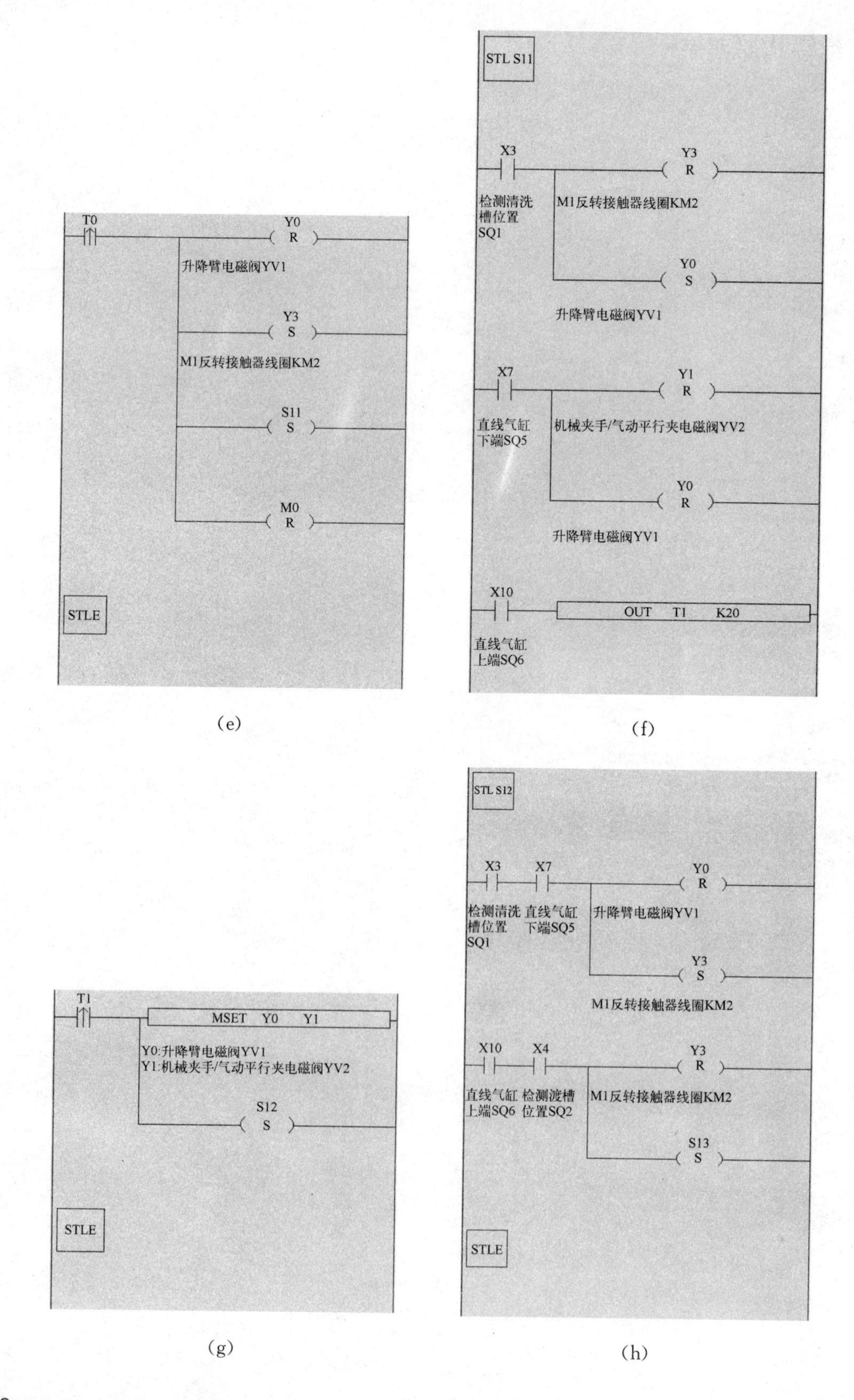
T0
Y0
R
升降臂电磁阀YV1
Y3
S
M1反转接触器线圈KM2
S11
S
M0
R
STLE
(e)
STL S11
X3
Y3
R
检测清洗槽位置SQ1
M1反转接触器线圈KM2
Y0
S
升降臂电磁阀YV1
X7
Y1
R
直线气缸下端SQ5
机械夹手/气动平行夹电磁阀YV2
Y0
R
升降臂电磁阀YV1
X10
OUT T1 K20
直线气缸上端SQ6
(f)
T1
MSET Y0 Y1
Y0:升降臂电磁阀YV1
Y1:机械夹手/气动平行夹电磁阀YV2
S12
S
STLE
(g)
STL S12
X3
X7
Y0
R
检测清洗槽位置SQ1
直线气缸下端SQ5
升降臂电磁阀YV1
Y3
S
M1反转接触器线圈KM2
X10
X4
Y3
R
直线气缸上端SQ6
检测渡槽位置SQ2
M1反转接触器线圈KM2
S13
S
STLE
(h)

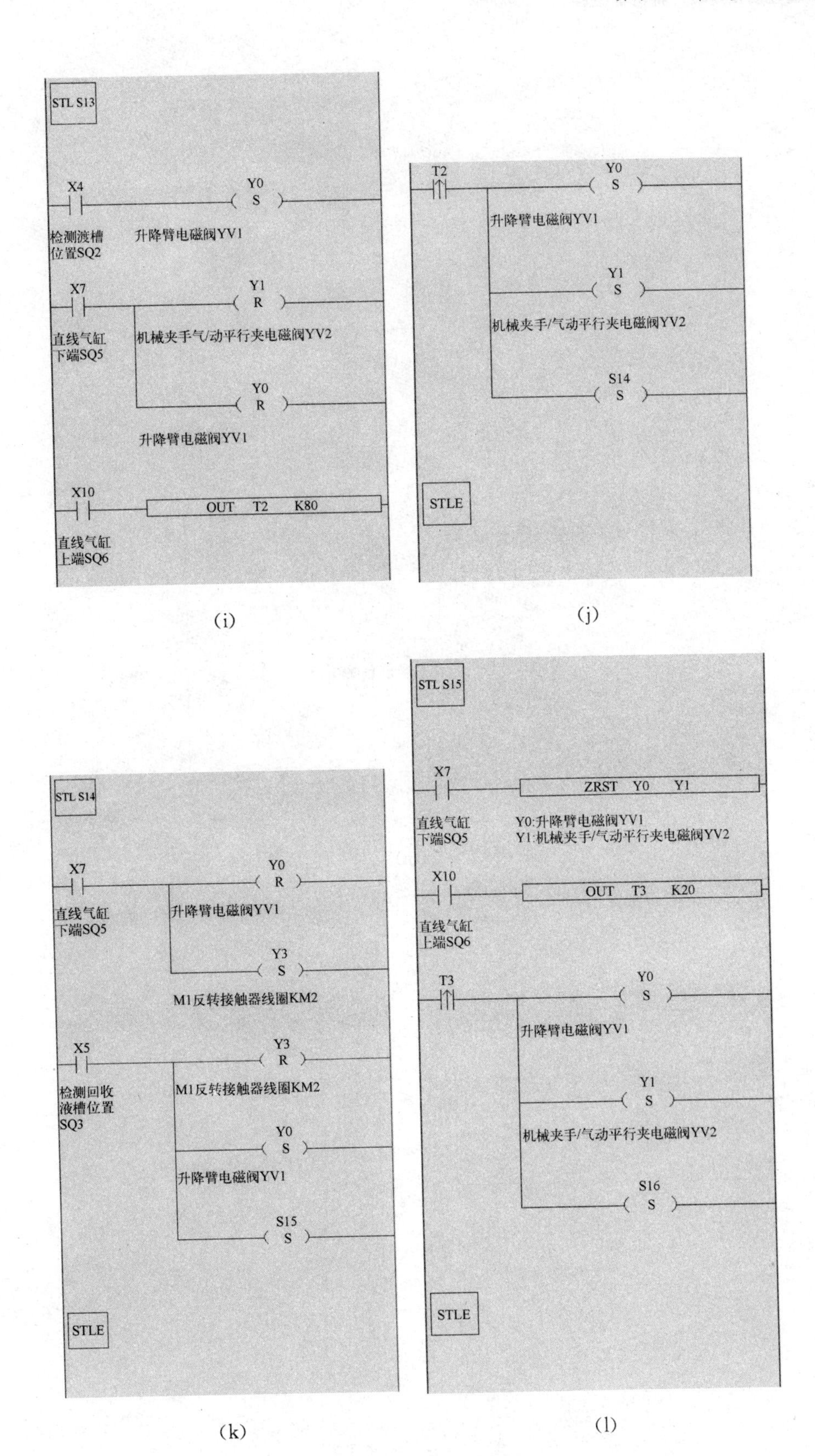

STL S13
X4
Y0
S
检测液槽位置SQ2
升降臂电磁阀YV1
X7
Y1
R
直线气缸下端SQ5
机械夹手气/动平行夹电磁阀YV2
Y0
R
升降臂电磁阀YV1
X10
OUT T2 K80
直线气缸上端SQ6
T2
Y0
S
升降臂电磁阀YV1
Y1
S
机械夹手/气动平行夹电磁阀YV2
S14
S
STLE
STL S14
X7
Y0
R
直线气缸下端SQ5
升降臂电磁阀YV1
Y3
S
M1反转接触器线圈KM2
X5
Y3
R
检测回收液槽位置SQ3
M1反转接触器线圈KM2
Y0
S
升降臂电磁阀YV1
S15
S
STLE
STL S15
X7
ZRST Y0 Y1
直线气缸下端SQ5
Y0:升降臂电磁阀YV1
Y1:机械夹手/气动平行夹电磁阀YV2
X10
OUT T3 K20
直线气缸上端SQ6
T3
Y0
S
升降臂电磁阀YV1
Y1
S
机械夹手/气动平行夹电磁阀YV2
S16
S
STLE

(i)　(j)

(k)　(l)

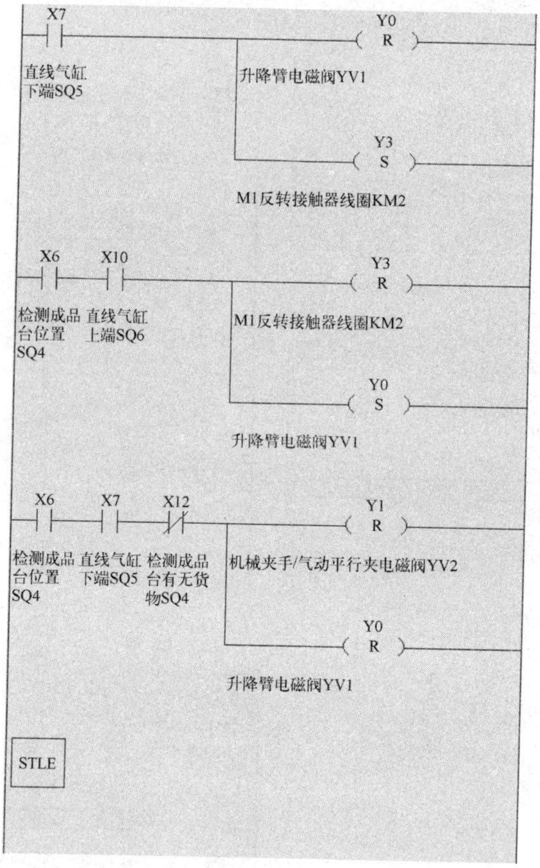

X7
直线气缸下端SQ5
Y0 R
升降臂电磁阀YV1
Y3 S
M1反转接触器线圈KM2

X6 X10
检测成品台位置SQ4 直线气缸上端SQ6
Y3 R
M1反转接触器线圈KM2
Y0 S
升降臂电磁阀YV1

X6 X7 X12
检测成品台位置SQ4 直线气缸下端SQ5 检测成品台有无货物SQ4
Y1 R
机械夹手/气动平行夹电磁阀YV2
Y0 R
升降臂电磁阀YV1

STLE

(m)

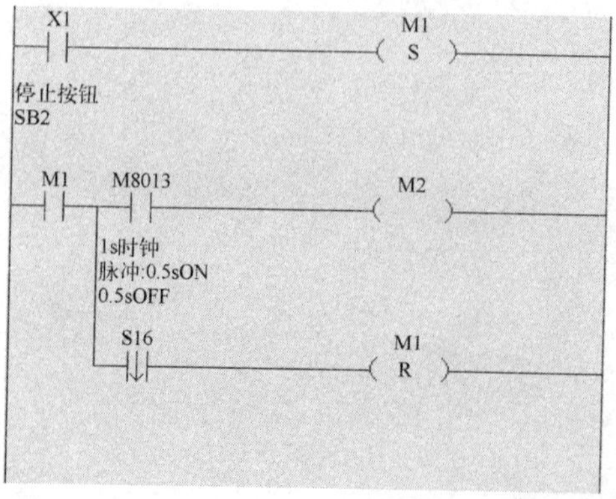

X1
停止按钮SB2
M1 S

M1 M8013
1s时钟脉冲:0.5sON 0.5sOFF
M2
S16
M1 R

(n)

S0 M2
Y7
S10
S11
S12
S13
S14
S15
S16

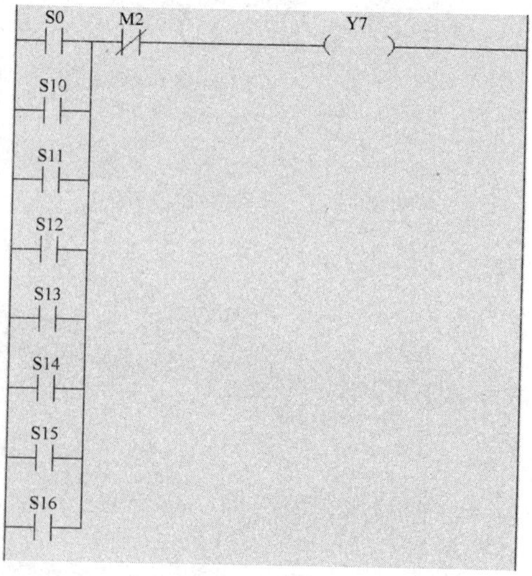

(o)

图 2-105 梯形图

四、系统调试

(1) 使用万用表检测系统的供电电源电压、输入端口电流、输出端口电压；

(2) 使用万用表检测传感器信号，调整传感器的位置、灵敏度及极性；

(3) 编写程序时要求给程序块、输入/输出端口标明注释；

(4) 调试时，要求使用时序图监控各个 I/O 端口的时序变化；

(5) 要求使用在线监控功能检测各个 I/O 端口、内部寄存器的状态以及存储器的数值；

(6) 要求使用强制指令测试各个输出端口的状态变化；

(7) 要求使用断点进行程序的单步调试。

五、操作要求

(1) 在提供的实训考核装置上，按照题目要求完成系统的设计。在使用计算机编写程序时，保存的文件名为工位号。

(2) 按照系统功能的要求正确安装元器件，元件在配线板上布置要合理，安装要正确、紧固，布线要求横平竖直，应尽量避免交叉跨越，接线紧固、美观。

(3) 操作过程中正确使用工具和仪表。

(4) 设备组装与调试的工艺步骤合理，方法正确，PLC 控制程序编写简明可靠，条理清晰，科学合理；参数设置可靠合理，符合技术规范和安全要求。

(5) 完成工作任务的所有操作，符合安全操作规程：工具摆放、导线线头等的处理，符合电工操作安全的要求；遵守考场纪律，尊重考场工作人员，爱惜考场的设备和器材，保持工位的整洁。

(6) 编写程序完成控制要求中所有的功能，完成考核设备的整体调试。

(7) 考核员在验收程序时完成相应的功能测试。

六、技能拓展

现有一个两工位(左、右)的重力料仓供料系统。用一个无杆气缸完成左、右两工位的移动，用一个直线气缸将货物推出。

料仓内随机存放 6 种货物，这 6 种货物分别是不同颜色(白色、黑色)，不同材质(金属、非金属)，不同形状(方形、圆形)的料块。首先用直线气缸将货物推到检测台上，检测出货物的属性。当货物推空的时候，自动进行左右两工位的切换。

货物检测台装有颜色传感器、电感传感器、光电传感器、微动开关。

检测完成后由一个直线气缸将货物推到皮带输送机上进行分拣。6 种货物分别由 6 个直线气缸推送到 6 个滑槽中去。

所有气缸在伸出或退回位置上都安装有磁性开关。

为了完成对货物的同步跟踪，在皮带传送机上装有用于位置检测的旋转编码器。

根据题目要求，采用 PLC 系统完成设计任务。

项目三

PLC 控制步进系统

任务 PLC 控制步进定位系统

知识点：

- 了解 PLC 输出 R 型与 T 型的区别；
- 了解步进电机的工作原理；
- 了解步进驱动器细分的作用。

技能点：

- 脉冲输出指令的使用；
- 掌握 PLC、步进驱动器、步进电机之间的连接；
- 掌握步进驱动器参数的调节。

任务提出

步进定位装置设备示意图如图 3-1 所示。

将设备拆分开来可看到其内部结构，如图 3-2 所示。

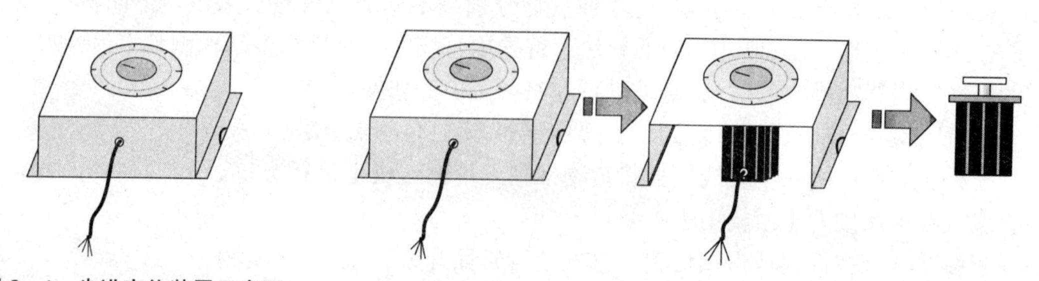

图 3-1　步进定位装置示意图　　**图 3-2　步进定位装置内部结构示意图**

该设备是一个步进电机，其同轴安装一铣了槽的固件，步进电机旋转，固件跟随其转动。固件周围有一圈刻度，固件上的槽可当做指针用以指示步进电机旋转角度。

控制要求如下：

(1) 按下启动按钮，步进电机以 30 rpm 的转速顺时针旋转 360°后停止 2 s，再以 30 rpm 的转速逆时针旋转 360°后停止；

(2) 停止后再次按下启动按钮，重复步骤(1)；

(3) 步骤(1)进行过程中，按下停止按钮，步进电机立刻停止。

知识链接

一、PLC 输出 R 与 T 的区别

信捷 PLC 的输出共有两种，分别是继电器输出和晶体管输出，二者的用法不同，应用场合也不同，工作参数差别较大，使用前需加以区别，以免误用而导致产品损坏。

1. 继电器与晶体管输出的工作原理

继电器通常应用于自动控制电路中，它实际上是用较小的电流去控制较大电流的一种“自动开关”。电磁式继电器一般由铁芯、线圈、衔铁、触点簧片等组成(如图 3－3 所示)。只要在线圈两端加上一定的电压，线圈中就会流过一定的电流，从而产生电磁效应，衔铁就会在电磁力的作用下克服返回弹簧的拉力吸向铁芯，从而带动衔铁的动触点与静触点(常开触点)吸合。当线圈断电后，电磁的吸力也随之消失，衔铁就会在弹簧的反作用力下返回原来的位置，使动触点与原来的静触点(常闭触点)吸合。这样吸合、释放，从而达到了导通、切断电路的目的。

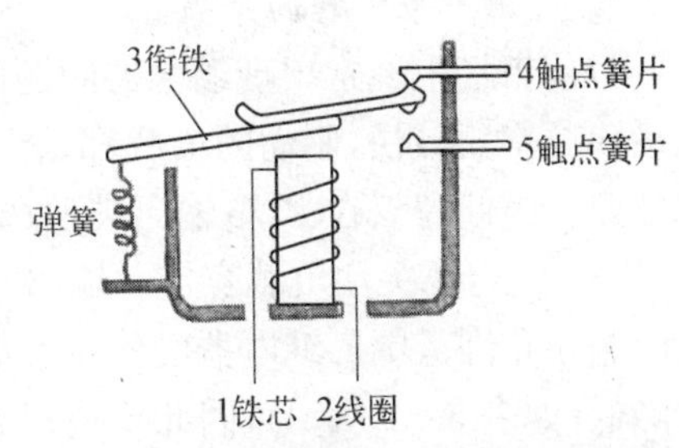

图 3－3 电磁式继电器结构示意图

从继电器的工作原理可以看出，它是一种机电元件，通过机械动作来实现触点的通断，是有触点元件。

晶体管是一种电子元件，它是通过基极电流来控制集电极与发射极的导通。它是无触点元件。

2. 继电器与晶体管输出使用上的差别

由于继电器与晶体管工作原理不同，导致两者的工作参数存在较大的差异。

(1) 驱动负载不同

继电器型可接交流或直流负载，没有极性要求；晶体管型只能接直流 5～24 V 负载，有极性要求。继电器的负载电流比较大，可以达到 3 A，晶体管负载电流为 0.2～0.5 A。同时与负载类型(电阻负载、感性负载、灯负载等)有关。

(2) 响应时间不同

继电器响应时间比较慢(约 10～20 ms)，晶体管响应时间比较快，约 0.2～0.5 ms，Y0、Y1 甚至可以达到几微秒。

(3) 使用寿命不同

继电器由于是机械元件，受到动作次数的寿命限制，且与负载容量有关，详见表 3－1，从表中可以看出，随着负载容量的增加，触点寿命几乎按级数减少。晶体管是电子元件，只有老化，没有使用寿命限制。

表 3-1 继电器使用寿命

负荷容量	动作频率条件	触点寿命
220VAC,15 VA	1 s ON/1 s OFF	300 万次
220VAC,30 VA	1 s ON/1 s OFF	100 万次
220VAC,60 VA	1 s ON/1 s OFF	20 万次

3. 继电器与晶体管输出选型原则

继电器型输出驱动电流大,响应慢,有机械寿命,适用于驱动中间继电器、接触器的线圈、指示灯等动作频率不高的场合。晶体管输出驱动电流小、频率高、寿命长,适用于伺服控制器、固态继电器等要求频率高、寿命长的应用场合。在高频应用场合,如果同时需要驱动大负载,可以加其他设备(如中间继电器,固态继电器等)方式驱动。

4. 使用中应注意的事项

目前市场上经常出现继电器问题的客户现场有一个共同的特点就是:出现故障的输出点动作频率比较快,驱动的负载都是继电器、电磁阀或接触器等感性负载,而且没有吸收保护电路。因此建议在 PLC 输出类型选择和使用时应注意以下几点:

(1) 一定要关注负载容量。输出端口须遵守允许最大电流限制,以保证输出端口的发热限制在允许范围。继电器的使用寿命与负载容量有关,当负载容量增加时,触点寿命将大大降低(如表 3-1 所示),因此要特别关注。

(2) 一定要关注负载性质。感性负载在开合瞬间会产生瞬间高压,因此表面上看负载容量可能并不大,但是实际上负载容量很大,继电器的寿命将大大缩短,因此当驱动感性负载时应在负载两端接入吸收保护电路。尤其在工作频率比较高时务必增加保护电路。

根据电容的特性,如果直接驱动电容负载,在导通瞬间将产生冲击浪涌电流,因此原则上输出端口不宜接入容性负载,若有必要,需保证其冲击浪涌电流小于规格说明中的最大电流。

(3) 一定要关注动作频率。当动作频率较高时,建议选择晶体管输出类型,如果同时还要驱动大电流则可以使用晶体管输出驱动中间继电器的模式。

二、步进控制系统

步进电机是将电脉冲信号转变为角位移或线位移的开环控制元件。在非超载的情况下,电机的转速、停止的位置只取决于脉冲信号的频率和脉冲数,而不受负载变化的影响,即给电机加一个脉冲信号,电机则转过一个步距角。所谓脉冲信号,一般指的是周期性的方波信号,如图 3-4 所示。

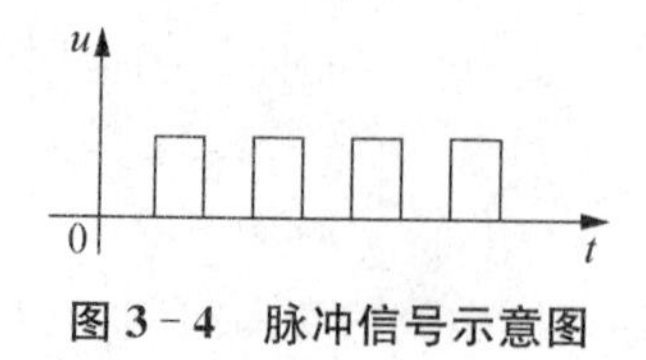

图 3-4 脉冲信号示意图

脉冲信号一般由单片机或 PLC 产生。产生脉冲信号的装置及人机界面等辅助部分称之为控制器。但是,由于控制器产生的脉冲信号,其驱动能力是非常有限的,不能直接驱动步进电机,故通常需要配合步进驱动器组成步进系统。整个步进系统的控制框图如图 3-5 所示。

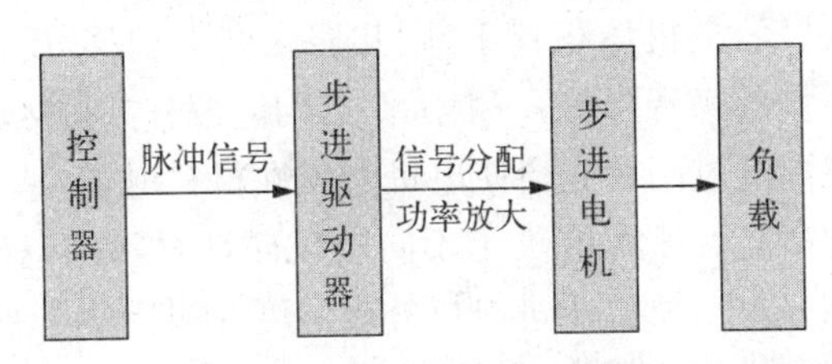

图 3-5 步进系统控制框图

这一线性关系的存在,加上步进电机只有周期性的误差而无累积误差等特点,使得在速度、位置等控制领域用步进电机来控制变得非常简单。

1. 步进电机主要性能指标及术语

(1) 静态性能指标及术语

步距角:对应一个脉冲信号,电机转子转过的角位移用 θ 表示。以常规二、四相,转子齿为 50 齿的电机为例,四拍运行时步距角为 $\theta=360°/(50\times4)=1.8°$(俗称整步或者固有步距角),八拍运行时步距角为 0.9°(俗称半步,细分数为 400)。

静转矩:电机在额定静态电作用下,电机不作旋转运动时,电机转轴的锁定力矩。此力矩是衡量电机体积(几何尺寸)的标准,与驱动电压及驱动电源等无关。

(2) 动态性能指标及术语

步距角精度:步进电机每转过一个步距角的实际值与理论值的误差。用百分比表示:(误差/步距角)×100%。不同运行拍数其值不同,四拍运行时应在 5%之内,八拍运行时应在 15%以内。由此特性可知,细分设置并不是越大越好。

失步:电机运转时运转的步数,不等于理论上的步数。其差值称之为失步。

最大空载启动频率:电机在不加负载的情况下,能够直接启动的最大频率。如果脉冲频率高于该值,电机不能正常启动,可能发生丢步或堵转。在有负载的情况下,启动频率应更低。如果要使电机达到高速转动,脉冲频率应该有加速过程,即启动频率较低,然后按一定加速度升到所希望的高频(电机转速从低速升到高速)。

最大空载的运行频率:电机在某种驱动形式,电压及额定电流下,且在不加负载的情况下,能够直接启动的最大频率。

运行矩频特性:电机在某种测试条件下测得运行中输出力矩与频率关系的曲线称为运行矩频特性,一般来说,相同驱动条件下,电机转速越快,电机输出的力矩越小。

电机一旦选定,电机的静力矩确定,而动态力矩却不然,电机的动态力矩取决于电机运行时的平均电流(而非静态电流),平均电流越大,电机输出力矩越大,即电机的频率特性越硬,如图 3-6 所示。

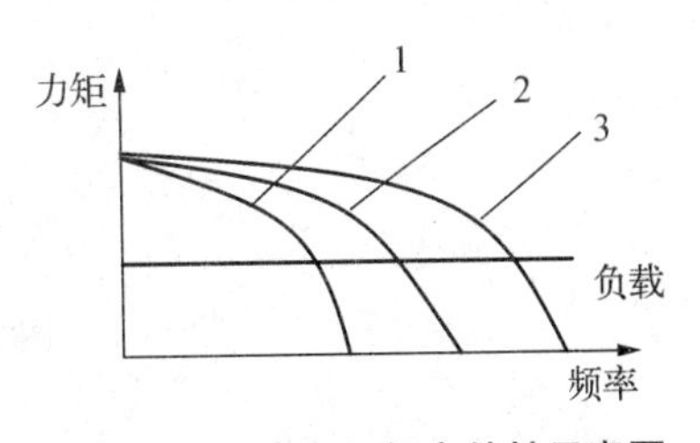

图 3-6 步进电机频率特性示意图

其中,曲线 3 电流最大或电压最高;曲线 1 电流最小或电压最低,曲线与负载的交点为负载的最大速度点。要使平均电流增大,应尽可能提高驱动电压,采用小电感大电流的电机。

电机的共振点：步进电机均有固定的共振区域，二、四相感应子式步进电机的共振区一般在 180～250 pps 之间（步距角 1.8°）或在 400 pps 左右（步距角为 0.9°），电机驱动电压越高，电机电流越大，负载越轻，电机体积越小，则共振区向上偏移，反之亦然。为使电机输出电矩大，不失步和整个系统的噪音降低，一般工作点均应偏移共振区较多。

温频特性：步进电机温度过高首先会使电机的磁性材料退磁，从而导致力矩下降乃至失步，因此电机外表允许的最高温度应取决于不同电机磁性材料的退磁点；一般来讲，磁性材料的退磁点都在摄氏 130°以上，所以步进电机外表温度在摄氏 70°～80°实属正常。

电机正反转控制：当电机绕组通电时序为 AB－BC－CD－DA 时为正转，通电时序为 DA－CD－BC－AB 时为反转。

2. PLC 对步进驱动器的控制

以 DP308D 为例来介绍步进驱动器的使用方法。

(1) DP308D 的特性

电源电压为 20～80 V 直流，输出电流有效值为 3.0 A。

(2) DP308D 的硬件连线

① 硬件接口

步进驱动器的硬件接口见图 3－7 所示。

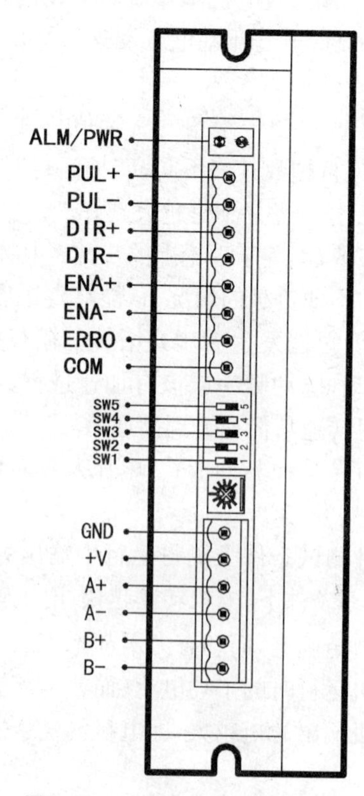

图 3－7　DP308D 的端子示意图

② 与控制器连接

步进驱动器脉冲信号接收，以及方向端子控制接线，如图 3－8 所示。

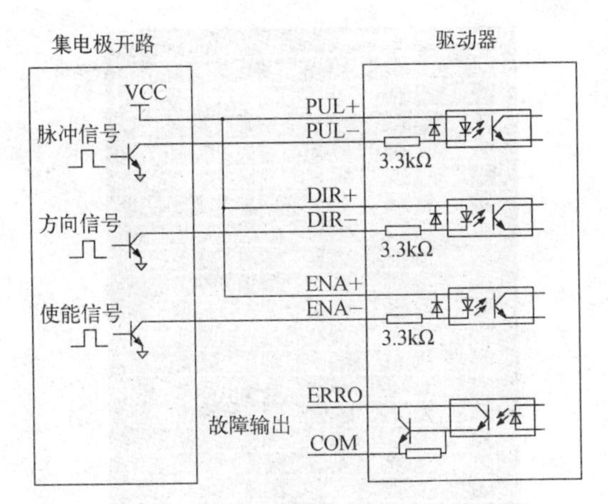

图 3－8　DP308D 脉冲信号连接示意图

图 3－8 所示的接线图为通用的集电极开路接线方式。思考一下，上位机换成信捷 PLC，该如何接线？

③ 与步进电机连接

步进驱动器与步进电机的接线如图 3－9 所示。

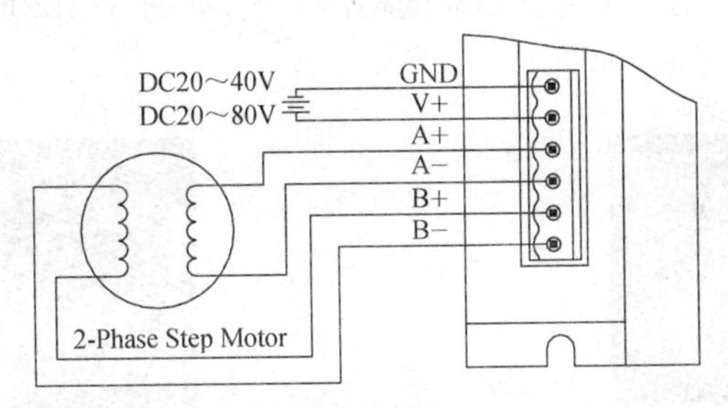

图 3－9　步进驱动器与步进电机的连接示意图

(3) 步进驱动器参数设置

① 细分设置

细分的作用主要是用来改变步进电机的运行性能，降低低频振动和噪音。同时，通过细分将步距角变小，也能够提高相对控制精度，也就是相对不细分的情况下的控制精度(注意不是运行精度)。

DP308D 的细分由拨码开关按驱动器侧面的表格设置，拨码开关如图 3－10 所示，驱动器侧面细分表格如图 3－11 所示。

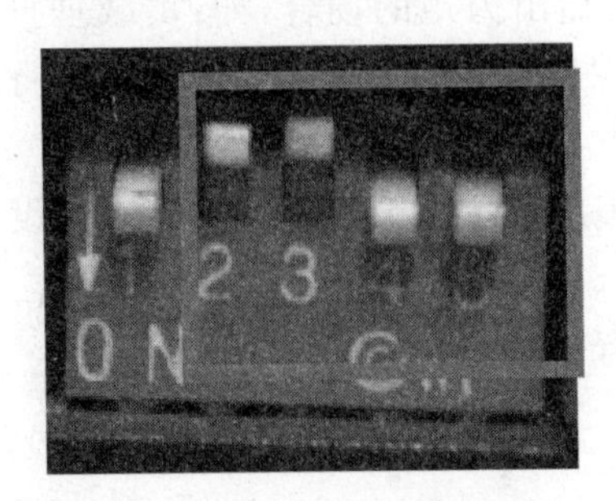

图 3－10　步进驱动器拨码开关(一)

Pulse / rev Table:

Pulse /rev	SW2	SW3	SW4	SW5
200	OFF	OFF	OFF	OFF
400	OFF	OFF	OFF	ON
800	OFF	OFF	ON	OFF
1600	OFF	OFF	ON	ON
3200	OFF	ON	OFF	OFF
6400	OFF	ON	OFF	ON
12800	OFF	ON	ON	OFF
25600	OFF	ON	ON	ON
1000	ON	OFF	OFF	OFF
2000	ON	OFF	OFF	ON
4000	ON	OFF	ON	OFF
5000	ON	OFF	ON	ON
8000	ON	ON	OFF	OFF
10000	ON	ON	OFF	ON
20000	ON	ON	ON	OFF
40000	ON	ON	ON	ON

图 3 - 11　步进驱动器细分表格(一)

拨码开关向下为 ON,向上为 OFF,由图 3 - 11 可知,图 3 - 10 所示的拨码开关位置表示细分设置为 1600,即步进电机接收 1600 个脉冲转动一圈。

② 电流设置

通过旋转电位器可以调节步进驱动器的输出电流,如图 3 - 12 所示。顺时针增大,逆时针减小,其标签在驱动器侧面,如图 3 - 13 所示。

图 3 - 12　步进驱动器拨码开关(二)

图 3 - 13　步进驱动器细分表格(二)

增大电流设置可以增大步进电机的输出力矩,但是不可设置得比电机标签所标注的电流更大。

③ 半流/全流的设置

设置半流表示步进电机运行时驱动器以设定电流输出,而电机停止时,驱动器则以设定电流的一半输出来降低步进电机停止时的发热。

设置全流表示不管电机停止与否,始终以设定电流全部输出。一般用于停止时也要保持输出力矩的场合,如:负载垂直安装时,需要电机停止时也要保持一定的力矩来克服负载本身重力。

将拨码开关 1 拨至 ON,表示设置全流,拨至 OFF 表示设置半流。

如图 3 - 14 所示,则是设置为全流状态。

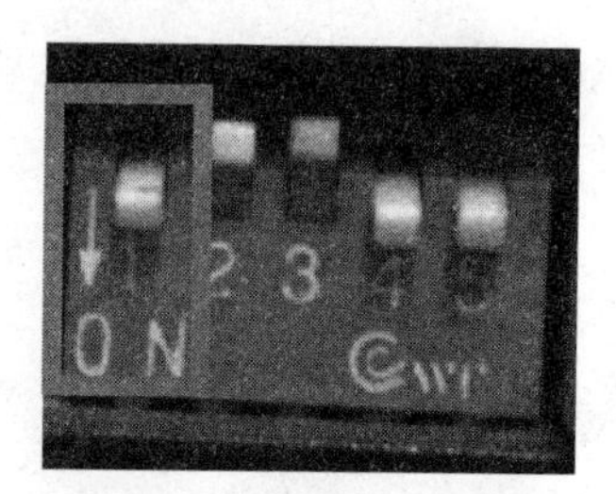

图 3 - 14　步进驱动器全/半流设置

三、控制器的脉冲输出

1. 硬件接口

XC3 系列和 XC5 系列 PLC 一般具有两个脉冲输出(Y0、Y1)。通过使用不同的指令编程方式,可以进行无加速/减速的单向脉冲输出,也可以进行带加速/减速的单向脉冲输出,还可以进行多段、正反向输出等等,输出频率最高可达 200 kHz。

脉冲功能通常应用于需要控制步进电机或伺服电机的场合,如图 3-15 所示。选用时需注意必须选择带晶体管输出的 PLC。

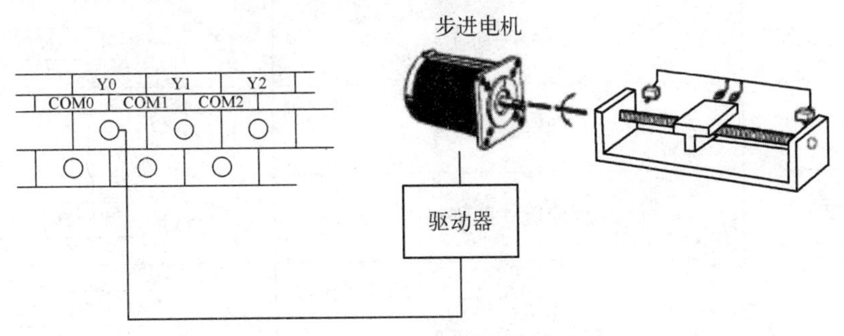

图 3-15 脉冲输出应用框图

PLC 晶体管输出接线如图 3-16 所示。

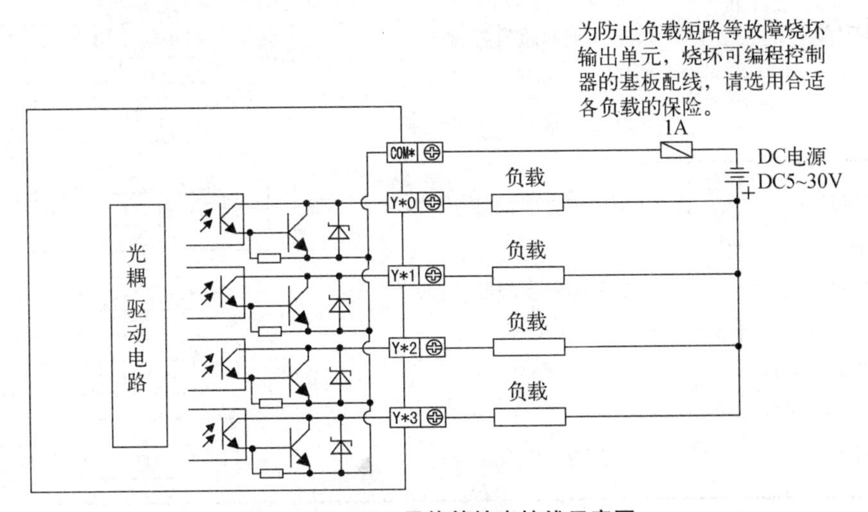

图 3-16 PLC 晶体管输出接线示意图

当 PLC 控制步进驱动器时,负载为驱动器信号接收侧的光耦器件,其驱动电流为 7~15 mA。

2. 脉冲指令

脉冲输出的相关指令如表 3-2 所示。

表 3-2 脉冲输出相关指令一览表

指令助记符	功 能	回路表示及可用软元件
PLSY	无加减速时间变化的单向定量脉冲输出	PLSY S1 S2 D
PLSF	可变频率脉冲输出	PLSF S D
PLSR	带加减速的定量脉冲输出	PLSR S1 S2 S3 D
PLSNEXT/PLSNT	脉冲段切换	PLSNT S
STOP	脉冲停止	STOP S
PLSMV	脉冲数立即刷新	PLSMV S D
ZRN	原点回归	ZRN S1 S2 S3 D
DRVI	相对位置控制	DRVI S1 S2 D1 D2
DRVA	绝对位置控制	DRVA S1 S2 D1 D2
PLSA	绝对位置多段脉冲控制	PLSA S1 S2 D
PTO	相对位置多段脉冲控制	PTO D0 Y0
PTOA	绝对位置多段脉冲控制	PTOA S1 D1 D2
PSTOP	脉冲停止	PSTOP S1 S2
PTF	可变频率单段脉冲输出	PTF S1 D1 D2

可以看到，脉冲指令非常多，归纳起来主要有以下 5 个特征，分别是：

① 无限量脉冲输出和限量脉冲输出；

② 带加减速时间的脉冲输出和不带加减速时间的脉冲输出；

③ 带方向的脉冲输出和不带方向的脉冲输出；

④ 相对位置脉冲输出和绝对位置脉冲输出；

⑤ 单段脉冲输出和多段脉冲输出。

本小节将对其中三脉冲输出指令做出使用说明，更多脉冲输出指令的使用说明请参照《信捷 XC 系列可编程控制器用户手册(指令篇)》。

（1）可变频率连续脉冲输出(PLSF)

可变频率连续脉冲输出是以可变频率的形式产生连续脉冲的指令。指令说明如图 3-17 所示。

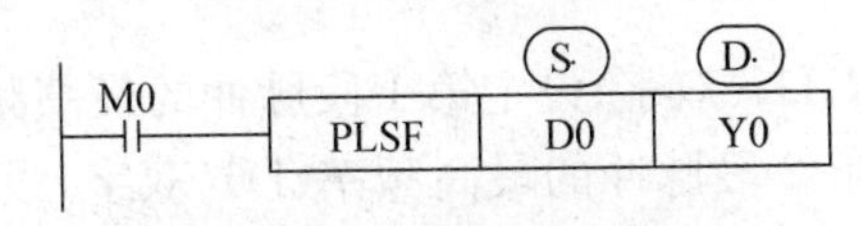

图 3-17　PLSF 指令说明

当 M0 触点闭合时，PLC 的输出端口 Y0 以寄存器 D0 内的数值为频率无限量发送脉冲，当 M0 触点断开时则 Y0 停止发送脉冲。

注意：

① 频率范围：5～3 2767 Hz(当设定频率低于 5 Hz 时，以 5 Hz 的频率输出)。

② 脉冲只可在具有高速晶体管输出的端口输出。

③ 脉冲输出时，随着 D0 中设定频率的改变，从 Y0 输出的脉冲频率也跟着变化。当脉冲频率为 0 Hz 时，则结束脉冲输出。

④ 频率跳变时无加减速时间。

（2）相对位置多段脉冲控制（PLSR）

相对位置多段脉冲控制是以指定的频率和加减速时间分段产生定量脉冲的指令。指令说明如图 3-18 所示，执行示意图如图 3-19 所示。

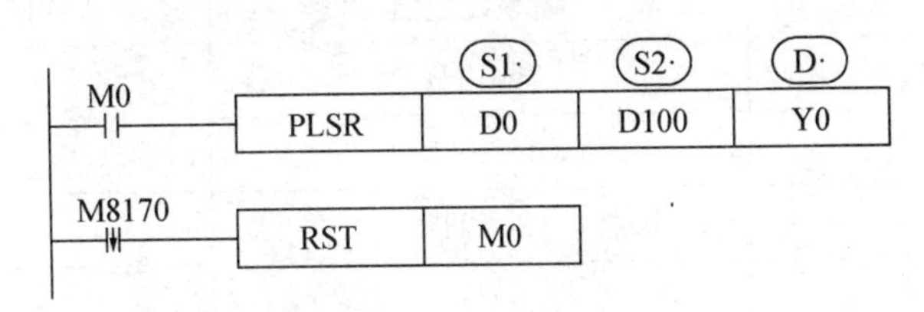

图 3-18　PLSR 指令说明

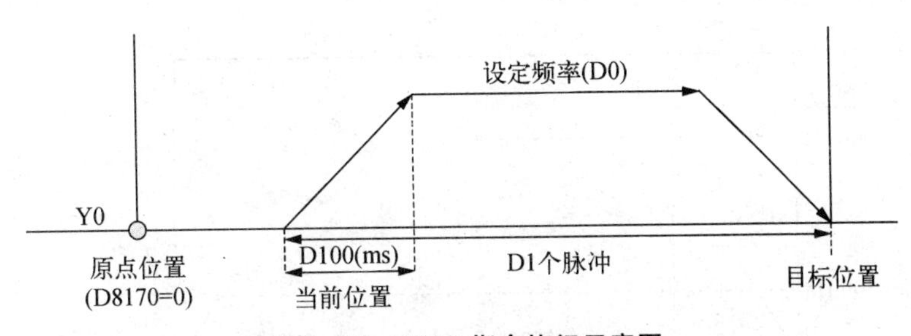

图 3-19　PLSR 指令执行示意图

当 M0 触点闭合时，在与 D100 中的数值相等的时间内(单位 ms)，PLC 的输出端口 Y0 以从 0Hz 加速到与 D0 中的数值相等为目标频率，之后以目标频率发送脉冲。发送脉冲的总个数与 D1 中的数值相等。

注意：

① 参数地址是以 D*n* 或 FD*n* 为起始地址的一段区域。上例(16 位指令形式)：D0 设定

第 1 段脉冲的最高频率、D1 设定第 1 段脉冲的个数，D2 设定第 2 段脉冲的最高频率、D3 设定第 2 段脉冲的个数，……以 Dn 设定第(n+2)/2 段脉冲的最高频率、Dn+1 设定第(n+2)/2 段脉冲的个数的设定值都为 0 表示分段结束，一共设定了(n+2)/2－1 段脉冲；段数不受限制。

② 对 32 位指令 DPLSR，D0(双字)设定第 1 段脉冲的最高频率、D2(双字)设定第 1 段脉冲的个数，D4(双字)设定第 2 段脉冲的最高频率、D6(双字)设定第 2 段脉冲的个数……以 Dn 设定第(n+4)/4 段脉冲的最高频率、Dn+2 设定第(n+4)/4 段脉冲的个数的设定值都为 0 表示分段结束，一共设定了(n+4)/3－1 段脉冲；段数不受限制。

③ 操作数 S2 中存放的是脉冲输出的加减速时间，加减速时间是指从开始到第一段最高频率的加速时间，同时也定义了所有段的频率与时间的斜率，从而后面的加减速都按照这个斜率来加速/减速。

④ 脉冲只可在具有高速晶体管输出的端口输出。

⑤ 当为 n 段脉冲时，第 1 段、第 2 段、第 3 段……第 n 段每段的脉冲频率和脉冲数的地址必须是依次连续的，且第 n+1 段的脉冲频率与脉冲数的地址必须为 0，用来判断脉冲段是否结束；加减速时间的地址不能够紧跟在第 n 段后面。

例：现需要发送 3 段脉冲，脉冲端子为 Y0，每段的脉冲频率、脉冲数与加减速时间如表 3-3所示。

表 3-3　脉冲输出相关指令一览表

名　称	频率设定值	脉冲数设定值
第 1 段脉冲	500 Hz	1000
第 2 段脉冲	1000 Hz	2400
第 3 段脉冲	300 Hz	1600
加减速时间	100 ms	

则要求输出的波形如图 3-20 所示。

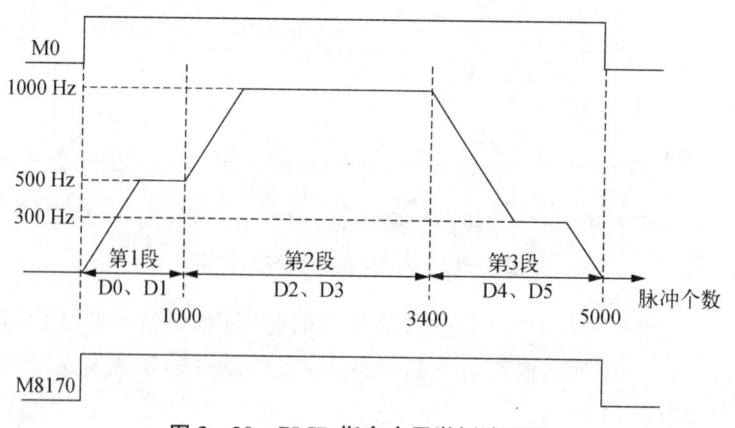

图 3-20　PLSR 指令应用举例波形图

使用 16 位指令 PLSR，地址分配如表 3-4 所示。

表 3 - 4　16 位指令 PLSR 地址分配一览表

名　称	频率设定值	频率地址	脉冲数设定值	脉冲数地址
第 1 段脉冲	500 Hz	D0	1000	D1
第 2 段脉冲	1000 Hz	D2	2400	D3
第 3 段脉冲	300 Hz	D4	1600	D5
加减速时间	100 ms			D50

梯形图如图 3 - 21 所示。

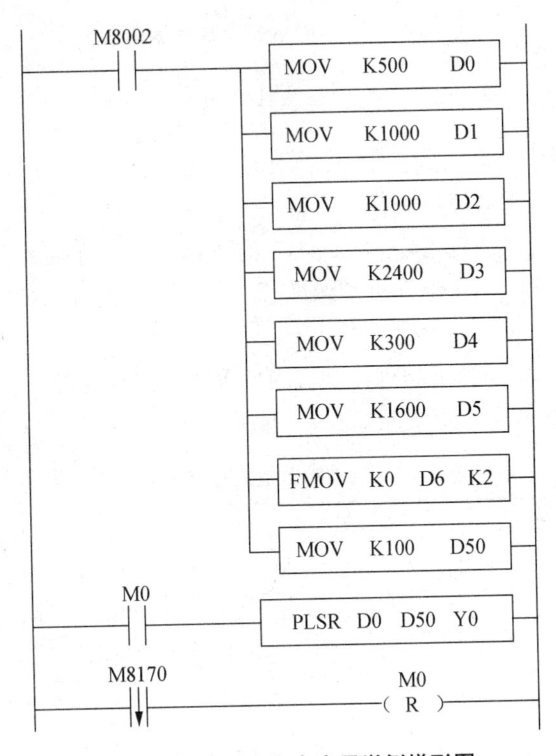

图 3 - 21　PLSR 指令应用举例梯形图

(3) 绝对位置单段脉冲控制(DRVA)

绝对位置单段脉冲控制是以指定的频率和加减速时间产生单段定量脉冲的指令。指令说明如图 3 - 22 所示,执行示意图如图 3 - 23 所示。

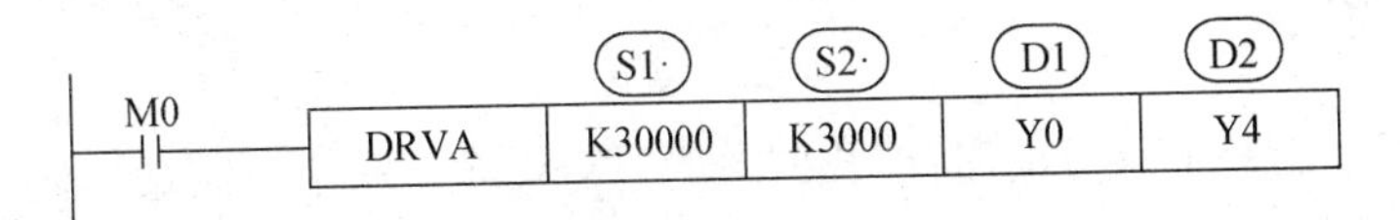

图 3 - 22　DRVA 指令应用举例梯形图

当 M0 触点闭合时,PLC 的 Y0 输出端口以 3 000 Hz 的频率发送脉冲,直到双字寄存器 D8170 内的值等于 30000 时,停止发送脉冲。

注意:

① 加减速时间:在寄存器 D8230(单字,ms)中设定。根据公式:

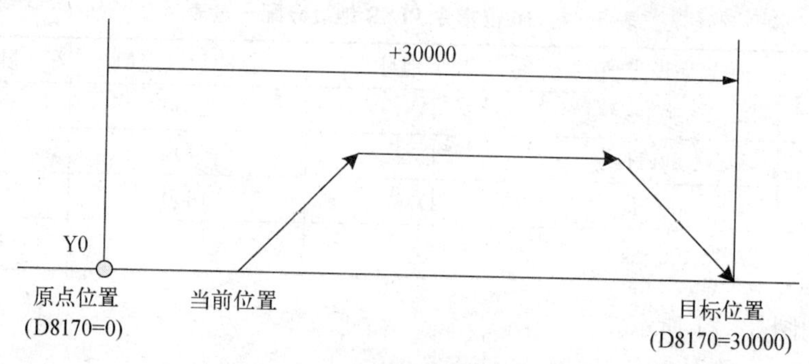

图 3-23 DRVA 指令执行示意图

$$相应寄存器(D8230、D8232\cdots\cdots)=\frac{上升时间(ms)\times 100(kHz)}{设定频率}$$

例如：上例中要设定上升时间为 100 ms，则寄存器 D8230(单字)中设定的值为 3 333＝[100(ms)×100 (kHz)]÷3(kHz)。

② 方向端子编号可以任意指定，当 D8170 的当前位置小于目标位置时，D8170 的值是增大的，方向端子为 OFF，当 D8170 的当前位置大于目标位置时，D8170 的值是减小的，方向端子为 ON。

其余指令可参照《XC 系列可编程控制器用户手册(指令篇)》。

与脉冲输出相关的寄存器及线圈如表 3-5 所示。

表 3-5 脉冲输出相关寄存器及线圈

脉冲发送端子	寄存器地址		说明
Y0	D8170	累积脉冲个数低 16 位	M8170
	D8171	累积脉冲个数高 16 位	
	D8172	当前段脉冲个数	
Y1	D8173	累积脉冲个数低 16 位	M8171
	D8174	累积脉冲个数高 16 位	
	D8175	当前段脉冲个数	

标志位 M8170 在脉冲输出过程中为 ON，没有脉冲输出时为 OFF，因此，常用 M8170 的下降沿来标志其脉冲输出结束。一定要注意 D8170 及 D8173 的单双字节。

任务分析

在处理电机运行控制任务的时候，我们一般只需要考虑三个控制量如何实现，即电机运行速度、电机转动角度(位移)、电机旋转方向。对于步进电机来说，解决方法如下：

(1) 电机运行速度：细分定下来后，PLC 脉冲输出的快慢就决定了电机的快慢；

(2) 电机转动角度：细分定下来后，PLC 脉冲输出的个数就决定了电机转动的角度；

(3) 电机旋转方向：由驱动器的接线方式可知，DIR－端子接收高、低电平信号，分别表示两个方向。

另外，分析此任务，可以发现其有一定的顺序性，即必须是顺时针转—停 2 s—逆时针转一停，故可考虑用流程(STL)或者 BLOCK 顺序功能块来编写程序，可优化程序结构。

若直接用逻辑编写，则须考虑 XC 系列 PLC 同一个扫描周期下，同一个脉冲输出口的脉冲输出指令不得出现两条及以上，否则会出错。

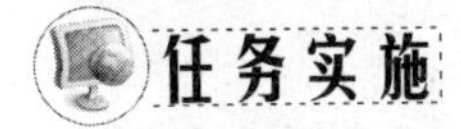

一、变量与 PLC 的地址分配

指示灯由 PLC 两个输出点控制。根据实际输入电流电压接线及扩展模块手册，可得组态软件变量与 PLC 的地址分配表，如表 3-6 所示。

表 3-6　PLC 的地址分配表

说　明	名　称
启动按钮	X0
停止按钮	X1
脉冲输出口	Y0
方向端子	Y1

二、绘制 PLC 硬件接线图并接线

(1) 根据需要，按照图 3-8 和 3-9 所示的步进驱动器接线图及表 3-6 的 I/O 分配，绘制 PLC 与指示灯以及扩展模块与可调电源的硬件接线图。

(2) 进行硬件接线，检查线路正确性，确保无误。

三、PLC 编程

1. 创建 PLC 工程项目

创建一个新的工程项目并命名为步进定位控制系统。

2. 编辑软元件注释

软元件注释表如表 3-7 所示。

表 3-7　软元件注释表

说　明	名　称
启动	X0
停止	X1
脉冲输出	Y0
方向	Y1

3. 设计梯形图程序

设计步进定位系统梯形图程序。

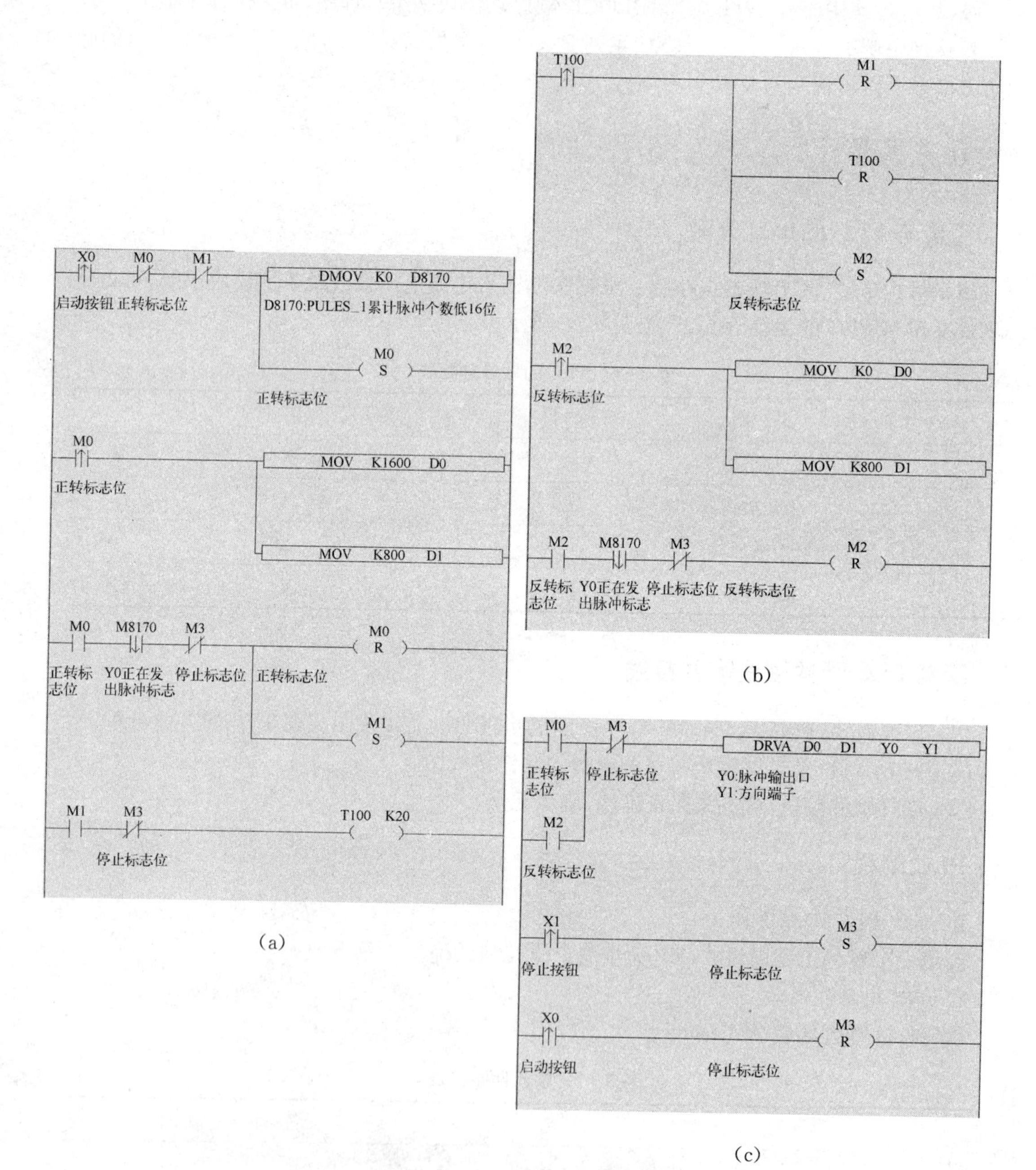

图 3-24 步进定位控制系统梯形图

4. 录入、编译并下载程序

(1) 单击程序块图标,打开程序编辑器。

(2) 输入梯形图程序。

(3) 存储工程项目。

(4) 下载程序。

(5) 运行程序。

(6) 在线监控程序。

四、联机调试

1. 运行PLC程序

单击工具栏中的“运行”图标或者在命令菜单中选择“PLC/运行”，运行PLC程序。

2. 触摸屏在线模拟调试

(1) 按下启动按钮，观察电机是否是顺时针运行，若不是，将步进驱动器上的A+和A-(或B+和B-)换接。

(2) 观察电机转动一圈后是否改为逆时针旋转，若没有，可监控或者查看Y1的状态是否和顺时针旋转时一致，若不一致，则表示程序没有问题，检查接线，若一致，则表示程序有问题，检查并修改PLC程序，直到正确。

项目四

模拟量控制和PID控制

任务1　标准电流信号、电压信号采集监控

知识点：

- 了解模拟量和数字量；
- 了解模拟量与数字量之间的转换。

技能点：

- 比较指令的使用；
- 掌握浮点运算注意事项；
- 学会在线数据自由监控；
- 掌握模拟量模块的使用方法。

任务提出

如图 4 - 1 所示，分别有 3～20 mA 可调电流和 0～10 V 可调电压，要求旋转电位器，当电流低于 5 mA 或者高于 15 mA 时，设备报警，触摸屏上的指示灯 1 闪烁，当电流处于 4～15 mA时报警解除。

同样的，当电压低于 2 V 或者高于 8 V 时，触摸屏上的指示灯 2 闪烁，当电压处于2～8 V之间时，报警解除。

要求在触摸屏上显示电压、电流值。

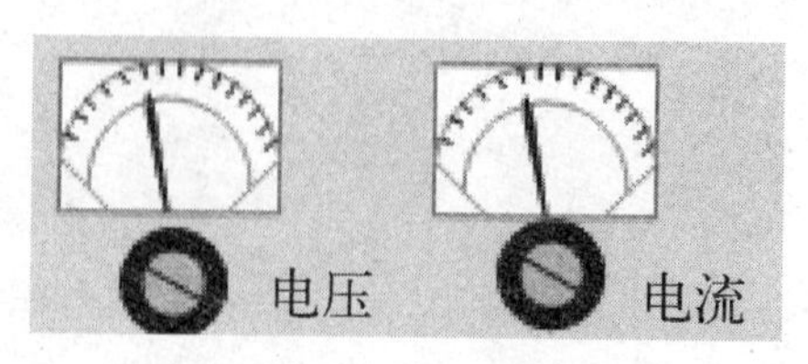

图 4 - 1　设备示意图

知识链接

一、了解模拟信号和数字信号

1. 什么是模拟信号

在时间上或数值上都是连续的物理量称为模拟量。把表示模拟量的信号叫模拟信号。模拟量在一定范围(定义域)内可以取任意值,例如:

热电偶在工作时输出的电压信号就属于模拟信号,因为在任何情况下被测温度都不可能发生突跳,所以测得的电压信号无论在时间上还是在数量上都是连续的。而且,这个电压信号在连续变化过程中的任何一个取值都有具体的物理意义,即表示一个相应的温度。

2. 什么是数字信号

在时间上和数量上都是离散的物理量称为数字量。它们的变化在时间上是不连续的,总是发生在一系列离散的瞬间。同时,它们的数值大小和每次的增减变化都是某一个最小数量单位的整数倍,而小于这个最小数量单位的数值没有任何物理意义。这一类物理量叫做数字量。把表示数字量的信号叫数字信号。例如:

用电子电路记录从自动生产线上输出的零件数目时,每送出一个零件便给电子电路一个信号,使之记1,而平时没有零件送出时加给电子电路的信号是0。可见,零件数目这个信号无论在时间上还是在数量上都是不连续的,因此它是一个数字信号。最小的数量单位就是1个。

3. 模数(A/D)转换器

模数转换器,是把经过与标准量(或参考量)比较处理后的模拟量转换成以二进制数值表示的离散信号的转换器,简称A/D或者ADC转换器。

因为计算机的基本工作状态只有0和1两种,并且数字计算机系统对外界信息的采样不可能是严格连续的,必然是在一个周期内只完成一次采样,故此数字系统中处理的都是数字量。PLC要想处理电压电流等模拟信号,必须经过A/D转换器将它们转换成数字信号。

模数转换器最重要的参数是转换的精度,通常用输出的数字信号的位数多少表示。转换器能够准确输出的数字信号的位数越多,表示转换器能够分辨输入信号的能力越强,转换器的性能也就越好。

A/D转换一般要经过采样、保持、量化及编码4个过程。在实际电路中,有些过程是合并进行的,如采样和保持,量化和编码在转换过程中是同时实现的。

模数转换器输入的模拟量与输出的数字量成正比关系。

4. 数模(D/A)转换器

一种将二进制数字量形式的离散信号转换成以标准量(或参考量)为基准的模拟量的转换器,又称D/A或者DAC转换器。最常见的数模转换器是将并行二进制的数字量转换为直流电压或直流电流。

D/A转换器一般由数码缓冲寄存器、模拟电子开关、参考电压、解码网络和求和电路等组成。数字量以串行或并行方式输入,并存储在数码缓冲寄存器中;寄存器输出的每位数码驱动对应数位上的电子开关,将在解码网络中获得的相应数位权值送入求和电路;求和电路将各位权值相加，便得到与数字量对应的模拟量。

数模转换器输入的数字量与输出的模拟量成正比关系。

5. 转换器在 PLC 上的应用

模数、数模转换器的应用见图 4-2 所示。

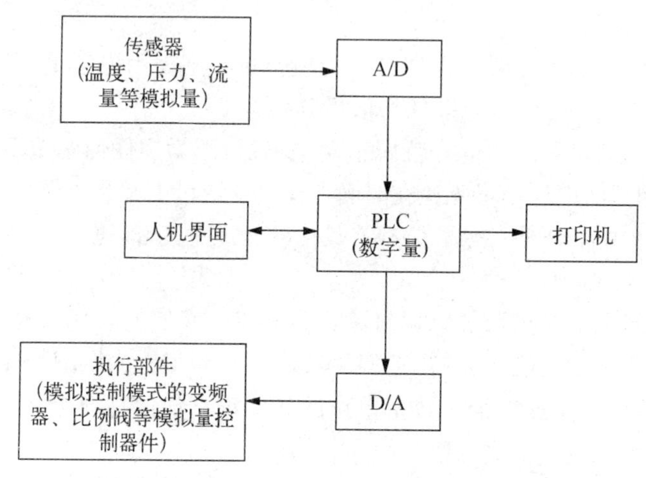

图 4-2 AD/DA 应用框图

二、XC 系列模拟量扩展模块的使用

信捷 XC 系列 PLC 除了 XC4-19AR-E(C)型支持模拟量输入/输出外，其他 PLC 本体只能处理数字量，在遇到处理模拟量时就需要给基本单元连接模拟量处理模块。另外，当本体的 I/O 点数不够用时，也需要连接 I/O 扩展模块来增加输入/输出点数。

图 4-3 给出了信捷 PLC 本体与扩展模块的连接方式，信捷 XC 系列 PLC 最多可扩展 7 个扩展模块，根据模块与 PLC 的靠近程度为每个模块配置了相应的地址。

图 4-3 PLC 本体连接扩展模块

信捷的扩展模块型号很多，本项目以模拟量混合模块 XC-E2AD2PT2DA 为例来介绍扩展模块的使用。

1. 扩展模块的规格及特点

(1) 模块特点

XC-E2AD2PT2DA 作为 PID 温度模拟量混合模块，支持 2 通道 16 位精度模拟量输入、2 通道 PT100 温度输入和 2 通道 10 位精度模拟量输出。该模块集成 2 路独立温度采集，具有 PID 自整定、独立 PID 参数设置、本体通信读写等功能。因此，基于此模块，可与 PLC、触摸屏、计算机等组成分布式温度控制系统。其外观如图 4－4 所示。

图 4－4　模拟量混合模块 XC－E2AD2PT2DA

(2) 模块规格

XC－E2AD2PT2DA 模块的规格见表 4－1。

表 4－1　XC－E2AD2PT2DA 模块规格表

<table>
<tr><th>项目</th><th colspan="2">模拟量输入(AD)</th><th>温度输入(PT)</th><th colspan="2">模拟量电压输出(DA)</th></tr>
<tr><td rowspan="2">模拟量输入</td><td>电流</td><td>0～20 mA、4～20 mA</td><td rowspan="2">PT100</td><td colspan="2" rowspan="2">—</td></tr>
<tr><td>电压</td><td>0～5 V、0～10 V</td></tr>
<tr><td>测温范围</td><td colspan="2">—</td><td>−100～327℃</td><td colspan="2">—</td></tr>
<tr><td>最大输入安全范围</td><td colspan="2">0～40 mA</td><td>—</td><td colspan="2">—</td></tr>
<tr><td rowspan="2">模拟量输出范围</td><td colspan="2" rowspan="2">—</td><td rowspan="2"></td><td>电压</td><td>0～10 V、0～5 V</td></tr>
<tr><td>电流</td><td>0～20 mA、4～20 mA</td></tr>
<tr><td>数字量输入范围</td><td colspan="2">—</td><td>—</td><td colspan="2">10 位 2 进制数(0～1023)</td></tr>
<tr><td>数字量输出范围</td><td colspan="2">16 位 2 进制数(0～65535)</td><td>−10000～32767</td><td colspan="2">—</td></tr>
<tr><td>分辨率</td><td colspan="2">1/65535(16Bit)</td><td>0.01℃</td><td colspan="2">1/1023(10Bit)</td></tr>
<tr><td>PID 输出值</td><td colspan="3">0～4095</td><td colspan="2">—</td></tr>
<tr><td>综合精确度</td><td colspan="2">0.8%</td><td>±0.01℃</td><td colspan="2">0.8%</td></tr>
<tr><td>转换速度</td><td colspan="3">2 ms/1 通道</td><td colspan="2">2 ms/1 通道</td></tr>
<tr><td>模拟量用电源</td><td colspan="5">DC24V±10%，100 mA</td></tr>
<tr><td>安装方式</td><td colspan="5">可用 M3 的螺丝固定或直接安装在 DIN46277(宽 35 mm)的导轨上</td></tr>
</table>

(3) 模块端子说明

XC－E2AD2PT2DA 模块的端子说明见表 4－2。

表 4-2 XC-E2AD2PT2DA 模块端子说明

通道	端子名	信号名
0CH	AI0	0CH 电流输入
	C0	0CH 电流输入公共端
1CH	AI1	1CH 电流输入
	C1	1CH 电流输入公共端
0CH	A0	0CH 温度输入
	B0	—
	C0	0CH 输入公共端
1CH	A1	1CH 温度输入
	B1	—
	C1	1CH 输入公共端
0CH	VO0	0CH 电压输出
	C3	0CH 电压输出公共端
1CH	VO1	1CH 电压输出
	C4	1CH 电压输出公共端
—	24 V	+24 V 电源
	0 V	电源公共端

2. 扩展模块的外部接线

外部连接时,注意以下两个方面:

① 外接+24 V 电源时,请使用 PLC 本体上的 24 V 电源,避免干扰。

② 为避免干扰,应对信号线采取屏蔽措施。

(1) 温度外部接线见图 4-5。

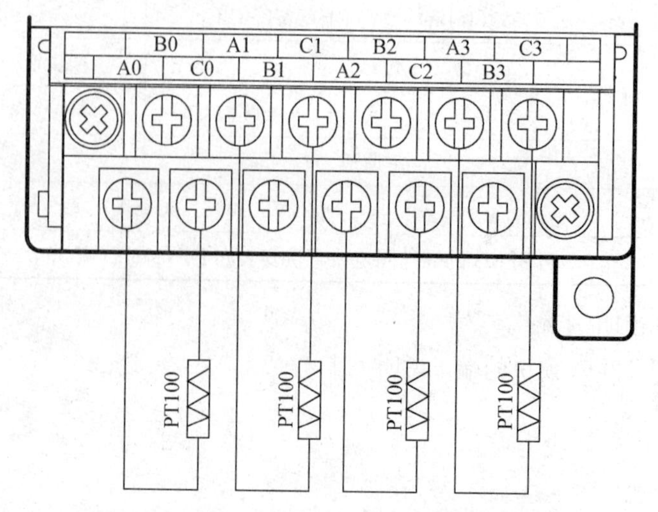

图 4-5 XC-E2AD2PT2DA 温度接线示意图

(2) 模拟量外部接线见图 4－6。

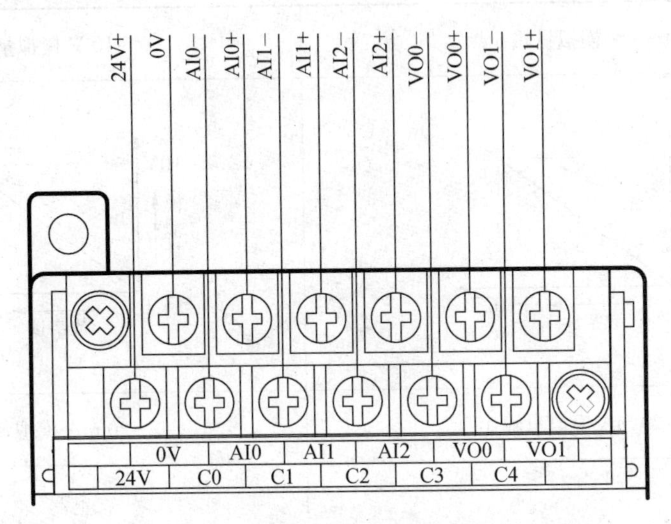

图 4－6　XC－E2AD2PT2DA 模拟量接线示意图

3. 输入/输出对应关系曲线

输入模拟量与转换的数字量关系如表 4－3 所示。

表 4－3　输入模拟量与转换的数字量关系表

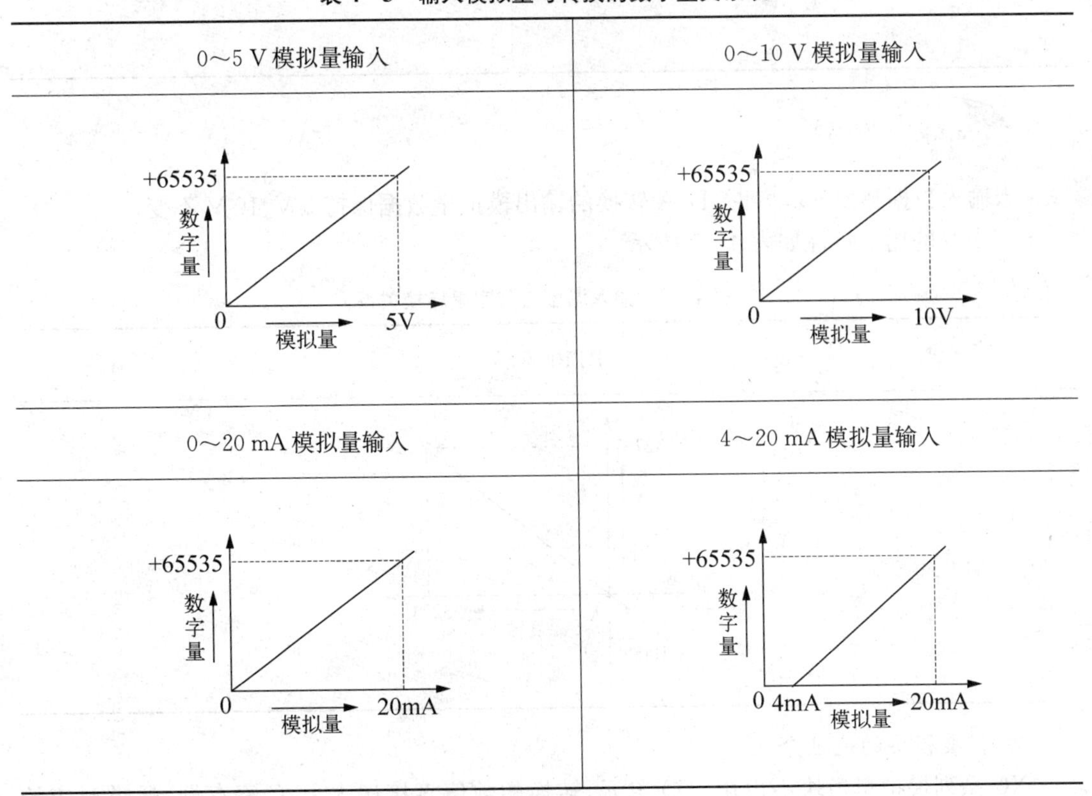

0～5 V 模拟量输入	0～10 V 模拟量输入
+65535；数字量；0；模拟量；5V	+65535；数字量；0；模拟量；10V
0～20 mA 模拟量输入	4～20 mA 模拟量输入
+65535；数字量；0；模拟量；20mA	+65535；数字量；0；4mA；模拟量；20mA

输出的数字量与其对应的模拟量数据的关系如表 4－4 所示。

表 4－4　输出的数字量与其对应的模拟量数据的关系表

0～5 V 模拟量输出	0～10 V 模拟量输出
5V 模拟量 0 数字量 +1023	10V 模拟量 0 数字量 +1023
0～20 mA 模拟量输出	4～20 mA 模拟量输出
20mA 模拟量 0 数字量 +1023	20mA 模拟量 4mA 0 数字量 +1023

你知道吗?

当输入数据超出 65535 时，D/A 转换的输出模拟量数据保持 5 V、10 V 不变。

PT100 的输入特性如表 4－5 所示。

表 4－5　输入温度与数字量转换关系

PT100 输入

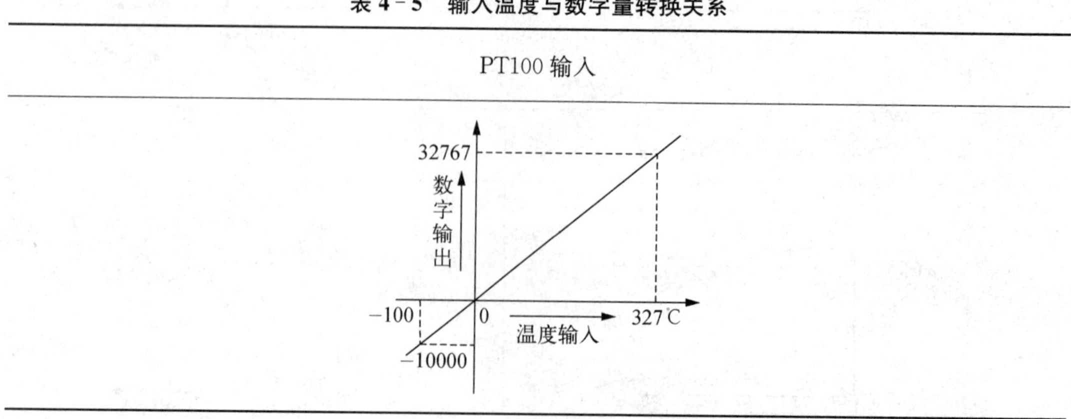

4. 扩展模块的地址分配

XC 系列模拟量模块不占用 I/O 单元，转换的数值直接送入 PLC 寄存器，通道对应的 PLC 寄存器定义号如下：

扩展模块寄存器定义号如表 4－6 所示。

表 4-6　扩展模块寄存器定义表

相关参数	注释及说明					
	通道	PT0(0.01℃)	PT1(0.01℃)	AD0	AD1	DA0	DA1
通道显示当前值	模块 1	ID100	ID101	ID102	ID103	QD100	QD101
	模块 2	ID200	ID201	ID202	ID203	QD200	QD201
	……	ID×00	ID×01	ID×02	ID×03	QD×00	QD×01
	模块 7	ID700	ID701	ID702	ID703	QD700	QD701

5. 扩展模块的配置

工作模式的设定可通过设置面板配置，配置步骤如下：

(1) 将编程软件打开，点击菜单栏的 PLC设置(C)，选择"扩展模块设置"，如图 4-7 所示。

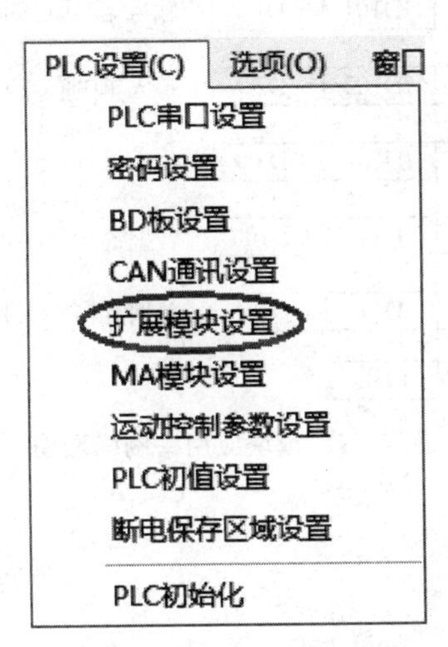

图 4-7　PLC 设置菜单

(2) 出现以下配置面板，选择对应的模块型号和配置信息，如图 4-8 所示。

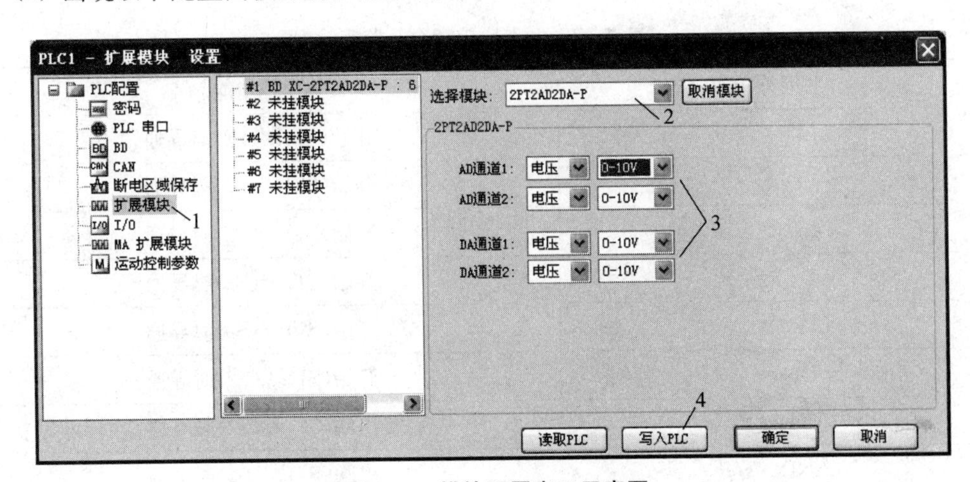

图 4-8　模块配置窗口示意图

第一步：在图示“2”处选择对应的模块型号。

第二步：完成第一步后，“1”处会显示出对应的型号。

第三步：在“3”处可以选择A/D对应的电流范围，D/A对应的电压范围、PT对应的滤波方式。

第四步：配置完成后点击“写入PLC”，然后点击“确定”。之后再下载用户程序，运行程序后，此配置即可生效。（注：V3.3以下版本的软件配置后，需要把PLC断电重启才能生效。）

6. 扩展模块的应用举例

要求实时读取4个通道的数据，写入2个通道的数据（以第1个模块为例），梯形图如图4-9所示。

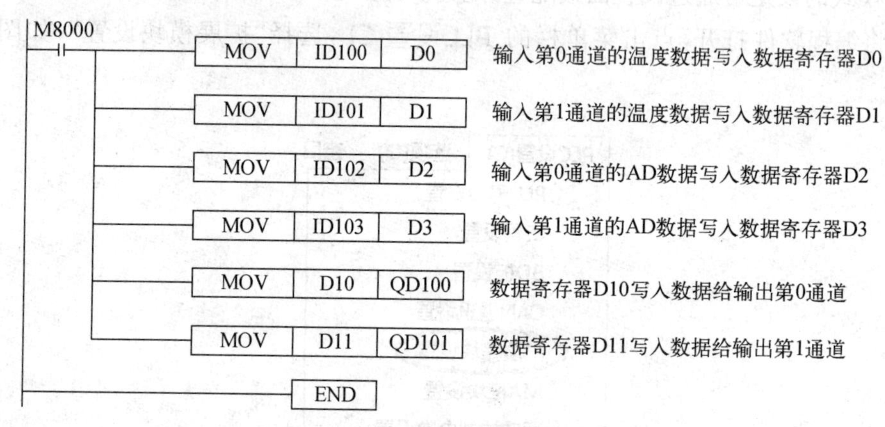

图4-9　模块应用举例梯形图

三、比较指令的使用

1. 触点比较指令

触点比较指令的功能是将某两个数值或寄存器内容的大小作为导通条件，来触发相应的输出，简单形象，易学易懂。主要包含如表4-7所示的指令。

表4-7　触点比较指令一览表

助记符	指令功能
LD＝	开始(S1)＝(S2)时导通
LD＞	开始(S1)＞(S2)时导通
LD＜	开始(S1)＜(S2)时导通
LD＜＞	开始(S1)≠(S2)时导通
LD＜＝	开始(S1)⩽(S2)时导通
LD＞＝	开始(S1)⩾(S2)时导通
AND＝	串联(S1)＝(S2)时导通
AND＞	串联(S1)＞(S2)时导通

续　表

助记符	指令功能
AND<	串联(S1)<(S2)时导通
AND<>	串联(S1)≠(S2)时导通
AND<=	串联(S1)≤(S2)时导通
AND>=	串联(S1)≥(S2)时导通
OR=	并联(S1)=(S2)时导通
OR>	并联(S1)>(S2)时导通
OR<	并联(S1)<(S2)时导通
OR<>	并联(S1)≠(S2)时导通
OR<=	并联(S1)≤(S2)时导通
OR>=	并联(S1)≥(S2)时导通

从上表可以看出，触点比较指令又分为开始比较、串联比较和并联比较，每一组又分为大于、小于、等于、大于等于、小于等于和不等于。虽指令书写不同，功能不同却用法类似，所以，在此我们只介绍其中一些比较指令的使用说明，其余指令的用法可参照这些指令。

比较指令使用说明见图 4-10。

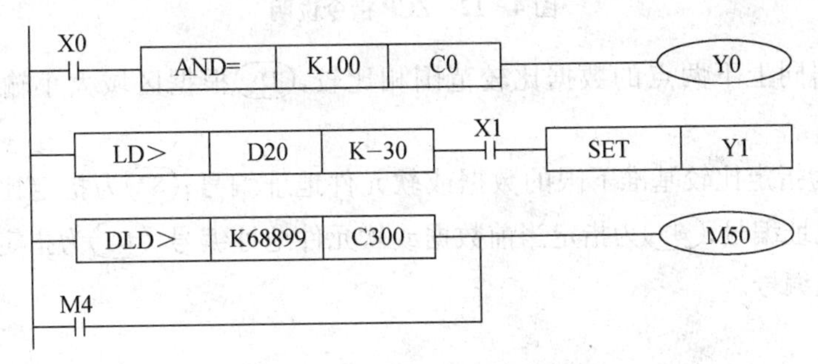

图 4-10　比较指令使用说明

图 4-10 中，当 X0 触点闭合，且计数器 C0 的当前值等于 K100 时，线圈 Y0 通电，当寄存器 D20 内的值大于 K-30，且 X1 触点闭合时，置位 Y1，Y1 线圈通电，当 C300 的当前值小于 K68899 时，或辅助继电器 M4 的常开触点闭合时，辅助继电器 M50 线圈通电。

你知道吗？

触点比较指令也可以理解为一种常开触点，只是其触点闭合的条件不是线圈通电，而是满足设定的大小关系。使用中需注意的是，若相比较的两个数任意一方大于 32767，则需要用 32 位触点比较指令，即在相应指令的助记符前加字母“D”。

2. 数据比较指令

数据比较指令包括 CMP 和 ZCP 两条指令，CMP 指令说明如图 4-11 所示。

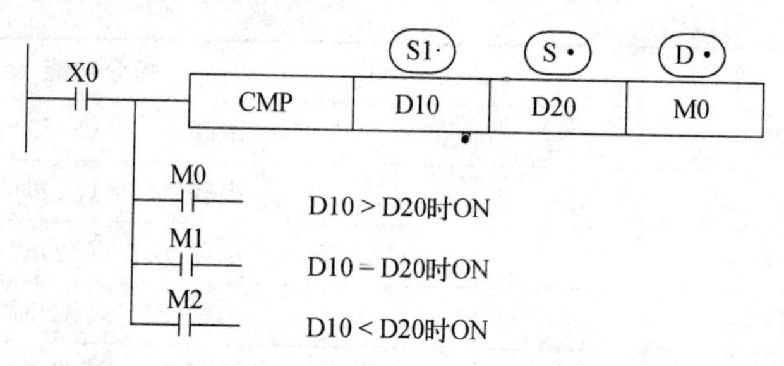

图 4－11　CMP 指令说明

指令的作用是将数据(S1·)与(S·)相比较，根据大小输出以(D·)起始的 3 点 ON/OFF 状态。即使 X0＝OFF 停止执行 CMP 指令时，M0～M2 仍然保持 X0 变为 OFF 以前的状态。

ZCP 是用于区间比较的指令，其使用说明如图 4－12 所示。

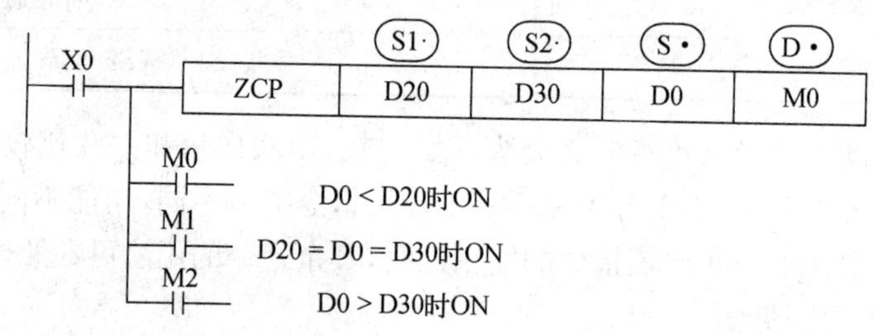

图 4－12　ZCP 指令说明

将(S·)数据同上下两点的数据比较范围相比较，(D·)根据区域大小输出起始的 3 点 ON/OFF 状态。

其中，(S1·)为指定比较基准下限的数据或软元件地址编号；(S2·)为指定比较基准上限的数据或软元件地址编号；(S·)为指定当前数据或软元件地址编号；(D·)为指定比较结果的数据或软元件地址编号。

四、浮点运算

很多场合下，整数运算的精度往往不能满足用户的要求，这就需要用到浮点运算指令。浮点数运算包含指令如表 4－8 所示。

表 4－8　浮点数指令一览表

指令助记符	指令功能
ECMP	浮点数比较
EZCP	浮点数区间比较
EADD	浮点数加法
ESUB	浮点数减法
EMUL	浮点数乘法
EDIV	浮点数除法

续　表

指令助记符	指令功能
ESQR	浮点数开方
SIN	浮点数SIN运算
COS	浮点数COS运算
TAN	浮点数TAN运算
ASIN	浮点数反SIN运算
ACOS	浮点数反COS运算
ATAN	浮点数反TAN运算

从上表可以看出，浮点数指令除了三角函数和反三角函数外，其余的比较指令和加减乘除法指令，均有对应的整数指令，与整数用法相似，需要注意的有以下几点：

(1) 浮点数运算前，若操作数不是浮点数类型，则需要先用FLT(DFLT)转换成浮点数类型再参与计算。且转换时，无论是16位整数、32位整数还是64位整数，转换成的浮点数均占用两个地址连续的寄存器。

(2) 浮点数运算过程中，乘法运算无论结果多少其结果仍存放在两个地址连续的寄存器中，除法运算的结果则不存在商和余数，直接以小数的形式存放在两个地址连续的寄存器中。

(3) 浮点数运算的结果若想整数显示，需用INT指令进行转换。

(4) 若PLC中直接监控浮点数据，在数据监控里无法实现，需要在自由监控内添加，具体操作如下：

① 点击“ ”按键，执行自由监控操作，弹出如图4-13所示的对话框。

图4-13　自由监控对话框

② 自由监控可任意添加需要监控的软元件，并且还可以监控浮点型数据。点击添加，在“监控节点”内输入想要监控的寄存器，“监控模式”选择浮点，如图4-14所示。

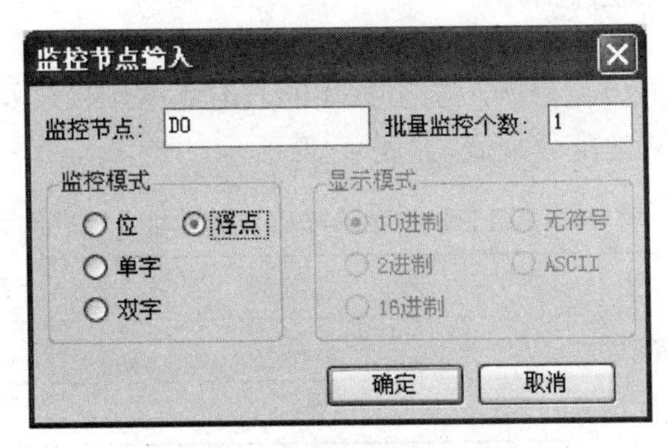

图4-14　监控节点输入对话框

点击确定，回到监控界面，显示所监控寄存器的实际值，如图 4-15 所示。

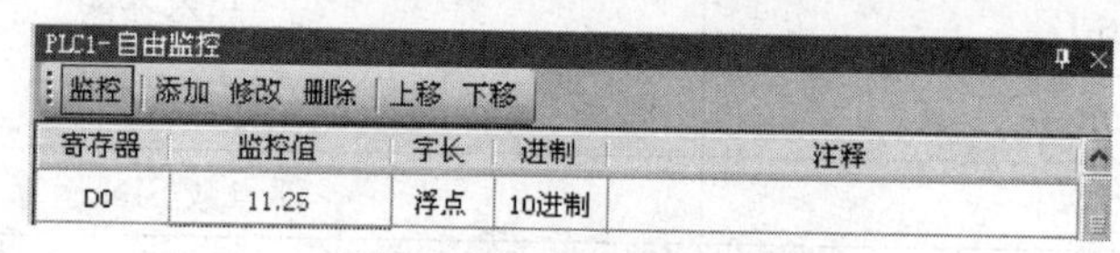

图 4-15　自由监控界面

你知道吗？

数据监控和自由监控是必须在计算机和 PLC 联机时才可执行的操作。

任务分析

因为模拟量转换成数字量是由扩展模块内部完成的，在 PLC 内，我们只能直接监控到数字量，而不是直观的多少毫安，所以为了便于监控，难点就是模拟量转换成数字量后，在程序里如何再将其进行单位换算。

由于输入模拟量与转换的数字量是成正比的，且 XC-E2AD2PT2DA 扩展模块输出的最大数字量为 65535，它们的关系曲线如图 4-16 所示，则根据下面公式可将 A/D 模块输出的数字量转换成单位为毫安来显示。

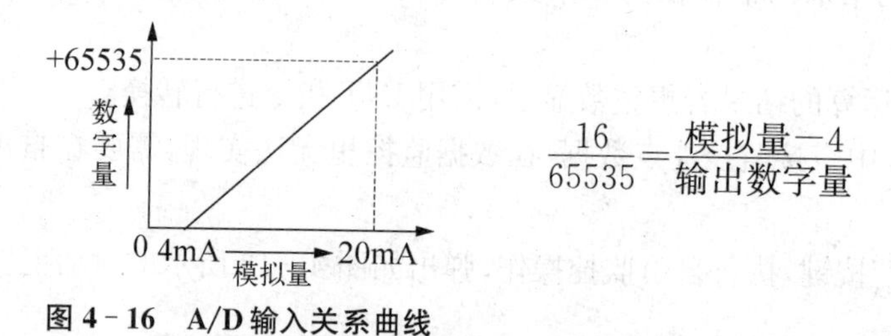

$$\frac{16}{65535}=\frac{\text{模拟量}-4}{\text{输出数字量}}$$

图 4-16　A/D 输入关系曲线

同理，也要编写电压的单位换算公式。由于电压对应曲线比 4～20 mA 范围的电流简单，故不再赘述。

注意：转换后的数据从精确度出发应用浮点数显示，故需要用浮点数计算。

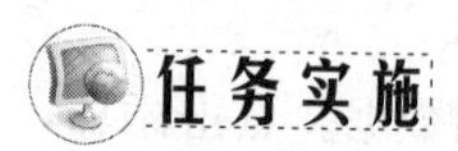

任务实施

一、变量与 PLC 的地址分配

指示灯由 PLC 两个输出点控制。根据实际输入电流电压接线及扩展模块手册，可以得到组态软件变量与 PLC 的地址分配表，如表 4-9 所示。

表 4-9　组态软件变量与 PLC 的地址分配表

说　明	名　称
电流报警指示灯	Y0
电压报警指示灯	Y1

二、绘制PLC硬件接线图并接线

(1) 根据需要，按照图4－6所示的模拟量输入接线图及表4－8所示的I/O分配，绘制PLC与指示灯以及扩展模块与可调电源的硬件接线图。

(2) 进行硬件接线，检查线路正确性，确保无误。

三、扩展模块配置

在XCPPro软件中配置扩展模块，分别将第一通道和第二通道设置成电流（4～20 mA）、电压（0～10 V），如图4－17所示。

图4－17　扩展模块配置

四、PLC编程

1. 创建PLC工程项目

创建一个新的工程项目并命名为电流电压信号采集监控。

2. 编辑软元件注释

软元件注释表如表4－10所示。

表4－10　软元件注释表

说　明	名　称
电流(mA)	D0
电压(V)	D2
电流报警指示灯	Y0
电压报警指示灯	Y1

3. 设计梯形图程序

设计电流、电压信号采集监控梯形图程序。

(1) 电流采集程序(如图 4-18 所示)

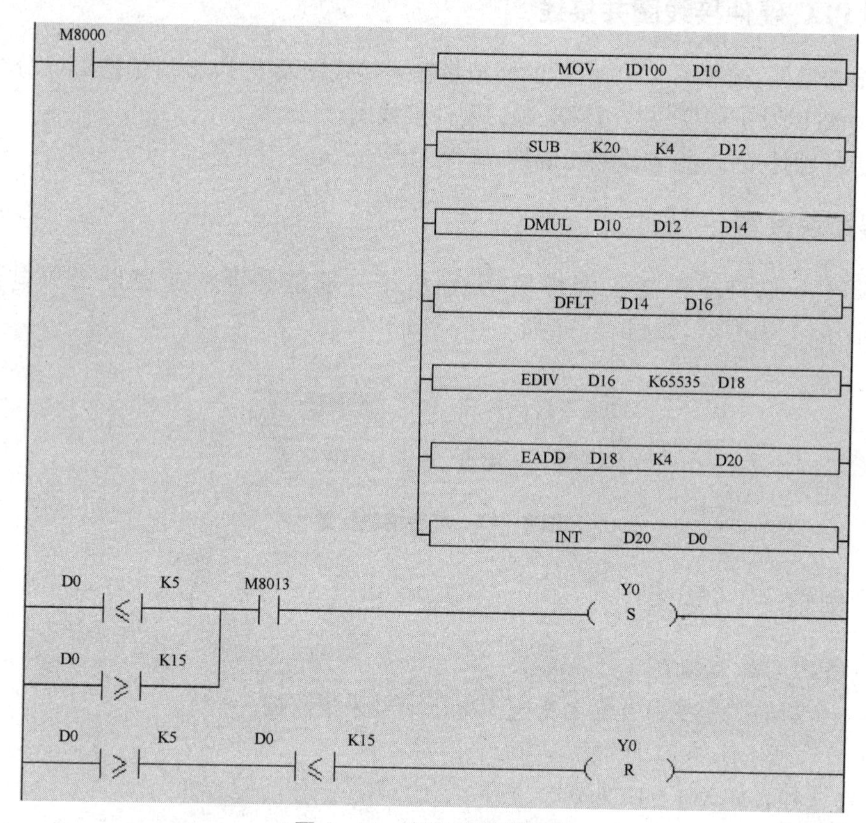

图 4-18 电流采集梯形图

(2) 电压采集程序(如图 4-19 所示)

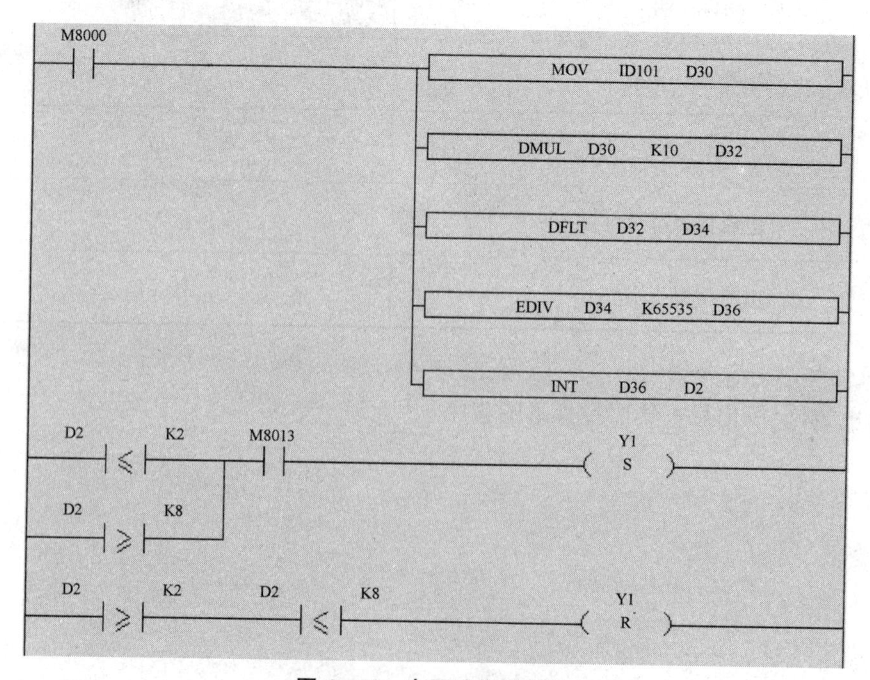

图 4-19 电压采集梯形图

4. 录入、编译并下载程序

(1) 单击程序块图标，打开程序编辑器。

(2) 输入梯形图程序。

(3) 存储工程项目。

(4) 下载程序。

(5) 运行程序。

(6) 在线监控程序。

五、触摸屏组态

(1) 创建工程。

(2) 制作触摸屏画面，如图4-20所示。

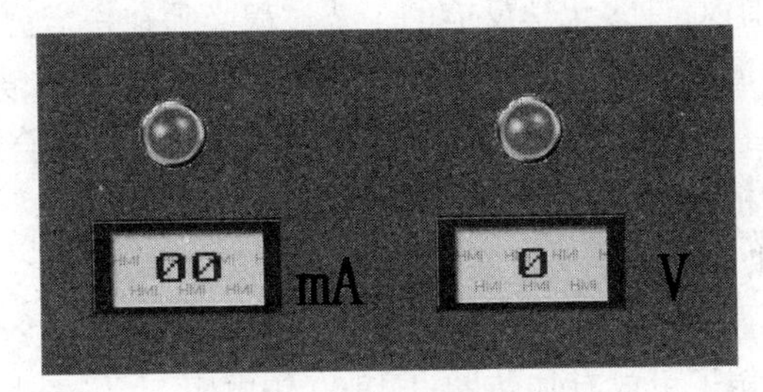

图4-20　触摸屏画面

(3) 工程保存。

(4) 离线模拟。

六、联机调试

1. 运行PLC程序

单击工具栏中的“运行”图标或者在命令菜单中选择“PLC/运行”，运行PLC程序。

2. 在线模拟调试

(1) 点击“ ”，添加D0、D2并设置为浮点型。

(2) 旋转电流电位器，观察D0的数据是否与电流表显示一致。

(3) 旋转电压电位器，观察D2的数据是否与电压表显示一致。

(4) 观察旋转至上下限时指示灯是否闪烁进行报警。

任务2　恒温控制系统

知识点：

- 了解过程控制系统；
- 了解什么是PID。

技能点：

- 掌握温度扩展模块的使用方法；
- 掌握固态继电器的使用方法；
- 掌握 PID 指令的使用方法。

任务提出

在工业生产、实验研究和日常生活中，像电力、化工、石油、冶金、食品加工、酒类生产、蔬菜种植等领域内，温度常常是表征对象和过程状态的最重要参数之一。比如发电厂锅炉的温度必须控制在一定范围内；许多化学反应的工艺过程必须在一定温度下才能进行；炼油过程中，原油必须在不同的温度和压力条件下进行分馏才能得到汽油、柴油、煤油等产品；薯片加工时温度需要控制在一定范围内，烤出的薯片才能酥脆；没有适合的环境温度，储存的粮食就会变质霉烂，大棚种植的蔬菜就不能更好的生长，酒类的品质就没有保障。因此，各行各业对温度的控制要求越来越高。

如图 4－21 所示，一箱子里放有加热圈、PT100 铂电阻温度传感器以及指针式温度仪表，现要求控制加热圈加热，使箱内的空气温度保持在 40℃，误差不超过 ±1℃。在 PLC 上可监控 PID 参数以及实际温度，精确到 0.01℃。

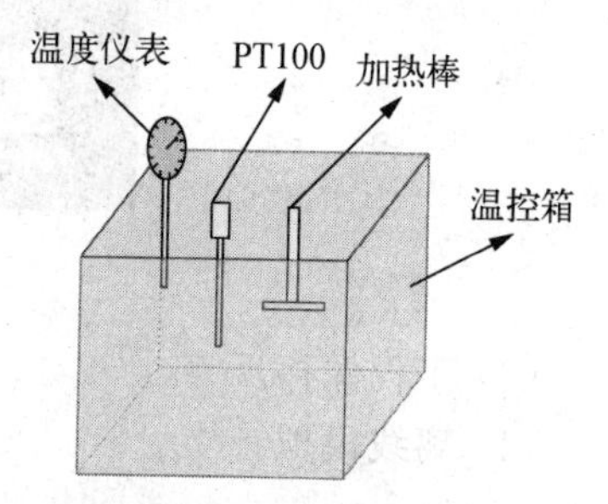

图 4－21　温控箱设备示意图

知识链接

一、什么是过程控制

过程控制系统是以表征生产过程的参数为被控制量使之接近给定值或保持在给定范围内的自动控制系统。这里“过程”是指在生产装置或设备中进行的物质和能量的相互作用和转换过程。例如，锅炉中蒸汽的产生、分馏塔中原油的分离等。表征过程的主要参数有温度、压力、流量、液位、成分、浓度等。通过对过程参数的控制，可使生产过程中产品的产量增加、质量提高、能耗减少。

通常过程控制系统的评价指标可概括为：

① 系统必须是稳定的（稳定性）。

评价指标：衰减比、衰减率、超调量和最大动态偏差。

② 系统应能提供尽可能好的稳态调节（准确性），即被调量与给定值之间的偏差小。

评价指标：静差（余差、残差、稳态偏差）。

③ 系统应能提供尽可能快的过渡过程（快速性），即系统存在偏差的时间尽量短。

评价指标：恢复时间（调节时间）、振荡周期、振荡频率、上升时间、峰值时间。

过程控制一般曲线如图 4－22 所示。

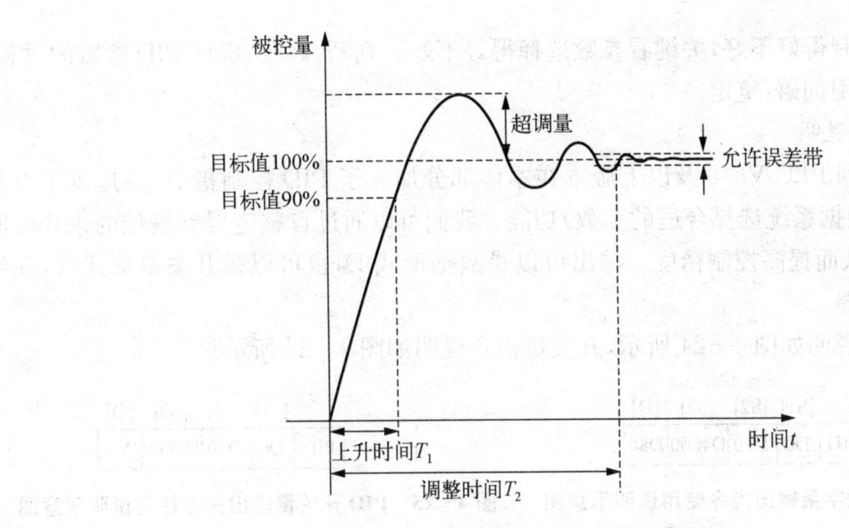

图4－22　过程控制一般曲线示意图

二、PID

1. 什么是PID

在弄清楚怎样定义之前，我们先要理解一个最基本的概念：调节器。

调节器是干什么的？

基本的调节器具有两个输入量：被调量和设定值。被调量就是反映被调节对象的实际波动的量值，比如水位、温度、压力等等。

调节器就像是人的大脑，是一个调节系统的核心。任何一个控制系统，只要具备了带有控制方法（比如PID）的调节器，那它就是自动调节系统。

PID其实就是一种控制算法。

P就是比例，就是输入偏差乘以一个系数；

I就是积分，就是对输入偏差进行积分运算；

D就是微分，对输入偏差进行微分运算。

PID的控制规律如图4－23所示。

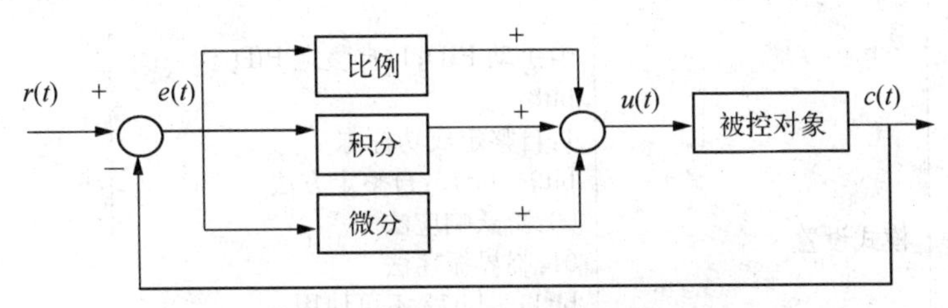

图4－23　模拟PID控制系统原理图

$$e(t)=r(t)-c(t) \tag{1-1}$$

$$u(t)=K_P[e(t)+1/T_I\int e(t)dt+T_D de(t)/dt] \tag{1-2}$$

其中，$e(t)$为偏差，$r(t)$为给定值，$c(t)$为实际输出值，$u(t)$为控制量。

一个系统控制得好不好，关键看参数选择得好不好。判断、修改、确认 PID 参数的过程，业内人士有个专用词语：整定。

2. PID 指令说明

信捷 XC 系列 PLC V3.0 及以上版本在本体部分加入了 PID 控制指令，并提供了自整定(控制器自己根据系统选择合适的参数)功能。我们可以通过自整定得到最佳的采样时间和 PID 参数值，从而提高控制精度。输出可以是数据形式 D，也可以是开关量形式 Y，在编程时可以自由选择。

数字量指令说明如图 4-24 所示，开关量指令说明如图 4-25 所示。

图 4-24　PID 数字量输出指令使用说明示意图　　图 4-25　PID 开关量输出指令使用说明示意图

其中操作数的含义如表 4-11 所示。

表 4-11　PID 指令操作数说明

操作数	作　用
S1	设定目标值(SV)的软元件地址编号
S2	测定值(PV)的软元件地址编号
S3	设定控制参数的软元件首地址编号
D	运算结果(MV)的存储地址编号或输出端口

其中 S3 参数的含义如表 4-12 所示。

表 4-12　PID 指令 S3 参数说明

地址	功能	说明	备注
S3	采样时间	32 位无符号数	单位 ms
S3+1	采样时间	32 位无符号数	单位 ms
S3+2	模式设置	bit0： 0：负动作；1：正动作 bit1～bit6 不可使用 bit7： 0：手动 PID；1：自整定 PID bit8： 1：自整定成功标志 bit9～bit10：自整定方法 00：阶跃响应法 01：临界振荡法 bit11～bit12 不可使用 bit13～bit14 自整定 PID 控制模式(使用临界振荡法时有效) 00：PID 控制 01：PI 控制 10：P 控制 bit15： 0：普通模式；1：高级模式	

续　表

地址	功能	说明	备注
S3+3	比例增益(K_p)	范围:1～32767[%]	
S3+4	积分时间(T_I)	0～32767[×100 ms]	0 时作为无积分处理
S3+5	微分时间(T_D)	0～32767[×10 ms]	0 时无微分处理
S3+6	PID 运算范围	0～32767	PID 调整带宽
S3+7	控制死区	0～32767	死区范围内 PID 输出值不变
S3+8	PID 自整定周期变化值	满量程 AD 值×(0.3～1%)	
S3+9	PID 自整定超调允许	0:允许超调 1:不超调(尽量减少超调)	使用阶跃响应法时有效
S3+10	自整定结束过渡阶段当前目标值每次调整的百分比(%)		
S3+11	自整定结束过渡阶段当前目标值停留的次数		
S3+12～S3+39	PID 运算的内部处理占用		
以下为高级 PID 模式设置地址			
S3+40	输入滤波常数(a)	0～99[%]	0 时没有输入滤波
S3+41	微分增益(K_D)	0～100[%]	0 时无微分增益
S3+42	输出上限设定值	−32767～32767	
S3+43	输出下限设定值	−32767～32767	

S3～S3+43 将被该指令占用,不可当做普通的数据寄存器使用。

该指令在每次达到采样时间的时间间隔内执行。对于运算结果,数据寄存器用于存放 PID 输出值;输出点用于输出开关形式的占空比。

运算结果:

① 模拟量输出:$M_V=u(t)$的数字量形式,默认范围为 0～4095。

② 开关点输出:$Y=T\times[M_V/\text{PID 输出上限}]$。$Y$ 为控制周期内输出点接通时间,T 为控制周期,与采样时间相等。PID 输出上限默认值为 4095。

3. PID 的应用

应用要点:

(1) 在持续输出的情况下,作用能力随反馈值持续变化而逐渐变弱的系统,可以进行自整定,如温度或压力。对于流量或液位对象,则不一定适合作自整定。

在允许超调的条件下,自整定得出的 PID 参数为系统最佳参数。

(2) 在不允许超调的前提下，自整定得出的PID参数视目标值而定，即不同的设定目标值可能得出不同的PID参数，且这组参数可能并非系统的最佳参数，但可供参考。

(3) 用户如无法进行自整定，也可以依赖一定的工程经验值手工调整，但在实际调试中，需根据调节效果进行适当修改。下面介绍几种常见控制系统的经验值供大家参考：

- 温度系统：P(%)2000～6000，I(分钟)3～10，D(分钟)0.5～3
- 流量系统：P(%)4000～10000，I(分钟)0.1～1
- 压力系统：P(%)3000～7000，I(分钟)0.4～3
- 液位系统：P(%)2000～8000，I(分钟)1～5

软元件功能注释：

D4002.7：自整定位；

D4002.8：自整定成功标志；

M0：常规PID控制；

M1：自整定控制；

M2：自整定后直接进入PID控制。

三、固态继电器

固态继电器(Solid State Relay，SSR)，是由微电子电路、分立电子器件、电力电子功率器件组成的无触点开关。用隔离器件实现了控制端与负载端的隔离。固态继电器的输入端用微小的控制信号达到直接驱动大电流负载。图4-26为固态继电器实物图。

图4-26　固态继电器实物图

固态继电器与控制侧和负载侧之间的连接如图4-27所示。

从图4-27可以看出，若直流侧输入控制电压，则相当于交流侧的开关闭合，为交流侧构成回路提供可能。

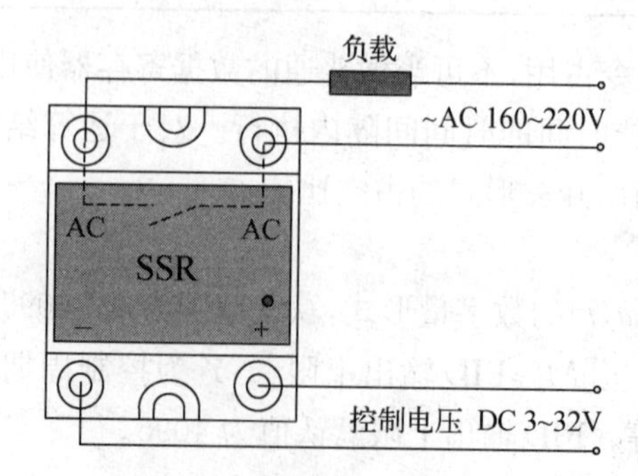

图4-27　固态继电器接线图

任务分析

由任务要求画出控制框图，如图4-28所示。

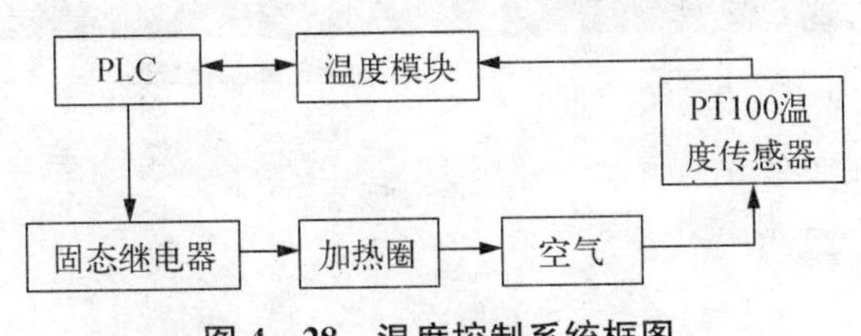

图 4-28　温度控制系统框图

在 PLC 内部设定目标温度并发布开始加热命令，PLC 输出一个信号到固态继电器，加热棒开始工作，同时温度传感器将温度信息反馈到温度模块，模块将温度信息转换成数字量并传送给 PLC 进行控制计算，然后调整控制信号给固态继电器，固态继电器将 PLC 输出点的功率进行放大，实现加热棒多次频繁的导通与断开，即控制加热的启停，从而控制温度。

此处的控制计算，可以使用 PLC 本体自带的 PID 功能，内嵌 PID 算法，直接调用即可。也可以使用自己编写的控制算法，能达到要求即可。比如最简单的是直接判断法，当温度超过 40℃停止加热，当温度低于 40℃开始加热。但是实际上，温度系统是一个大惯性系统，当传感器感受到温度已经达到 40℃并停止加热后，温度并不会立即停止上升，而是会继续上升一段时间后才停止，降温亦是如此，因此这种简单的判断算法可能做出来的效果并不理想，需要我们加以修饰完善。

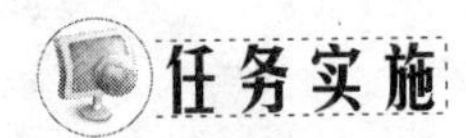

一、变量与 PLC 的地址分配

组态软件变量与 PLC 的地址分配见表 4-13。

表 4-13　组态软件变量与 PLC 的地址分配表

说　明	名　称
目标值	D0
测量值	D10
自整定按钮	M1
加热按钮	M2
自整定进行标志位	D4002.7
自整定成功标志位	D4002.8

二、绘制 PLC 硬件接线图并接线

(1) 根据图 4-28 所示的温度控制系统框图、图 4-27 所示的固态继电器接线图，绘制 PLC 硬件接线图。

(2) 进行 PLC 硬件接线，检查线路正确性，确保无误。

三、扩展模块配置

在 XCPPro 软件中配置扩展模块，如图 4-29 所示。

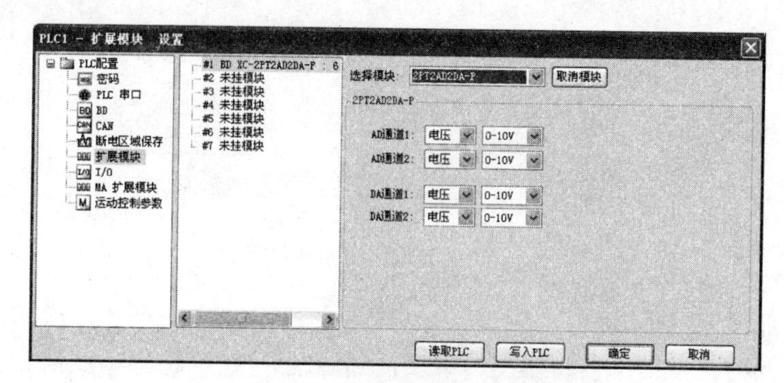

图 4-29 扩展模块配置

四、PLC 编程

1. 创建 PLC 工程项目

创建一个新的工程项目并命名为温度控制系统。

2. 设计梯形图程序

设计温度控制梯形图程序。

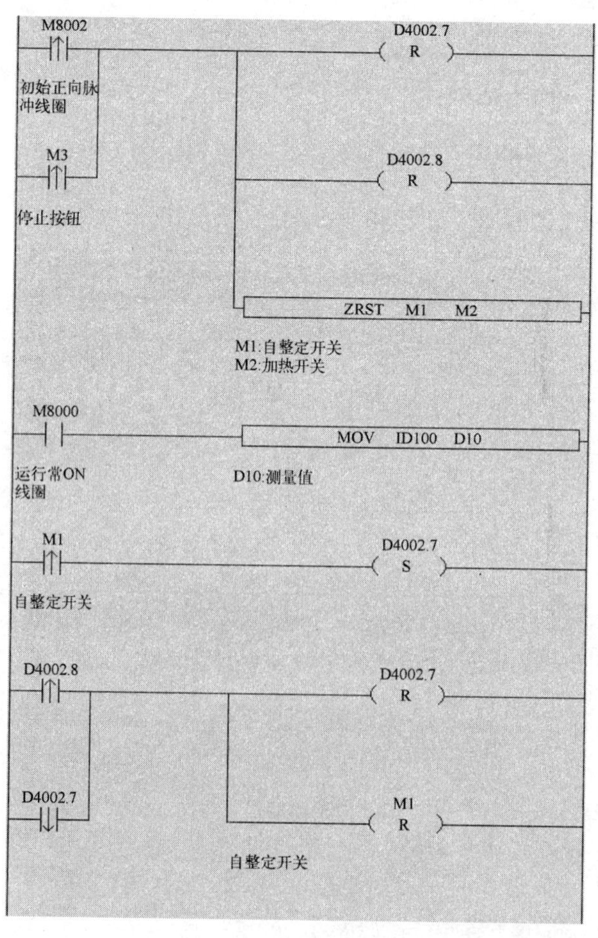

(a)

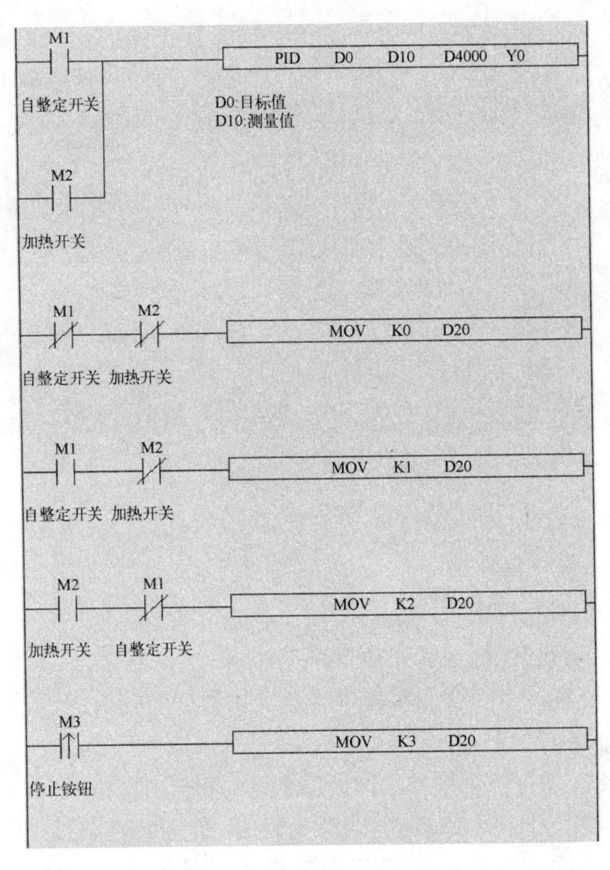

(b)

图 4－30　温度控制系统梯形图

3. 录入、编译并下载程序

(1) 单击程序块图标，打开程序编辑器。

(2) 输入梯形图程序。

(3) 存储工程项目。

(4) 下载程序。

(5) 运行程序。

(6) 在线监控程序。

五、触摸屏组态

(1) 创建工程。

(2) 制作触摸屏画面，如图 4－31 所示。

(3) 工程保存。

(4) 离线模拟。

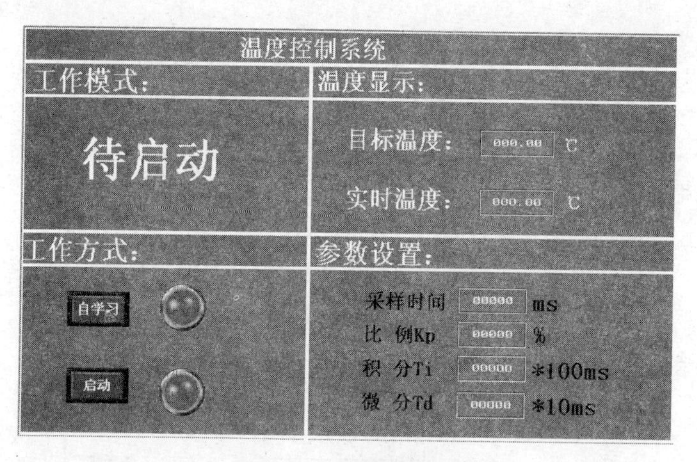

图 4-31 触摸屏画面

六、联机调试

1. 运行 PLC 程序

单击工具栏中的“运行”图标或者在命令菜单中选择“PLC/运行”，运行 PLC 程序；单击工具栏中的程序监控图标或者在命令菜单中选择开始程序监控，在线监控程序。

2. 触摸屏连接调试

(1) 按硬件图接线，并将各个设备之间的通信线正确连接。

(2) 在触摸屏上设定目标温度，点击“自学习键”系统开始自学习，学习成功后按下启动键。或者直接根据经验输入采样时间、P、I、D 四个参数值后按下启动键(若没有用 PID 算法，则直接按下启动键即可)。

(3) 观察温度曲线的变化，看最后是否可以稳定在 40℃，波动是否在±1℃之间。

(4) 若不满足任务要求，调节 PID 参数或修改程序，直至满足要求。

(5) 比较两种算法的运行结果。

项目五

用触摸屏控制变频器运行

任务　用触摸屏控制变频器运行

知识点：

- 了解变频器的工作原理；
- 了解变频器的多种控制模式。

技能点：

- 会对变频器进行参数设置；
- 掌握 D/A 模块的使用方法。

任务提出

要求如下：

(1) 在触摸屏上放置一个设定频率的数据输入，精确到小数点后两位，要求变频器按照触摸屏上设置的频率运行，如图 5 - 1 所示。

(2) 放置两个按钮，分别是正转和反转。在触摸屏上按下正转按钮，变频器 FWD 灯亮，同时正转按钮下面的指示灯亮，松开正转按钮，FWD 指示灯灭；按下反转按钮，变频器的 REV 灯亮，同时反转按钮下面的指示灯亮，松开反转按钮，REV 指示灯灭，即实现点动功能，如图 5 - 2 所示。

图 5 - 1　设置频率

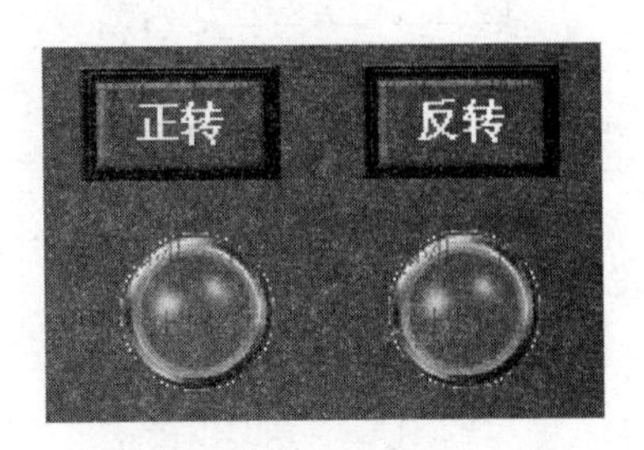

图 5 - 2　运行按钮

知识链接

变频器相关知识

1. 变频器的工作原理

变频器是改变交流电源频率的一种设备，而交流异步电动机的转速表达式为：

$$n=60f(1-s)/p \tag{1}$$

其中，n——异步电动机的转速；

f——异步电动机的频率；

s——电动机转差率；

p——电动机极对数。

由式(1)可知，转速 n 与频率 f 成正比，只要改变频率 f 即可改变电动机的转速，当频率 f 在 0～50 Hz 的范围内变化时，电动机转速调节范围非常宽。由此可见，变频器是一种理想的高效率、高性能的调速手段。

2. 变频器的使用

图 5－3 为变频器外部接线示意图。

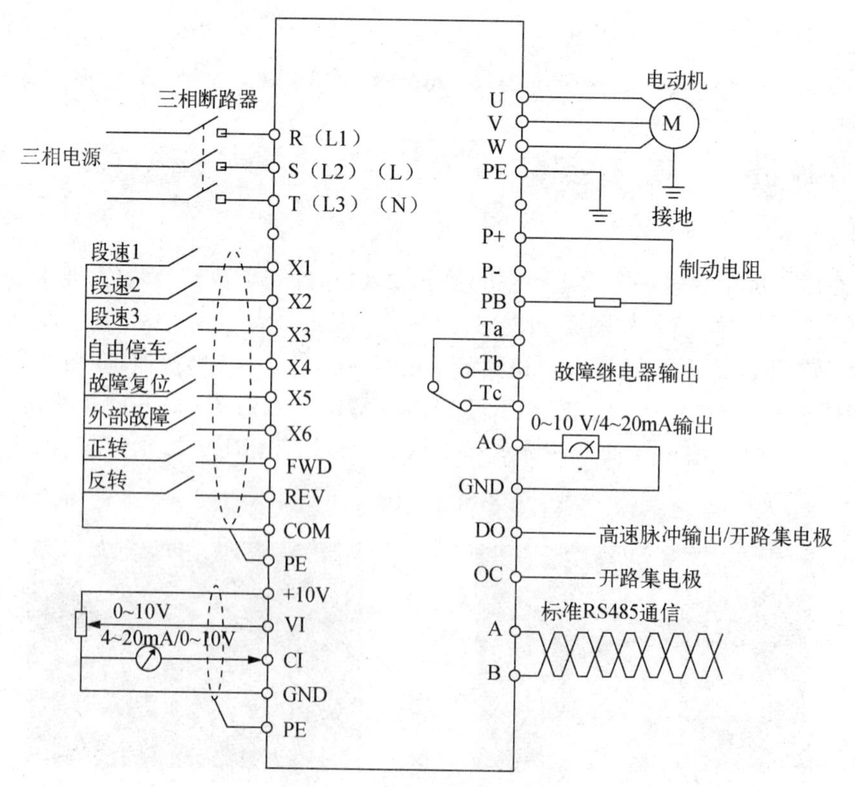

图 5－3　变频器典型配线图

变频器初次上电流程：

接线及电源检查确认无误后，合上变频器输入侧交流电源开关，给变频器上电，变频器操作键盘 LED 显示开机动态画面，当数码管显示字符变为设定频率时，表明变频器已初始化完毕。

变频器上电完成后，可设置或查看相关参数。

变频器面板操作方法以功能码 P3.06 从 5.00 Hz 更改设定为 8.50 Hz 为例进行说明，见图 5－4 所示。

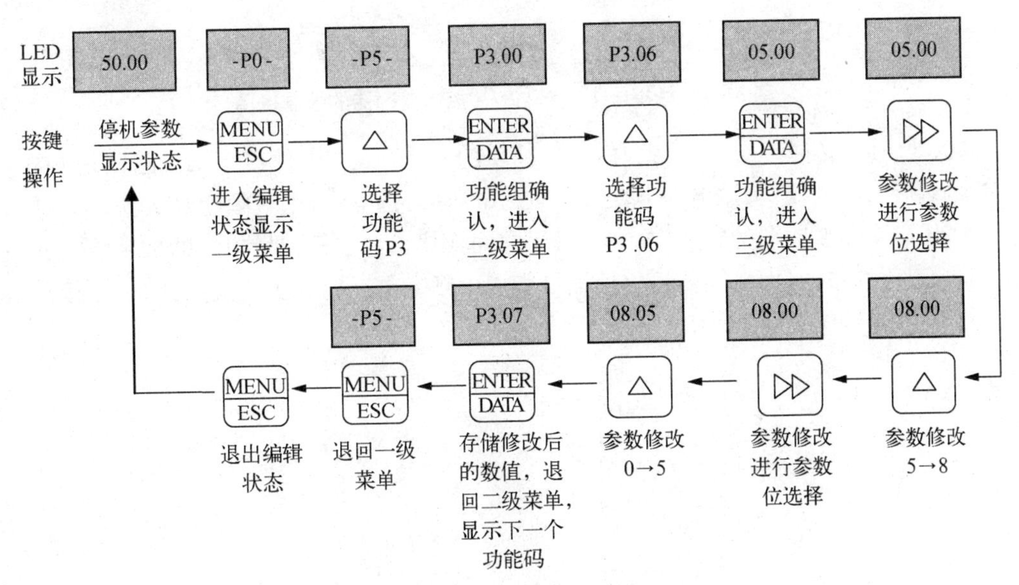

图 5－4　变频器面板操作方法示意图

任务分析

只在触摸屏上更改设定频率及运行命令，就能控制变频器运行，则控制方案大体上来说有两种：

(1) 用触摸屏作为 PLC 的人机界面，用 PLC 来控制变频器的运行，控制框图如图 5－5 所示。

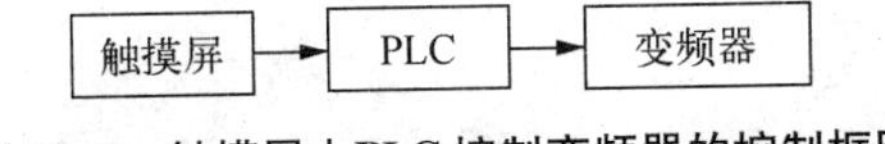

图 5－5　触摸屏＋PLC 控制变频器的控制框图

由于 PLC 功能强大，故此控制方案几乎所有功能都能实现，并且 PLC 控制变频器的方式多种多样，有多段速控制，模拟量控制，RS485 通信控制，端子控制等。可根据需要进行选择。

(2) 直接用触摸屏与变频器通信，触摸屏直接控制变频器，控制框图如图 5－6 所示。

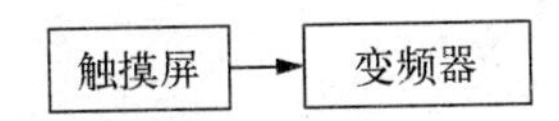

图 5－6　触摸屏控制变频器的控制框图

这种控制方案，只能通过通信实现变频器的控制，功能相对单一，但省去了 PLC，适用于变频器控制要求不高的场合。

从控制方案的通用性出发，我们可以采用第一种方案进行试验，对第二种方案感兴趣的同学可自行了解。

由于第一种方案 PLC 控制变频器时又有多种方案可选，本实验台配有现成的模拟量输出扩展模块，故选择用端子控制变频器的运行，用模拟量(电压)控制变频器的频率。此时，控制框图变更成如图 5-7 所示的形式。

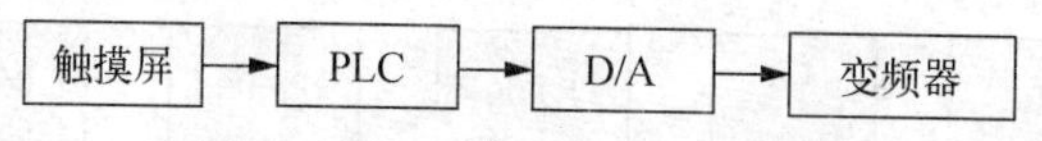

图 5-7　触摸屏+PLC+D/A 控制变频器的控制框图

即需要 PLC 传送一个数字量到模拟量模块的 QD100(若硬件接至第二路则是 QD101)寄存器，然后 D/A 模块再输出一个 0～10 V 的电压(若是电流，则变频器 P1.16 设定为 0)给变频器，从而实现变频器的频率在 0～50 Hz 之间变化。由于模拟量模块的数字输入和模拟输出是成正比关系的，而变频器接收模拟量和输出频率也近似成正比关系，故可直接转换成以下关系曲线，如图 5-8 所示。

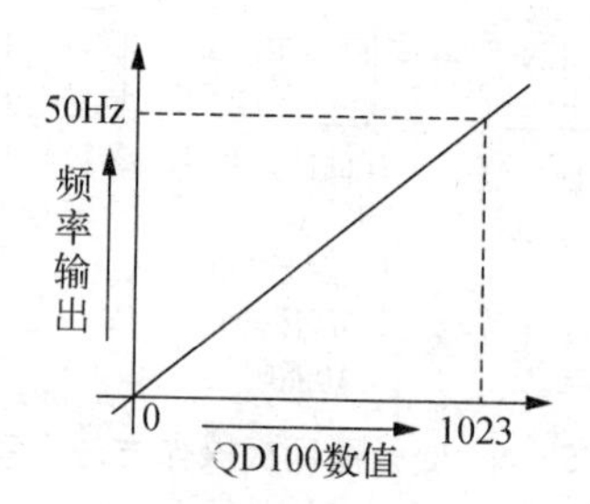

图 5-8　数字量与变频器频率关系曲线图

按照控制方案，变频器需要修改的相关参数见表 5-1。

表 5-1　变频器需要修改的参数

参数名称	设定值	说　明
P0.01	6	设定频率的控制方式为模拟量控制(由 CI 和 COM 端子引入模拟量)
P0.03	1	设定运行命令由端子给定
P0.17	0.1	由于是空载实验，为方便观察效果，将加速时间设置为最小
P0.18	0.1	由于是空载实验，为方便观察效果，将减速时间设置为最小
P1.16	1	设定变频器接收模拟量信号的类型为 0～10 V 电压

另外，若发现参数修改不了，或者修改后不起作用，可将 P3.01 设置成 10，恢复变频器的出厂设置后再重新设置参数。查看其他参数可参照《VB5N 系列变频器用户手册》。

任务实施

一、变量与 PLC 的地址分配

变频器的运行命令由于是端子给定的，故分配 PLC 两个输出端子，而频率需由寄存器给定。这样，组态软件变量与 PLC 的地址分配见表 5 - 2。

表 5 - 2　组态软件变量与 PLC 的地址分配表

说　明	名　称
变频器频率设定	D0
正转	Y0
反转	Y1

二、绘制 PLC 硬件接线图并接线

(1) 根据需要，按照图 5 - 3 所示的变频器典型配线图及表 5 - 2 给出的 I/O 分配，绘制 PLC 与变频器的硬件接线图。

(2) 进行 PLC 硬件接线，检查线路正确性，确保无误。

三、变频器参数设置

(1) 观察并确认 JP1 的跳线处于 1—2 连接，JP1 在变频器上的位置如图 5 - 9 所示。

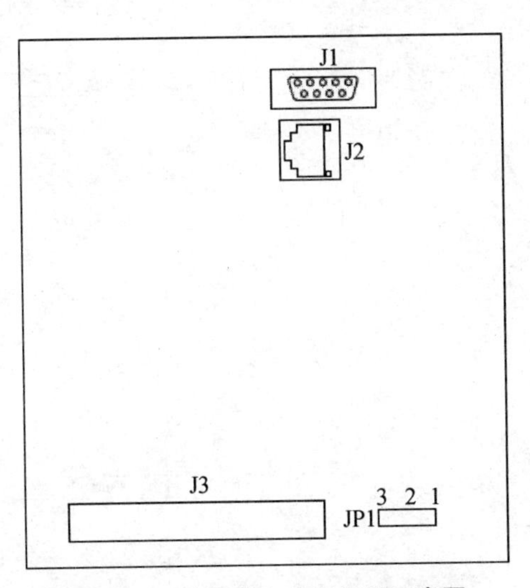

图 5 - 9　变频器上跳线位置示意图

(2) 按照表 5 - 1 设置变频器的参数。

四、触摸屏组态

(1) 创建工程。

（2）制作变频器控制画面，如图 5－10 所示。

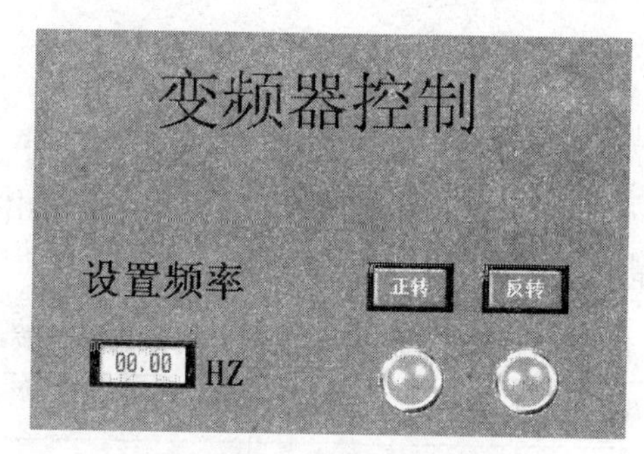

图 5－10 变频器控制画面

（3）工程保存。
（4）离线模拟。

五、PLC 编程

1．创建 PLC 工程项目
创建一个新的工程项目并命名为变频器控制。

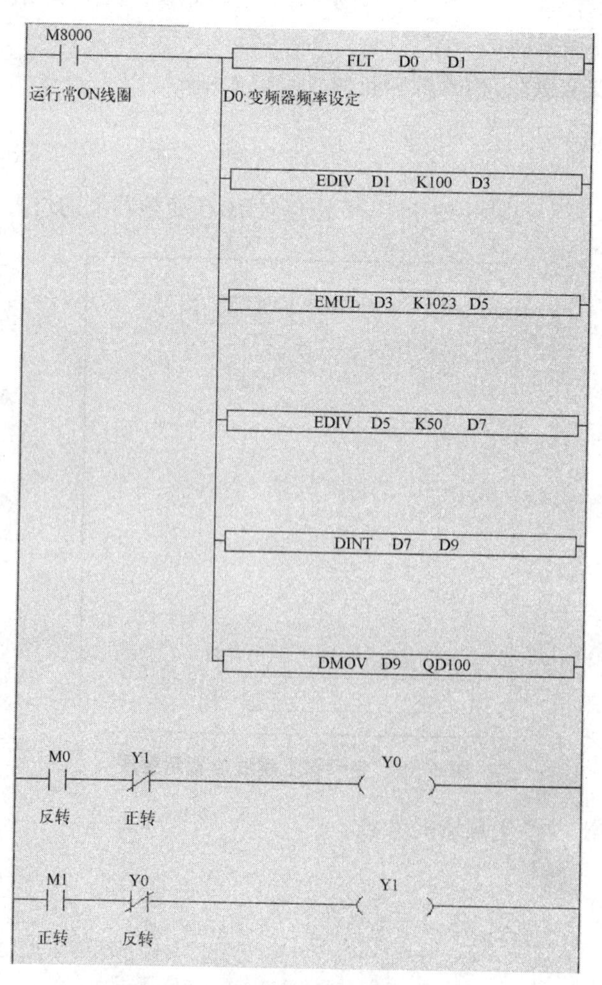

图 5－11 变频器控制程序梯形图

2. 编辑软元件注释

软元件注释表如表 5－3 所示。

表 5－3　软元件注释表

说　明	名　称
变频器频率设定	D0
正转	Y0
反转	Y1

3. 设计梯形图程序

设计变频器控制梯形图程序。

4. 录入、编译并下载程序

(1) 单击程序块图标，打开程序编辑器。

(2) 输入梯形图程序。

(3) 存储工程项目。

(4) 下载程序。

(5) 运行程序。

(6) 在线监控程序。

六、联机调试

1. 运行 PLC 程序

单击工具栏中的“运行”图标或者在命令菜单中选择“PLC/运行”，运行 PLC 程序。

2. 触摸屏在线模拟调试

(1) 点击数据输入框，输入想要设定的任意频率(0.00～50.00 Hz)，观察变频器面板上显示的数据是否与触摸屏上设定的一致(或接近)，若不一致，则可用万用表检测模拟量输出模块上输出的电压是否正确来进行下一步的判断排错。

(2) 分别点击正反转按钮，观察变频器面板上方的 FWD 和 REV 指示灯是否与触摸屏一致，若不一致，则观察 PLC 上输出指示灯的 Y0、Y1 是否正常，从而进行下一步的判断排错。

(3) 用其他几种方法分别进行试验，总结几种方法的区别。

项目六

用触摸屏控制温度系统

任务　用触摸屏控制温度系统

知识点：

- 了解触摸屏中曲线的用法。

技能点：

- 会用触摸屏设置温度控制系统的 PID 参数；
- 会用触摸屏显示温度变化曲线。

任务提出

控制对象及要求与项目四的任务 2 一致，只是要求在触摸屏上可监控 PID 参数以及显示温度变化的曲线。具体要求如下：

(1) 在触摸屏画面上，放置 5 个数据输入按钮，分别用来输入和显示设定温度、采样时间、比例、积分、微分；

(2) 放置一个实时曲线，来显示温度的变化情况；

(3) 放置一个数据输出，显示具体的实际温度；

(4) 放置三个按钮，分别是开始键、自整定键及停止键，并将按钮的属性都设置成瞬时 ON。画面编辑如图 6－1 所示。

知识链接

一、触摸屏曲线的显示

触摸屏曲线的显示有多种，此任务中我们可以选择“实时趋势图”和“历史趋势图”两种，此处我们先介绍实时趋势图。

实时趋势图是采集现场数据实现图像实时显示，如采集温度、压力、液位等数据，通过曲

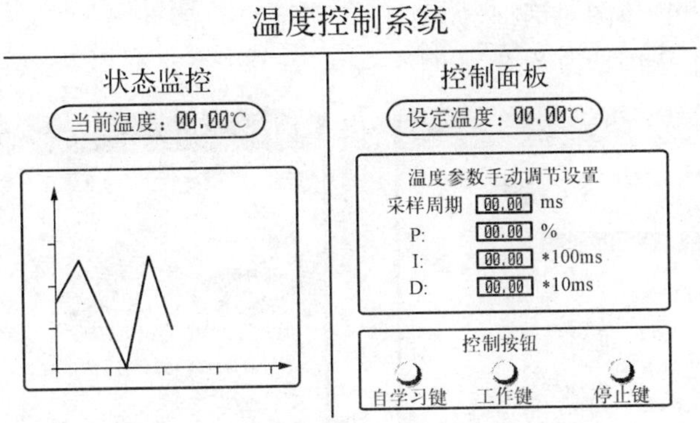

图 6-1　温度控制系统触摸屏画面编辑

线或柱形图或点状图显示出来。

本示例采集数据寄存器 D0 内数值，数据个数为 20，采集周期为 1 s，保存首地址为 PSW301，画面编辑如图 6-2 所示。

(1) 单击显示工具栏“ ”图标，移动光标至画面中，单击鼠标左键放置，单击鼠标右键或通过 ESC 键取消放置，如图 6-3 所示。

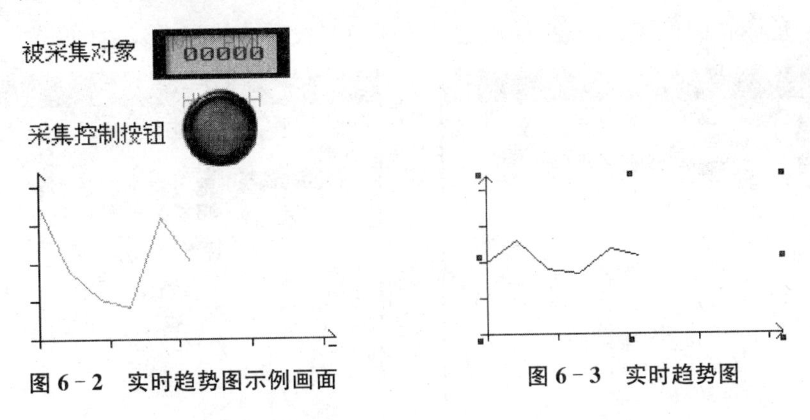

图 6-2　实时趋势图示例画面　　图 6-3　实时趋势图

可通过调整边界点修改趋势图的大小。

(2) 双击“实时趋势图”，或选中“实时趋势图”后单击鼠标右键，选择“属性”或通过“ ”按钮进行属性修改。弹出“实时趋势图”对话框，如图 6-4 所示。

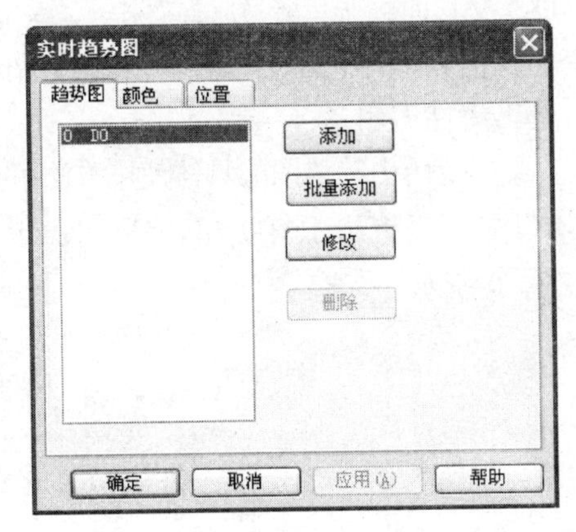

图 6-4　实时趋势图属性设置对话框

点击“修改”，弹出趋势图对话框，如图 6－5 所示。

点击“趋势”，将采集周期改为 2，如图 6－6 所示。

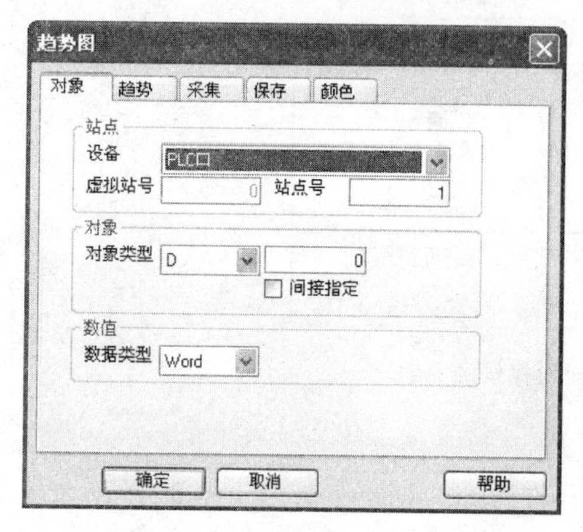

图 6－5　实时趋势图对象对话框

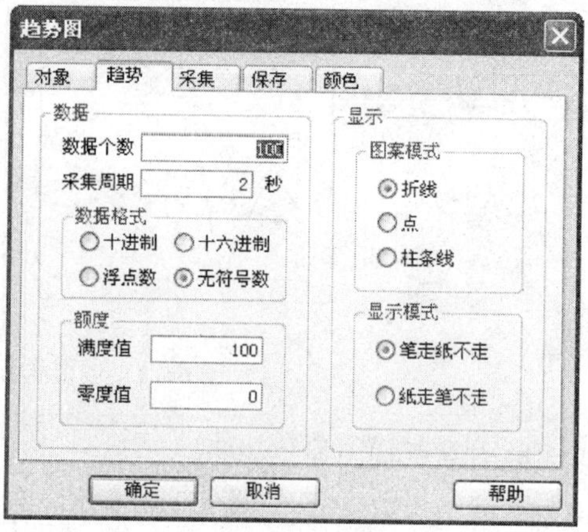

图 6－6　实时趋势图趋势对话框

点击“采集”，勾选“控制”，如图 6－7 所示。表示当 M0 的状态为 ON 时采集数据，为 OFF 时不采集数据。

点击“颜色”，将颜色改成绿色（或任意其他颜色），设定曲线显示颜色，如图 6－8 所示。

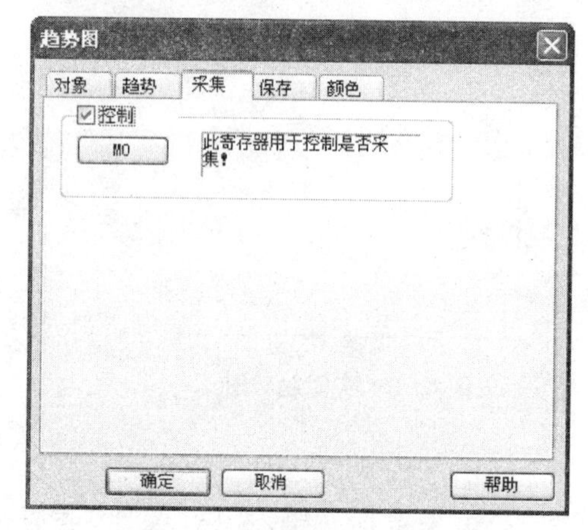

图 6－7　实时趋势图采集对话框

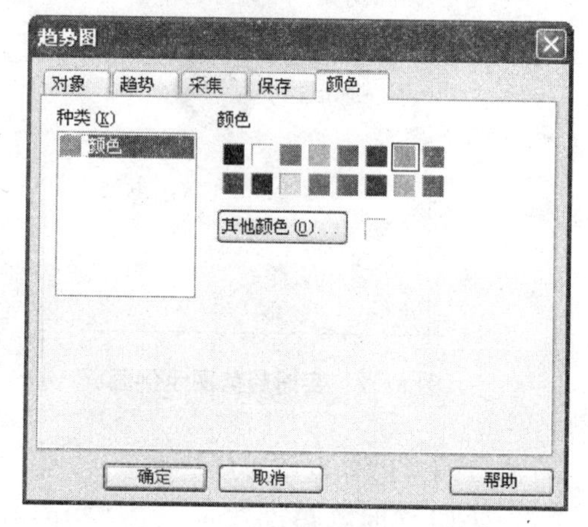

图 6－8　实时趋势图颜色对话框

点击“确定”，采集对象（D0）及其曲线显示部分设置完毕。

若要显示多个数据的变化趋势，则可点击“添加”，并修改新添加的数据，若只需要显示一个数据，则点击“确定”后，退出属性编辑。

属性中的具体参数作用、含义以及历史趋势图的具体使用方法可参照《TouchWin 用户手册》。

（3）单击显示工具栏“  ”图标，设置指示灯按钮，将其对象设置为 M0，如图 6－9 所示，按钮操作设置为取反，如图 6－10 所示。

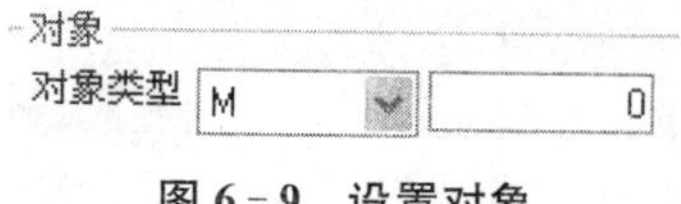

图 6－9　设置对象

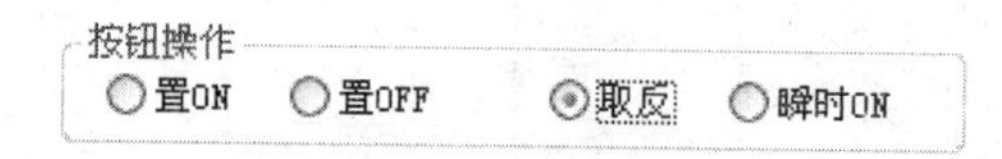

图 6－10　设置按钮操作

(4) 单击显示工具栏“23”图标放置数据输入框，直接点击“确定”退出即可，至此画面编辑结束。

(5) 单击显示工具栏“ ”图标，进行离线模拟，点击指示灯按钮，开始采集后，多次手动输入 0～100 的任意数据，观察趋势图显示情况。

任务分析

由任务要求画出控制框图，如图 6 - 11 所示。

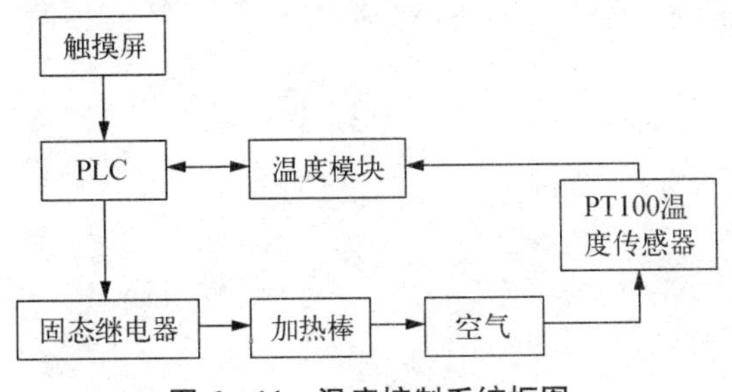

图 6 - 11　温度控制系统框图

由触摸屏发布命令(目标温度以及开始加热命令)，PLC 输出一个信号到固态继电器，加热棒开始工作，同时温度传感器将温度信息反馈到温度模块，模块将温度信息转换成数字量并传送给 PLC 进行控制计算，然后调整控制信号给固态继电器，固态继电器将 PLC 输出点的功率进行放大，实现加热棒多次频繁的导通与断开，即控制加热的启停，从而控制温度。

具体控制程序参见图 4 - 30 所示的温度控制系统梯形图。

任务实施

一、硬件接线以及 PLC 编程

按照项目四中任务 2 的要求进行硬件接线以及 PLC 编程。

二、触摸屏组态

(1) 创建工程；

(2) 制作启动窗口；

(3) 制作温度控制画面；

(4) 工程保存；

(5) 离线模拟。

三、联机调试

1. 运行 PLC 程序

单击工具栏中的“运行”图标或者在命令菜单中选择“PLC/运行”，运行 PLC 程序；单击工具栏中的程序监控图标或者在命令菜单中选择开始程序监控，在线监控程序。

2. 触摸屏连接调试

(1) 按硬件图接线，并将各个设备之间的通信线正确连接。

(2) 触摸屏上设定目标温度，点击“自学习键”系统开始自学习，学习成功后按下启动键。或者直接根据经验输入采样时间、P、I、D 四个参数值后按下启动键(若没有用 PID 算法，则直接按下启动键即可)。

(3) 观察温度曲线的变化，看最后是否可以稳定在 40℃，波动是否在±1℃之间。

(4) 若不满足任务要求，调节 PID 参数，直至满足要求。

(5) 比较两种算法的运行结果。

项目七

交流伺服控制系统

任务　伺服电机带动的生产流水线

知识点：

- 了解什么是伺服；
- 了解伺服系统的工作原理；
- 了解伺服的应用领域。

技能点：

- 会对 PLC、伺服驱动器以及伺服电机接线；
- 会修改伺服驱动器参数；
- 会用 PLC 控制伺服系统定位。

任务提出

生产流水线装置如图 7－1 所示。

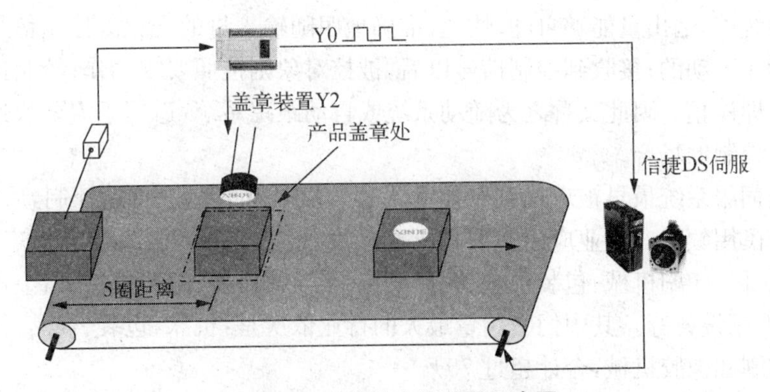

图 7－1　生产流水线装置示意图

要求当光电开关感应到有产品进入传送带时，伺服电机将旋转 5 圈，将产品送到盖章处进行盖章，盖章动作持续时间为 2 s。请编写梯形图实现上述功能。

知识链接

一、认识伺服

1. 伺服的来源

伺服(Servo)一词源自拉丁语的Servus(英语为Slave:奴隶)。奴隶的功用是忠实地遵从主人的命令从事劳力工作。也就是"依指令确实执行动作的驱动装置;具有高精度的灵敏动作,自我动作状态常时确认"。而具有这种功能的装置就称为"伺服"。

2. 伺服系统的基本工作原理

伺服系统是自动控制系统的一类,它的输出变量通常是机械或位置的运动,它的根本任务是实现执行机构对给定指令的准确跟踪,即实现输出变量能够自动、连续、精确地复现输入指令信号的变化规律。由图(7-2)可以看出,将指令输入控制器PLC后,PLC发出命令(如脉冲个数,固定频率的脉冲等)给伺服驱动器,伺服驱动器驱动伺服电机按命令执行,通过旋转编码器反馈电机的执行情况,同时与接收到的命令进行对比,并在内部进行调整,使其与接收到的命令一致,从而实现精确的定位。而负载的运动情况(位置、速度等)通过相应传感器反馈到控制器输入端与输入命令进行比较,实现闭环控制。当然,伺服系统也可以是半闭环控制。

它与一般的反馈控制系统一样,也是由控制器、被控对象、反馈测量装置等部分组成。其结构如图7-2所示。

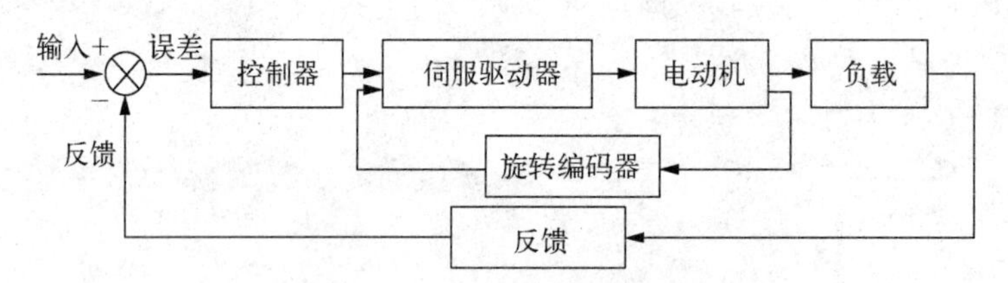

图7-2　伺服闭环系统框图

3. 伺服系统的应用领域

在伺服系统中,输出量能够自动、快速、准确地跟随输入量的变化。控制信号到来之前,被控对象是静止不动的;接收到控制信号以后,被控对象则按照要求动作;控制信号消失后,被控对象应立即停止。因此又称之为随动系统或自动跟踪系统,适用于需要快速、精密的位置控制和速度控制的场合。

现代交流伺服系统最早被应用到宇航和军事领域,比如火炮、雷达控制,后来逐渐进入到工业领域和民用领域。工业应用主要包括高精度数控机床、机器人和其他广义的数控机械,比如纺织机械、印刷机械、包装机械、医疗设备、半导体设备、邮政机械、冶金机械、自动化流水线、各种专用设备等。其中伺服用量最大的行业依次是:机床、包装、食品、纺织、电子半导体、塑料、印刷和橡胶机械,合计超过75%。

4. 伺服的命名规则

(1) 伺服电机型号命名如图7-3所示。

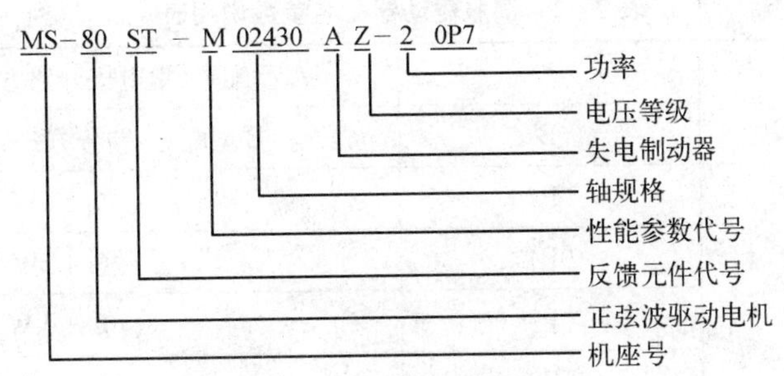

图 7-3 伺服电机型号命名图

(2) 伺服电机命名参数说明见表 7-1 所示。

表 7-1 伺服电机命名参数说明表

基座号	60、80、90、110、130、180	
反馈元件代号	M	光电脉冲编码器
性能参数代号	前 3 位表示额定转矩;后 2 位表示额定转速 如:00630 表示额定转矩 0.6 N·m、额定转速 3000 rpm 06025 表示额定转矩 6.0 N·m、额定转速 2500 rpm 19015 表示额定转矩 19.0 N·m、额定转速 1500 rpm	
轴规格	A	无键
	B	带键
失电制动器	空	无
	Z	带失电制动器
电压等级	2	220 V 级
	4	380 V 级
功率	如:0P4 代表 0.4 kW 0P7 代表 0.75 kW 3P0 代表 3.0 kW	

(3) 伺服驱动器型号命名如图 7-4 所示。

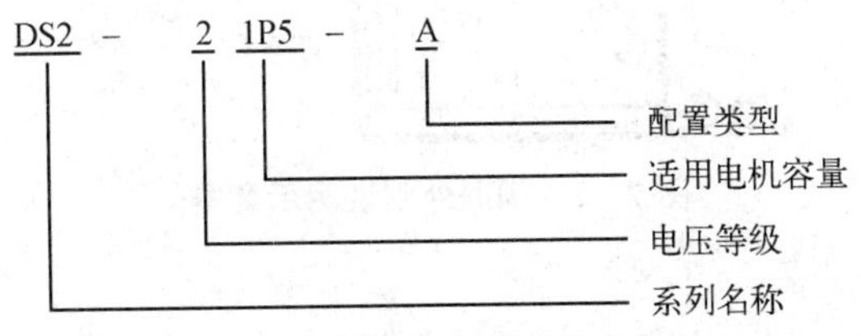

图 7-4 伺服驱动器型号命名图

(4) 伺服驱动器命名参数说明如表 7-2 所示。

表 7-2　伺服驱动器命名参数说明表

配置类型	A	A 型配置(集电极开路方式 AB 相反馈)
	B	B 型配置(差分方式 AB 相反馈)
适用电机容量	0P2	0.2 kW
	0P4	0.4 kW
	0P7	0.75 kW
	1P5	1.5 kW
	2P3	2.3 kW
	3P0	3.0 kW
电压等级	2	220 V 级
	4	380 V 级

二、伺服的常见用法

1. 伺服外观说明(见图 7-5)

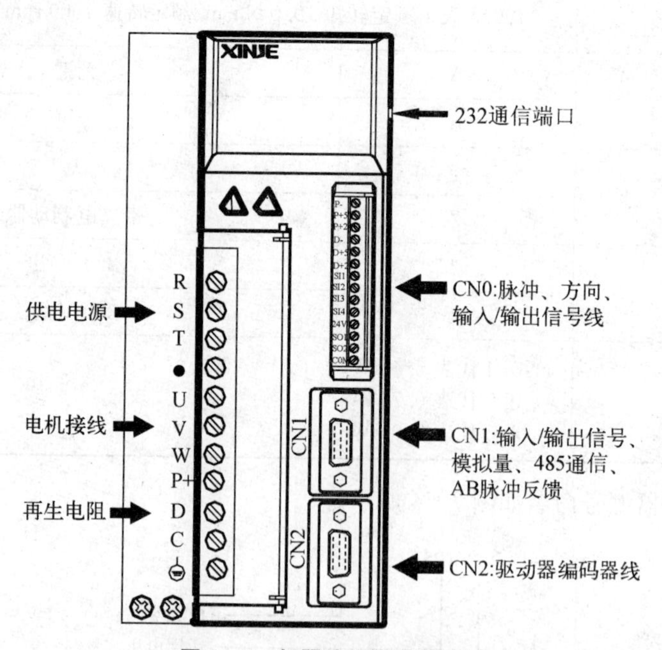

图 7-5　伺服外观说明示意图

2. 伺服系统配线

以位置控制接线为例,见图 7-6 所示。

其中,有几个接线需要尤其注意:

(1) 电源输入接线

AS 系列伺服驱动器的电源既可接受三相 220 V AC 电源输入,也可以接受单相 220 V AC 电源输入,目前 AS 系列包括 750 W、400 W、200 W,因其都属于小功率伺服,通常只需

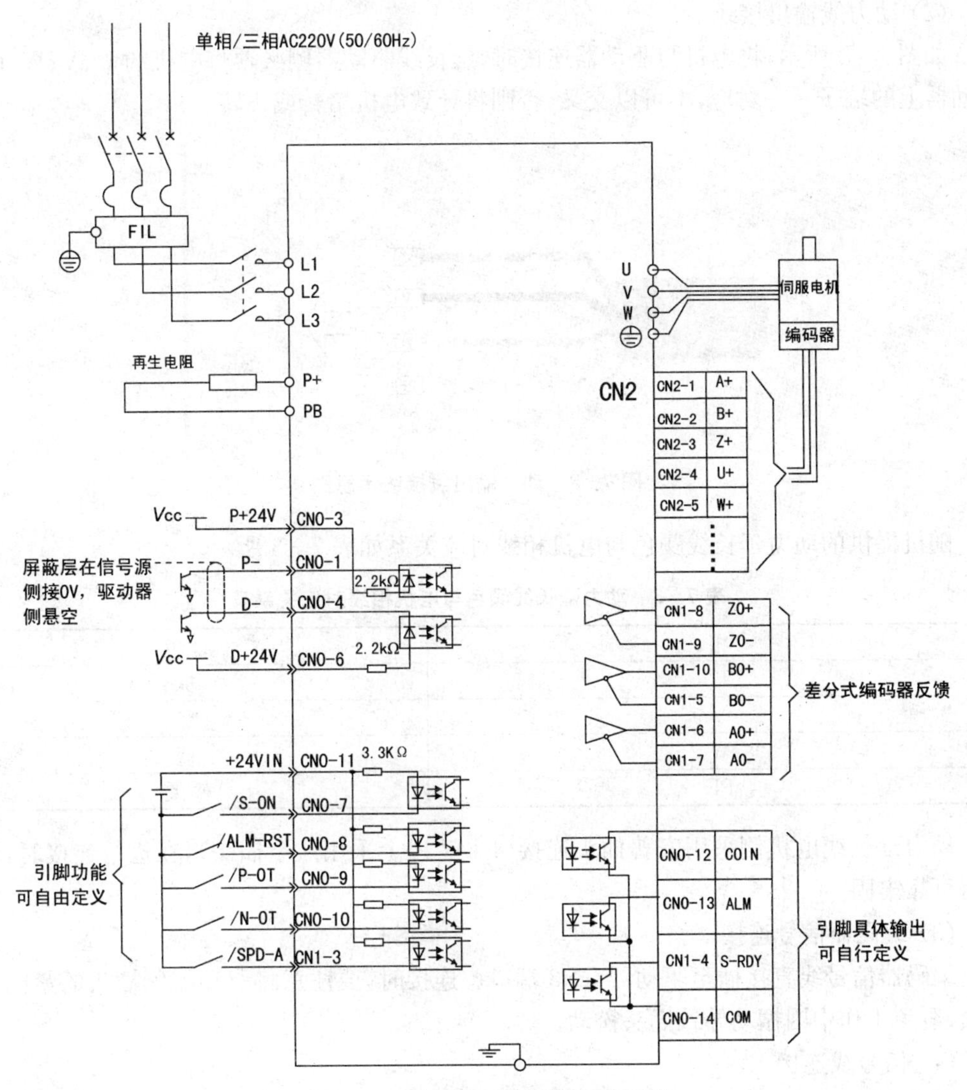

图 7-6　位置控制典型接线示意图

要接入单相 220 V AC 电源即可。

在接入单相 220 V AC 电源时，选取驱动器上 L1、L2、L3 三个电源端子中的任意两个，分别接入火线、零线即可，如图 7-7 所示。

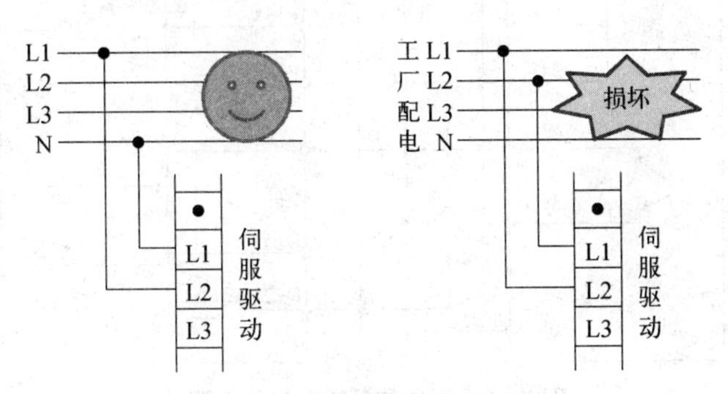

图 7-7　电源输入接线示意图

(2) 动力线输出接线

如图 7-8 所示,将电机与驱动器连接时,延长线驱动器侧必须将电机的 U、V、W、PE 与驱动器上的端子一一对应,不可以交叉,否则将导致电机堵转或飞转。

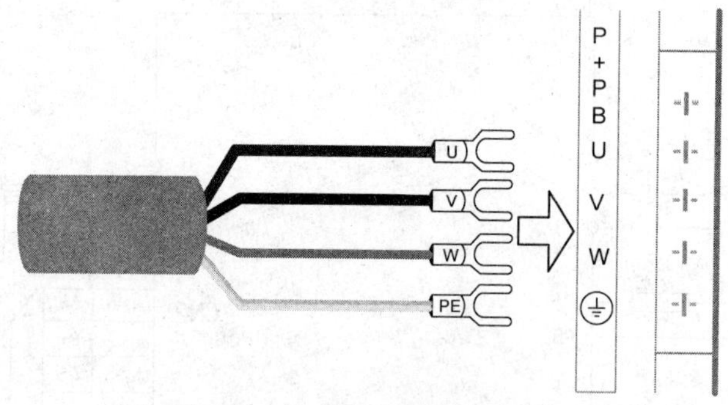

图 7-8 动力输出线接线示意图

随机提供的动力延长线颜色与电机相线对应关系如表 7-3 所示。

表 7-3 动力延长线颜色与电机相线对应关系表

相	颜色
U	棕
V	黑
W	蓝
PE	黄、绿

动力延长线电机侧采用安普插头连接(1 kW 以上采用航空插头),在进行连接时,注意是否可靠牢固。

(3) 编码器信号连接

编码器信号线直接插至驱动器 CN2 端口。连接时,要注意将驱动器侧插头的紧固螺丝拧紧,避免工作中因振动导致插头松动。

(4) 信号线连接

以 XC 系列 PLC 为例,其脉冲信号输入与伺服驱动器的接线如图 7-9 所示。

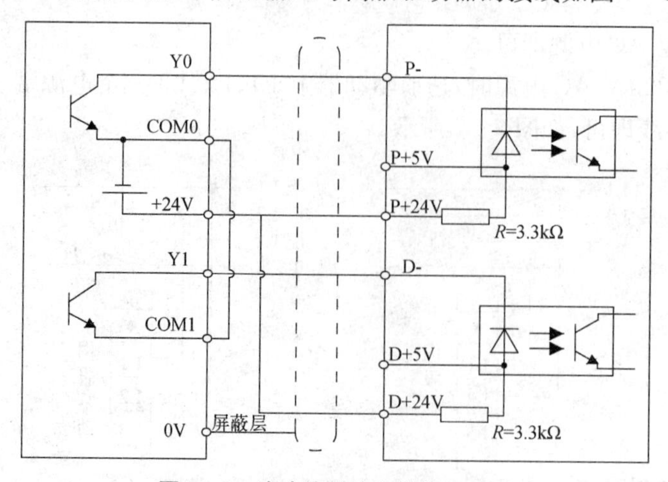

图 7-9 脉冲信号输入接线示意图

3. 信捷伺服驱动器键盘操作说明

如图7-10所示,用面板操作器可进行各种参数的设定,显示运转指令、状态等。

① 五位数码管:显示伺服的状态、参数和报警信号。

② 电源指示灯POWER:在控制电源接通时发亮。

③ 充电指示灯CHARGE:在主电路电源接通后发亮。当电源关闭后,主电路电容中仍残留有电荷时发亮,此时请勿触摸伺服单元。

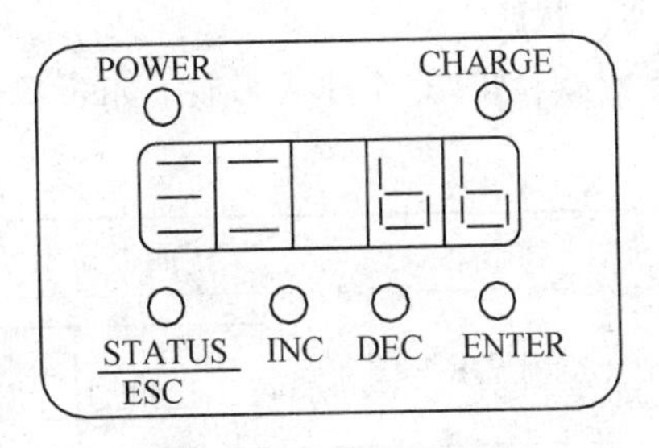

图7-10　伺服键盘面板

在此以初始显示状态的面板操作器为例,对其操作键的名称及功能进行说明,见表7-4。

表7-4　操作键名称及功能说明表

按键名称	功　能
STATUS/ESC	短按:状态的切换,状态返回
INC	短按:显示数据的递增;长按:显示数据连续递增
DEC	短按:显示数据的递减;长按:显示数据连续递减
ENTER	短按:移位;长按:进入设定和查看数据

(1) 基本状态的切换

通过对面板操作器的基本状态进行切换,可进行运行状态的显示,参数的设定,运行指令等的操作。

基本状态中包含运行显示状态、参数设定状态、监视状态、辅助功能状态及报警状态(故障时才可见)。按"STATUS/ESC"键后,各状态按图7-11显示的顺序依次切换。

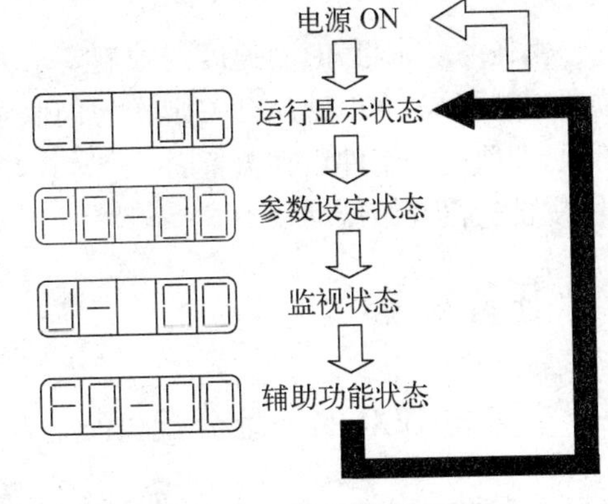

图7-11　基本状态转换图

(2) 显示方式

监视状态U-XX:XX表示监控参数序号。

辅助功能状态FX-XX:第一个X表示组号,后面两个X表示该组下的参数序号。

参数设定状态PX-XX:第一个X表示组号,后面两个X表示该组下的参数序号。

报警状态E-XXX:XXX表示报警序号。

三、伺服调试步骤

1. 开环试运行

接线检查无误后,通电,进入参数F1-01,并将其设置为1,观察电机能否平稳转动,若一切正常,则进入参数F1-00,若不能转动,请检查电缆连接。

2. 点动试运行

进入参数F1-00。短按"ENTER"键使能电机。在使能状态下,按"INC"正转点动运行，按“DEC”键反转点动运行。按“STATUS/ESC”键，结束使能并退出点动状态进入序号切换状态。

点动时的 4 种状态显示如表 7 - 5 所示。

表 7 - 5　点动时的 4 种状态显示

状态	面板显示	状态	面板显示
空闲显示	JoG-	正转显示	JoG-P
使能显示	JoG--	反转显示	JoG-n

3. 电流检测偏移量自动调整

选择 F1 - 02 进入电流检测偏移量自动调整功能，此时状态显示 rEF。

短按“ENTER”键进行电流检测偏移量自动调整，此时显示 rEF，并闪烁。

大约过 5 s 左右电流检测偏移量自动调整完毕，显示 donE，告知用户自动调整已完成。按下“STATUS/ESC”键退出此功能。

至此，初步调试结束，这表示电机驱动器硬件连接正常。

任务分析

由任务要求可知，对速度的控制要求并不高，主要体现在位置控制上，因此选用伺服的位置控制模式，光电感应开关则作为伺服运转的触发条件。但是在编写程序时需考虑一种情况，即前一个工件正在盖章时，下一个工件已经到达光电感应处，此时要求处理完当前工件，皮带轮再开始传动。

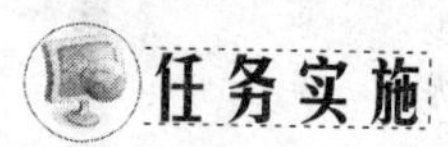

任务实施

一、变量与 PLC 的地址分配（见表 7 - 6）

表 7 - 6　变量与 PLC 地址分配表

输入		输出	
名称	PLC 地址	名称	PLC 地址
光电传感器	X0	脉冲输出	Y0
		盖章动作	Y2
		盖章时间设置	T0

二、绘制 PLC 硬件接线图并接线

（1）根据图 7 - 6 所示的控制线路图及 I/O 分配，绘制 PLC 硬件接线图。

（2）进行 PLC 硬件接线，检查线路正确性，确保无误。

三、编写程序与参数设置

1. 创建 PLC 工程项目

创建一个新的工程项目并命名为交流伺服控制系统。

2. 设计梯形图程序

根据任务要求设计交流伺服控制系统梯形图程序，如图 7－12 所示。

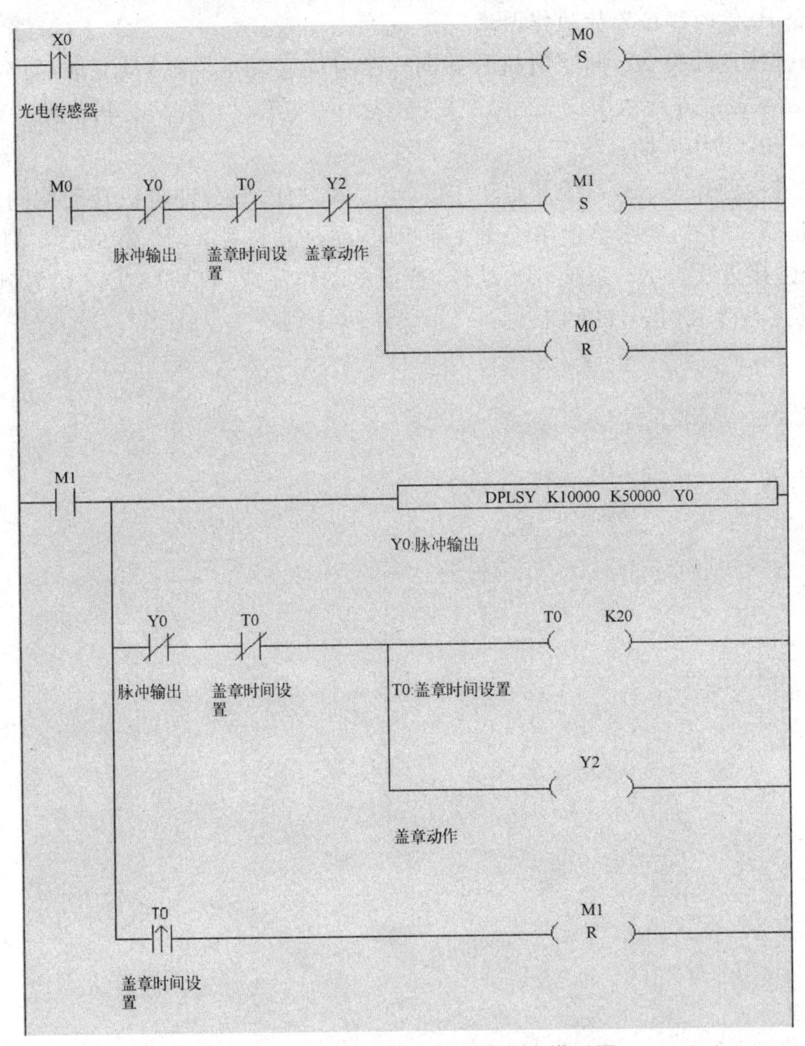

图 7－12　交流伺服控制系统程序梯形图

若选择外部脉冲位置模式，则伺服驱动器参数设置步骤如下：

将系统上电，观察伺服驱动器面板，若显示“run”，则不需再行设置；若显示“bb”，则需要将 P5－01 参数设置成 10 后断电，再重新上电。

四、联机调试

1. 下载运行 PLC 程序

将程序下载至 PLC 内后，单击工具栏中的“运行”图标或者在命令菜单中选择“PLC/运行”，运行 PLC 程序；单击工具栏中的程序监控图标或者在命令菜单中选择开始程序监控，在线监控程序。

2. 将电机与机械结合调试

（1）观察机头运行方向，如果和实际需要相反，则进入参数 F1－05，将其设为 0（强制伺服 OFF），然后将参数 P0－05 设为 1，之后重新上电使更改生效。

（2）运行过程中，观察运行的平稳性和响应性，适当调整伺服增益。

3. 结合 PLC 的程序进行动作调试

（1）触碰接近开关 X2，伺服电机开始向一个方向转动 5 圈，转动完成后停止，同时 Y2 触点闭合，表示盖章进行动作，2 s 后 Y2 复位，表示一整套动作完成。再次给一个 X2 信号，重新开始下一个动作周期。

（2）触碰接近开关 X2，系统开始动作后，不等到动作结束，即电机转动期间或者盖章期间，再次感应 X2 信号，要求整个系统不立即响应，而是等到盖章动作完成后立刻响应。

（3）触碰接近开关 X2，系统开始动作，若盖章动作完成后仍没有 X2 信号到来，则电机停在当前位置等待 X2 信号的到来。

项目八

网络控制系统

任务　工业以太网模块 TBOX－BD 组网

知识点：

- 了解什么是工业以太网；
- 了解工业以太网的应用领域。

技能点：

- 会设置通信参数；
- 对多种设备进行组网。

任务提出

有两台电脑和三台 PLC，每一台电脑均可任意监控三台 PLC 运行数据（所有输出）。实现多主多从通信网络，如图 8－1 所示。

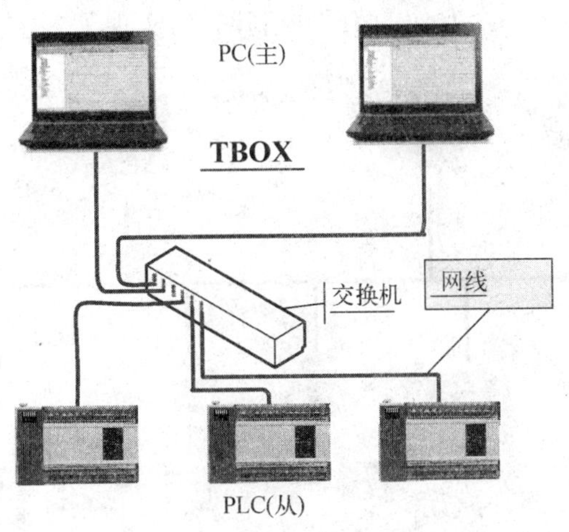

图 8－1　多主多从系统结构组成图

知识链接

一、认识 TBOX - BD

1. 工业以太网的定义

工业以太网(Industrial Ethernet)是基于 IEEE 802.3(Ethernet)的、强大的区域和单元网络。

2. 工业以太网的系统构成

一个工业以太网控制系统包括:XC - TBOX - BD,连入网络单元的 PC,信捷 XC 系列 PLC 及其上位机软件 XCPPro,接入以太网的人机或其他设备,网络连接设备(集线器、路由器、交换机等),双绞电缆或屏蔽同轴电缆等传输数据线。

3. TBOX - BD 的应用领域

TBOX - BD 作为一种工业以太网模块,支持 Modbus - RTU 串口设备,设计运用于工业以太网控制系统。因此,通过自动化设备与 TBOX 的连接,将自动化系统构成了工业环境下的以太网控制系统,从而打破了传统工业自动化"孤岛"状态,并且具有更高的通信性能,使广泛范围的开放式网络的实现成为可能。

在技术上,工业以太网是基于屏蔽同轴电缆和双绞电缆而建立的电气网络,或基于光纤电缆的光网络,它与 IEEE802.3 标准兼容,使用 ISO 和 TCP/IP 通信协议。作为 Modbus/RTU 协议的扩展,Modbus/TCP 协议定义了运用于 TCP/IP 网络的传输与应用协议,具有更高的灵活性和更广的适用性。因此,TBOX - BD 作为工业以太网接入设备,突破了区域化限制,为各种控制设备提供了可靠的控制和整体解决方案,满足了企业对自动控制的网络化需求。

因此,基于 TBOX - BD 的工业以太网单元具有以下应用:

(1) IP 设备的 PLC 程序远程集中式维护、诊断;

(2) IP 设备的 PLC 程序远程集中式监控;

(3) 传统 Modbus 通信为一主多从形式,速度较慢,对于多站点大型设备系统而言,通过 XC - TBOX - BD 或者 TBOX 连接,可实现主控 PLC 和各分站 PLC 的数据交换功能。

例如,在图 8 - 2 所示系统中,XC - TBOX - BD 以及 TBOX 支持 Modbus/RTU 串口设备接入以太网,将其构成了一个有效的工业控制网络,实现了多主多从的控制系统,从而使

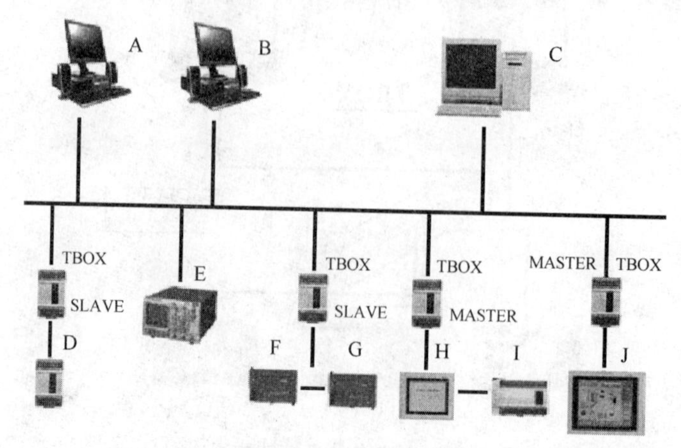

图 8 - 2　多主多从工业控制网络示意图

控制设备能够运用于更复杂环境及更高要求的工业控制系统中。

4. TBOX－BD的以太网接口

RJ45标准座见图8－3所示。

图8－3　RJ45接口实物图

以太网RJ45接口的定义见表8－1。

表8－1　以太网RJ45接口的定义表

脚号	接线颜色	信号定义	方向
S1	橙白	TXD＋	输出
S2	橙	TXD－	输出
S3	绿白	RXD＋	输入
S4	蓝	—	—
S5	蓝白	—	—
S6	绿	RXD－	输入
S7	棕白	—	—
S8	棕	—	—

5. TBOX－BD的拨码开关

XC－TBOX－BD具有4个拨码开关，如图8－4所示。

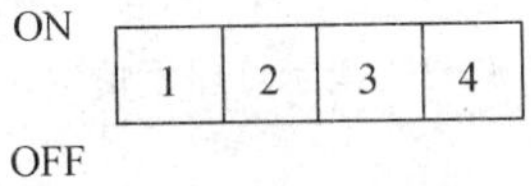

ON				
	1	2	3	4
OFF				

图8－4　拨码开关示意图

拨码开关对应功能如表8－2所示。

表8－2　拨码开关对应功能表

按钮编号	状态	功　能
S1	ON	SLAVE模式
	OFF	MASTER模式
S2	ON	关闭登录服务器
	OFF	开启登录服务器
S3	ON	使用设置的IP地址
	OFF	使用出厂默认IP地址(192.168.0.111)
S4	ON	未定义
	OFF	

IP 设置有两种形式：A——使用出厂默认 IP；B——使用用户设定的 IP。可根据用户需求通过拨码开关来设置。

这两种设置状态的优先级为：A>B。也就是说，当这两种设置状态同时有效时，以此顺序定义优先级。

A：使用出厂默认 IP 地址(拨码开关 S5 - OFF)。

在不知道 TBOX - BD 的 IP 地址情况下或者初次使用时，可用出厂默认 IP 来重新对 TBOX 配置。

IP 地址：192.168.0.111

子网掩码：255.255.255.0

默认网关：192.168.0.1

首选 DNS：192.168.0.1

B：使用用户设定的 IP 地址(拨码开关 S3 ON)。

IP 地址、子网掩码、默认网关、首选 DNS(一般同"默认网关")。

6. LED 显示

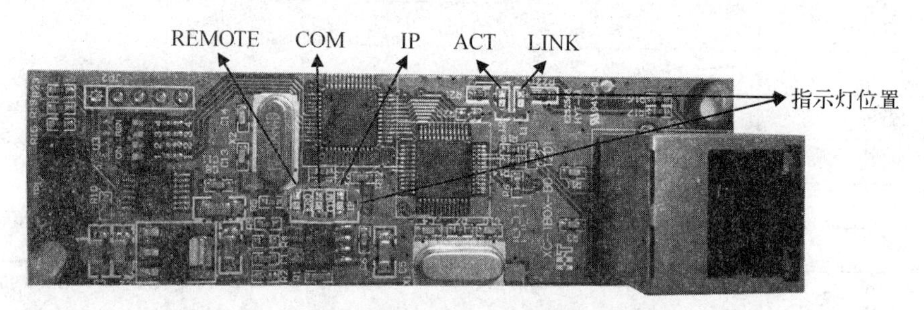

图 8 - 5　BD 板上 LED 灯的位置示意图

TBOX - BD 上 LED 指示灯的位置如图 8 - 5 所示，其指示灯显示情况见表 8 - 3。

表 8 - 3　指示灯显示情况表

LED	指示	作用
REMOTE	远程登录	常亮：已经登录上远程服务器
COM	串口指示	闪烁：有连接
IP	IP 地址检测	闪烁：IP 地址有冲突
LINK	以太网连接	常亮：网络连接正常
ACT	以太数据收到	闪烁：有数据收到

二、单台 TBOX - BD 使用步骤

对于工业以太网控制系统而言，要将目标 PLC 接入工业以太网中，首先要对相应连接的 TBOX - BD 进行参数设置，具体步骤如下：

1. 硬件设置及连接

(1) 将 XC - TBOX - BD 正确安装到 PLC 上，用 XVP 线连接串口 1 和电脑，上电，打开 XCPPro 软件，用 XCPPro 软件进行联机，在"窗口"菜单中选择"BD 板设置"，如图 8 - 6(a)

所示。

接着,在“BD 配置”中选择“BD 串口”,如图 8-6(b)所示。点击“确定”后退出。

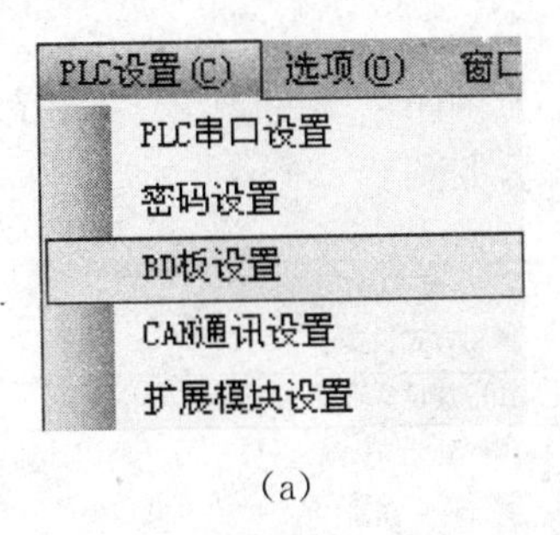

(a)

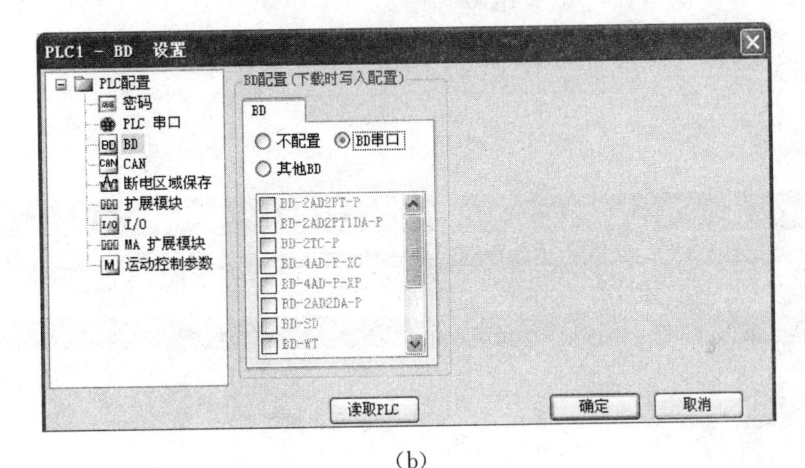

(b)

图 8-6　配置 BD 板

(2) 根据用户需求,设置拨码开关状态(详细内容参见拨码开关说明部分)。

(3) 用以太网线将 XC-TBOX-BD 与电脑连接。

(4) 修改电脑的 IP,要求与 TBOX-BD 在同一网关中,即要求是 192.168.0.***(只要不和其他设备 IP 冲突即可)。

注意:初次使用时,为使网络能够识别 XC-TBOX-BD,拨码开关 S3 处于 OFF 状态,使其为固定 IP 地址状态(192.168.0.111)。同时由于每个 TBOX-BD 出厂默认 IP 相同,因此只能一台一台配置,不可以两台及以上同时配置,否则会引起 IP 地址冲突。具体配置如表 8-4 所示。

表 8-4　TBOX 配置表

	TBOX 参数	电脑初次需要配置参数
IP 地址	192.168.0.111	192.168.0.***(1～255 等均可)
子网掩码	255.255.255.0	255.255.255.0
默认网关	192.168.0.1	192.168.0.1
DNS 服务器	192.168.0.1	192.168.0.1

(5) 观察 LED 等显示状态,确定上位机已连入网络中。

2. 软件参数设置

(1) 打开上位机软件 XCPPro,单击"选项"菜单,在下拉菜单中单击"TCP/IP 设备设置"对话框,如图 8-7(a)所示。

(2) 出现"TCP_IP 设备"对话框,单击"刷新列表",搜寻网络中已有 XC-TBOX-BD,对目标 XC-TBOX-BD 进行编辑,如图 8-7(b)所示。

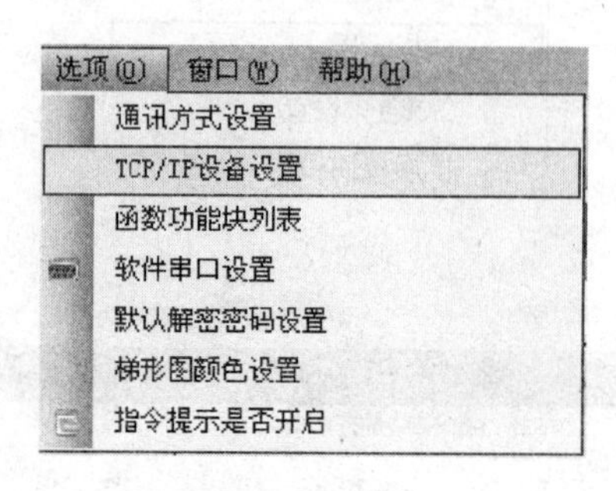

(a)

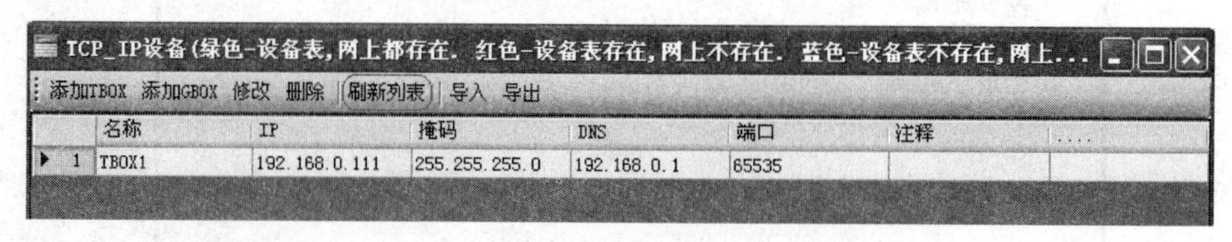

(b)

图 8-7 TCP_IP 设备设置

(3) 双击目标 TBOX,出现"编辑 IP 设备"对话框,勾选"拨位开关",如图 8-8 所示。

图 8-8 编辑 IP 设备对话框

具体各参数说明请参照《XC 系列特殊扩展模块 BD 板手册》中以太网扩展板 XC-

TBOX - BD 部分。

(4) 将 S3 拨码开关拨至 OFF(若已处于 OFF 状态则不需要拨动)，此时可根据需要修改 IP 地址(例如改成 192.168.0.20)，单击“写入 TBOX”后，弹出两条提示信息，分别如图 8 - 9和 8 - 10 所示。

图 8 - 9　提示信息 1

图 8 - 10　提示信息 2

单击“确定”按钮，所设参数有效，再次单击“确定”，在 TCP_IP 设备对话框的列表中将出现已有项，如图 8 - 11 所示，然后关闭此窗口。

TCP_IP设备(绿色-设备表，网上都存在．红色-设备表存在，网上不存在．蓝色-设备表不存在，网上...

添加TBOX　添加GBOX　修改　删除　刷新列表　导入　导出

	名称	IP	掩码	DNS	端口	注释	....
1	TBOX1	192.168.0.20	255.255.255.0	192.168.0.1	65535		

图 8 - 11　TCP_IP 设备对话框

(5) 至此，完成对 XC - TBOX - BD 的参数设置。然后将拨码开关 S3 拨到 ON 状态。

3. 上位机监控

(1) 若用 XCPPro 软件进行监控，则点击“选项”—“通讯方式设定”，出现“选择通讯方式”对话框，通讯方式选择“UDP”，网络类型可根据用户需求选择“内网”或“外网”，选择要监控的 PLC 站号(对 BD 板来说，一块 BD 板只能连接一台 PLC，而对于 TBOX 模块来说，一个模块可能连接多台设备，故需要对同一模块下的设备设置不同的站号以示区分)，如图 8 - 12 所示。

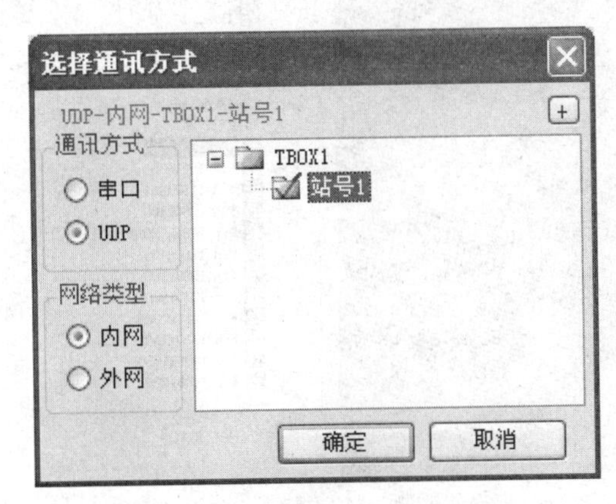

图 8 - 12　选择通讯方式对话框

单击“确定”按钮后，退出。观察 XCPPro 软件右下角，出现如图 8-13 所示字样，表示电脑已经可以通过以太网络对目标站号的 PLC 进行程序的上下载及监控。

图 8-13 设备连接成功字样

但是，XCPPro 软件不可以同时监控两台设备运行情况(需要切换)，所以需要同时监控多台设备时，建议使用触摸屏组态监控。

(2) XC-TBOX-BD 与组态软件的连接

若用触摸屏组态软件监控，则组态软件要求 2.c.5 及以上版本即可。具体操作步骤如下：

① 打开 TouchWin for TH 编辑工具，如图 8-14 所示。

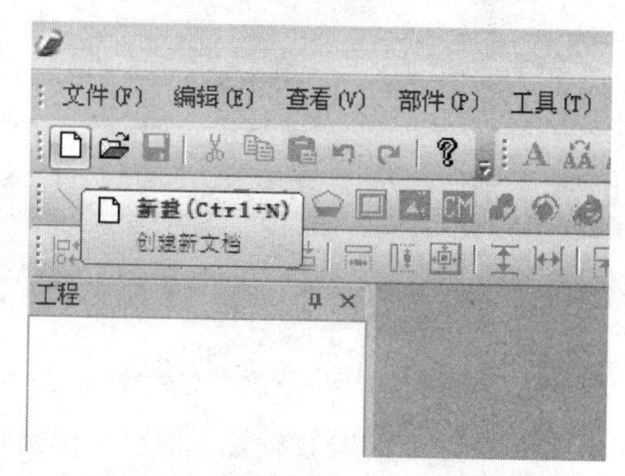

图 8-14 触摸屏组态软件监控界面

② 点击“新建”，将会出现如图 8-15 所示的显示器设置对话框，点击“PC 监控软件”中的 WIN800×600(1024×768 也可以，根据自己电脑屏幕尺寸来选择)。

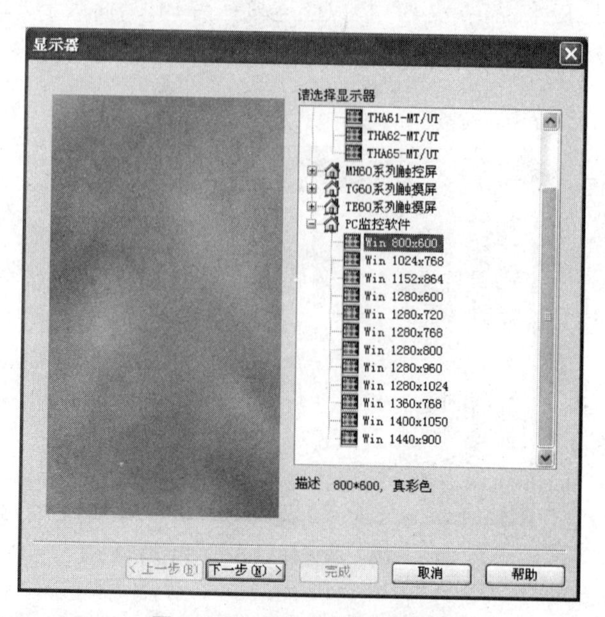

图 8-15 显示器设置对话框

(3) 点击下一步,出现图 8－16 所示对话框。

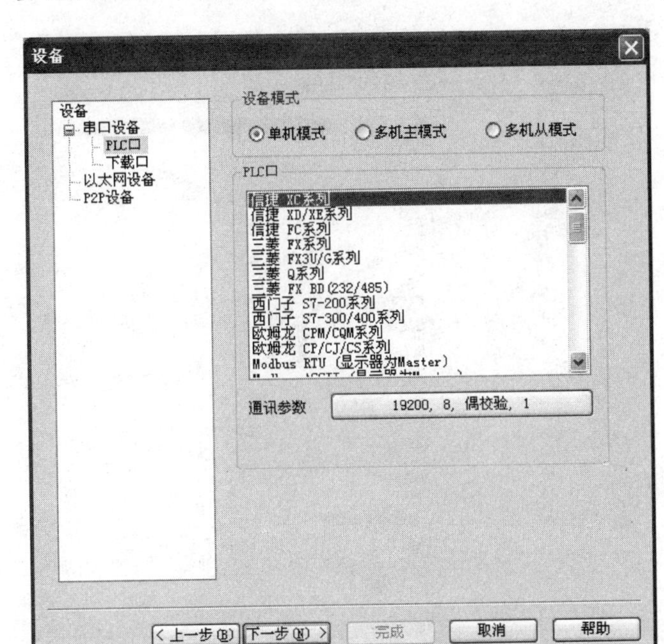

图 8－16　设备设置对话框

将 PLC 口选为信捷 XC 系列或者 Modbus RTU(显示器为 Master),选好之后,单击选中左侧的"以太网设备",右击"以太网设备",选择"新建",如图 8－17 所示。

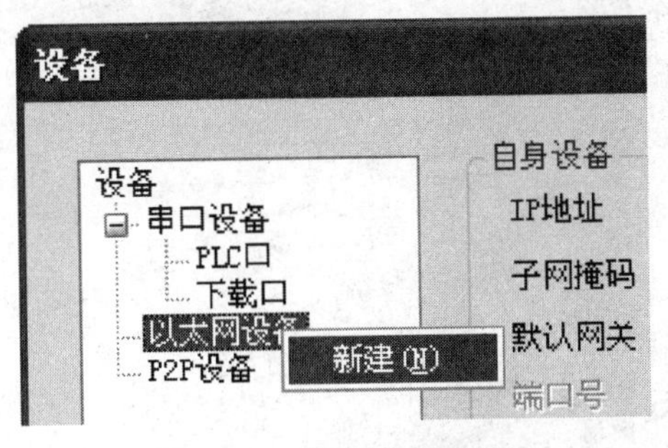

图 8－17　新建以太网设备

弹出"名称"对话框,如图 8－18 所示。

图 8－18　以太网设备名称对话框

可修改设备名称,若不修改,点击"确定",退回到设备对话框,发现左侧以太网设备目录下多了“设备 1”，如图 8－19 所示。

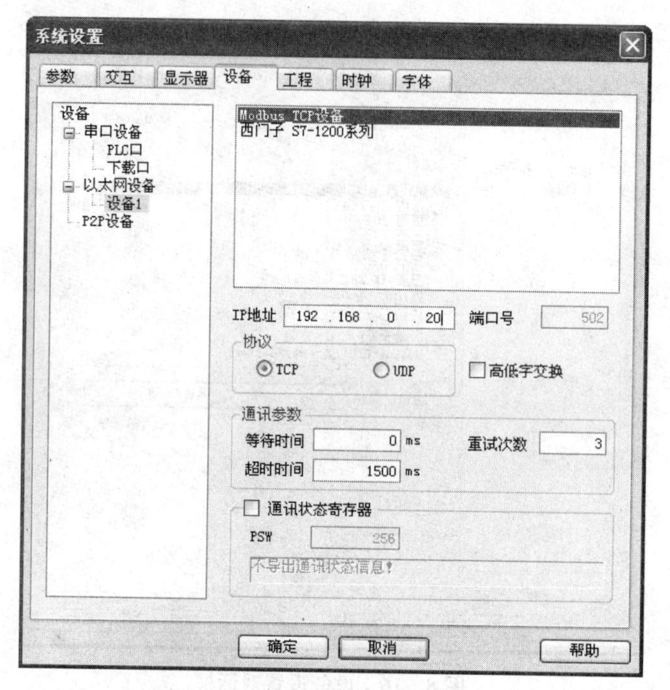

图 8－19　添加好的设备对话框

修改相关参数(主要是 IP 地址)后点击“下一步”，如图 8－20 所示。

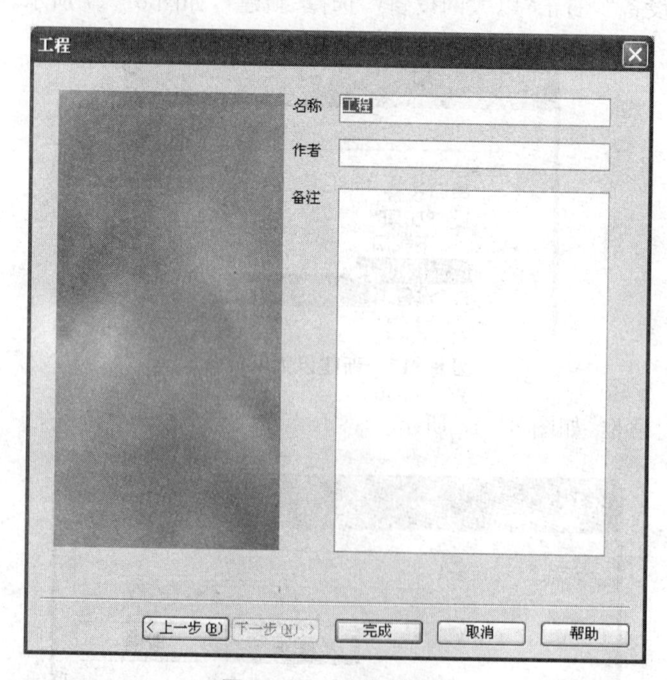

图 8－20　工程对话框

可根据需要填写后点击“完成”按钮，退出。

注意：在完成画面的设置和编辑之后，不能马上显示出远程情况，需要点击在线模拟才可以，如图 8－21 所示。

图 8－21　在线模拟

注意：在做好的画面上，选择相应的控件双击，在出现的窗口中选择“对象”标签页，在“设备”对应的列表框中将“PLC 口”改为网络对象。拿最简单的指示灯来说，在选择对象类型的设备时，应选择网络对象（即上面所设置的网络对象的名称，此处为“设备 1”），而不是 PLC 口，如图 8－22 所示。

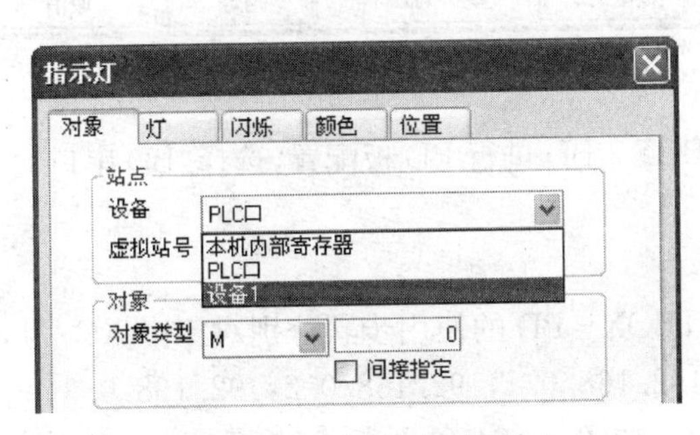

图 8－22　对象设备选择框

任务分析

在此系统中，共使用 3 个 XC－TBOX－BD，且 TBOX－BD 处于 Slave 模式。对于控制设备而言，PC 为主设备，PLC 1，PLC 2，PLC 3 为从设备。

此控制系统的目的在于实现多个主设备对于多个从设备的控制，从而使工业以太网在区域上具有更广泛的应用性。

任务实施

一、硬件连接

将三个 BD 板分别正确插到 PLC 上，XVP 线连接 PLC 与电脑，PLC 连接电源。

二、PLC 站号设置及 BD 板配置

（1）分别通过 XC 系列上位机组态软件 XCPPro 确定 3 台 PLC 站号，点击“PLC 设置”—“串口设置”，将串口 3 分别设为站号 1，站号 2，站号 3。站号 1 的设置见图 8－23 所示。

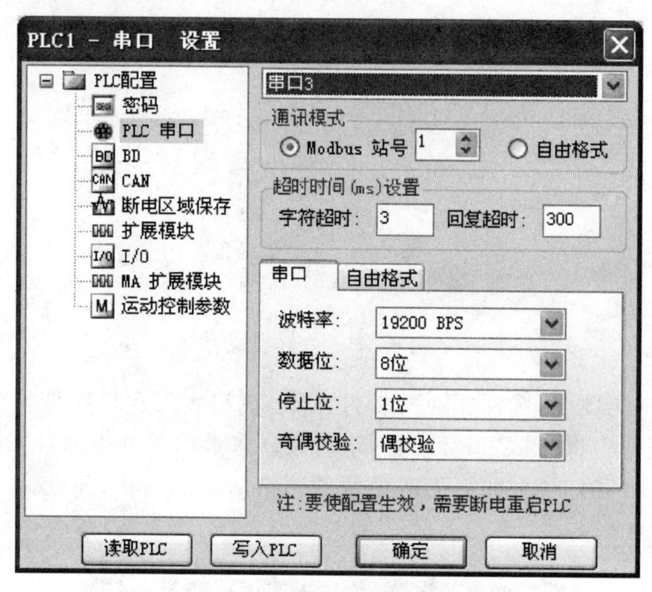

图 8-23　站号 1 的设置对话框

(2) 为每台 XC-TBOX-BD 进行 BD 板配置,选择"BD 串口"。

三、IP 参数设置

根据上一小节单台 TBOX-BD 的使用步骤分别对三个 XC-TBOX-BD 进行 IP 地址设置,其 IP 地址依次为 192.168.0.1,192.168.0.2,192.168.0.3。

TBOX-BD1 设置窗口如图 8-24 和图 8-25 所示。

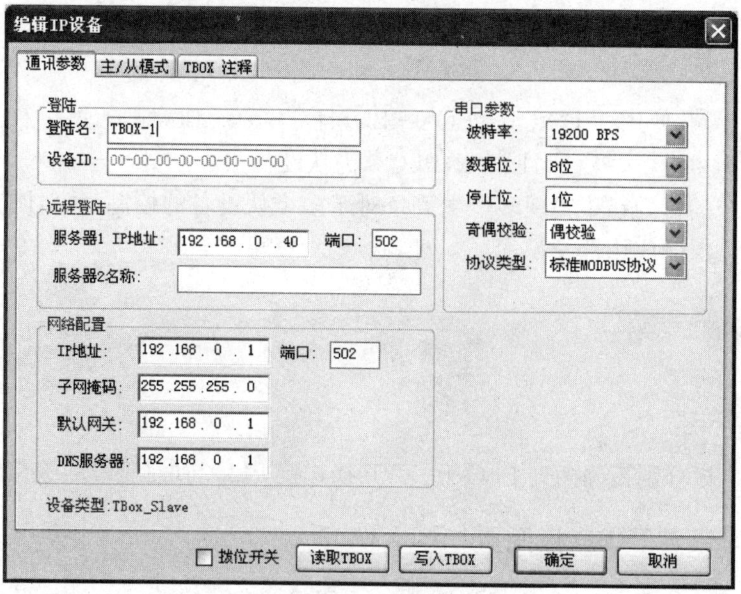

图 8-24　TBOX-BD1 的 IP 设置对话框

编辑IP设备
通讯参数
主/从模式
TBOX 注释
主模式
协议类型:
UDP
站号-IP表
站号
IP
屏蔽表
站号
1
从模式
发送延时(ms):
3
静态站号表
站号
1
拨位开关
读取TBOX
写入TBOX
确定
取消

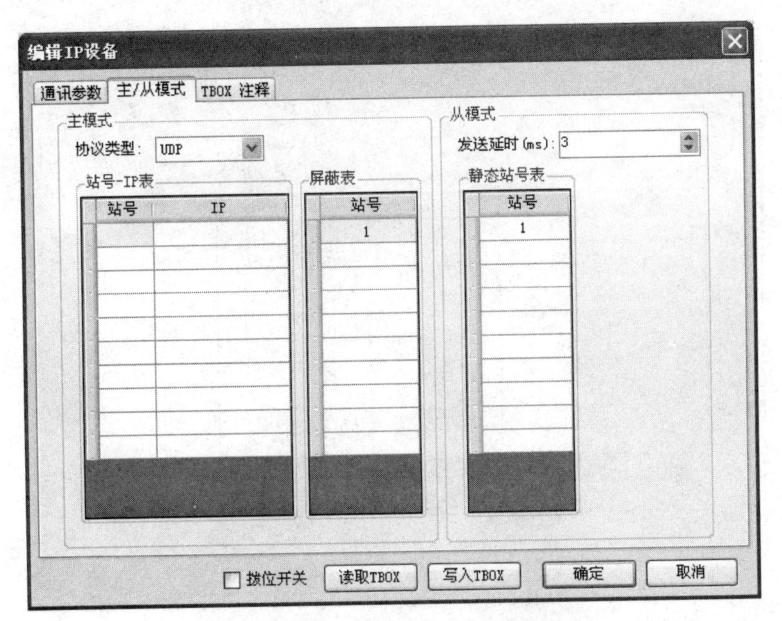

图 8-25　TBOX-BD1 的站号设置对话框

TBOX-BD2 的设置窗口如图 8-26 和图 8-27 所示。

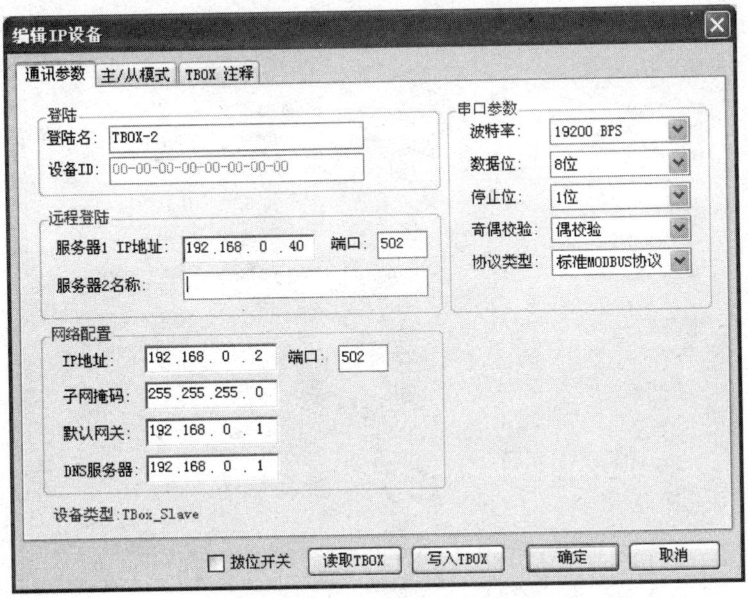

编辑IP设备
通讯参数
主/从模式
TBOX 注释
登陆
登陆名:
TBOX-2
设备ID:
00-00-00-00-00-00-00-00
远程登陆
服务器1 IP地址:
192.168.0.40
端口:
502
服务器2名称:
网络配置
IP地址:
192.168.0.2
端口:
502
子网掩码:
255.255.255.0
默认网关:
192.168.0.1
DNS服务器:
192.168.0.1
串口参数
波特率:
19200 BPS
数据位:
8位
停止位:
1位
奇偶校验:
偶校验
协议类型:
标准MODBUS协议
设备类型:TBox_Slave
拨位开关
读取TBOX
写入TBOX
确定
取消

图 8-26　TBOX-BD2 的 IP 设置对话框

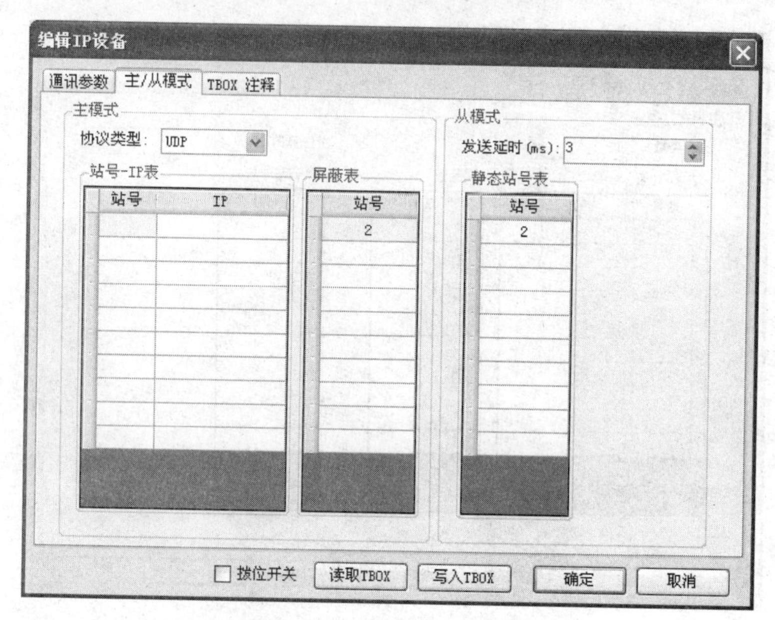

图 8-27 TBOX-BD2 的站号设置对话框

TBOX-BD3 的设置窗口如图 8-28 和图 8-29 所示。

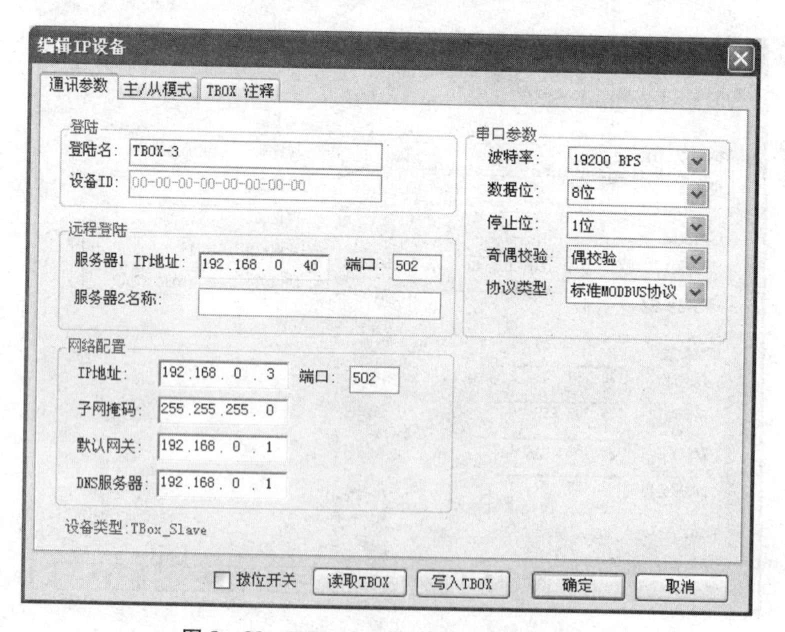

图 8-28 TBOX-BD3 的 IP 设置对话框

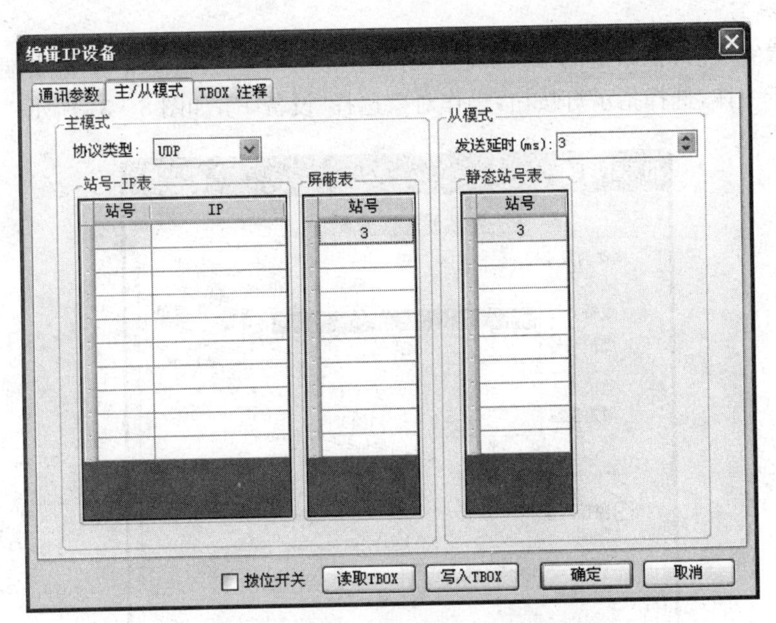

图 8－29　TBOX－BD3 的站号设置对话框

设置完成后，点击“写入 TBOX”，然后退出。

四、PC 监控软件参数设置及程序编写

1. 参数设置

按照上小节使用步骤，新建触摸屏 PC 监控软件，添加三个以太网设备，IP 地址分别设置为三个从站的 IP 地址，即分别为 192.168.0.1，192.168.0.2，192.168.0.3，如图 8－30 所示。

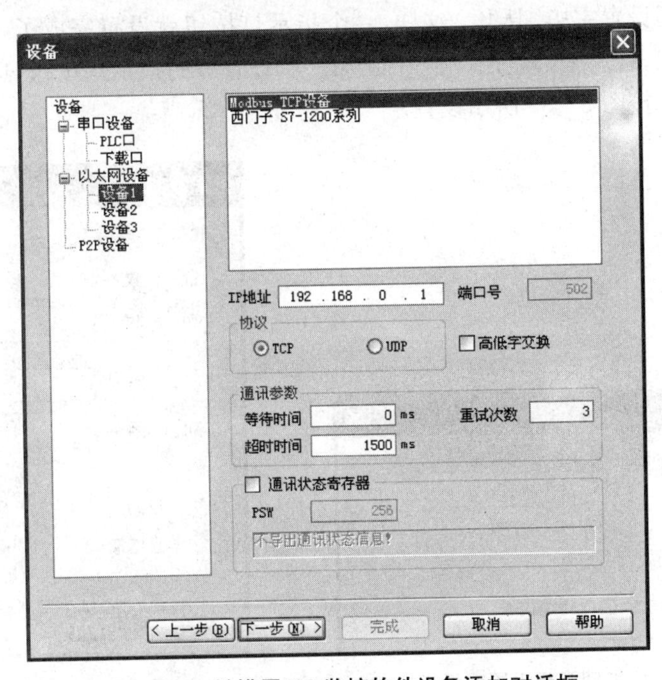

图 8－30　触摸屏 PC 监控软件设备添加对话框

2. 程序编写

参数设置完成后，在新建的触摸屏软件界面上放置 3 个从站 PLC 的输出端口。为了集显示与控制于一体，选择指示灯按钮，操作对象选择“设备 1”，如图 8－31 所示。

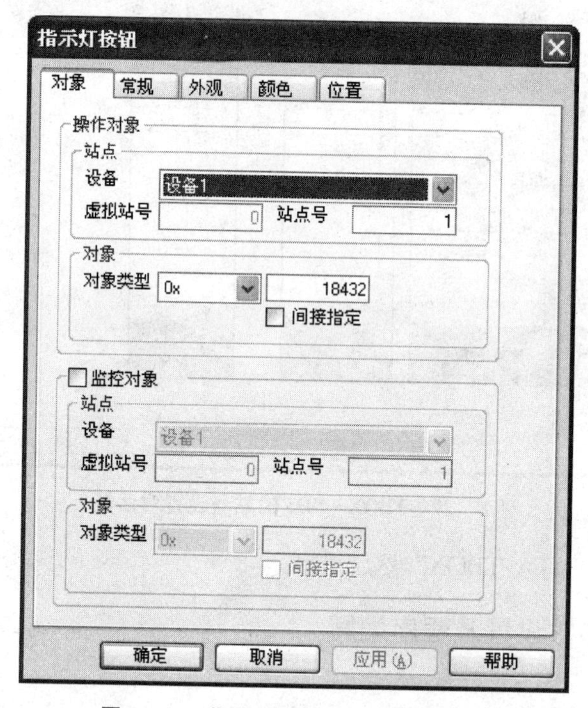

图 8－31 指示灯按钮对象设置对话框

将常规菜单栏的按钮操作改成“取反”，如图 8－32 所示。

点击“确定”后设置完毕，退出。这样，一个指示灯按钮就设置完成了，以 24 点 PLC 为例，共有 10 个输出，若想全部监控，则可右击第一个设置好的指示灯按钮，选择“批量复制”，在弹出的对话框中按图 8－33 所示设置。

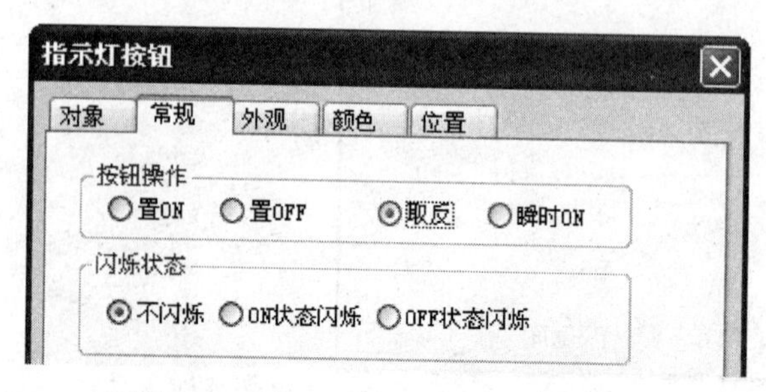

图 8－32 指示灯按钮常规设置对话框

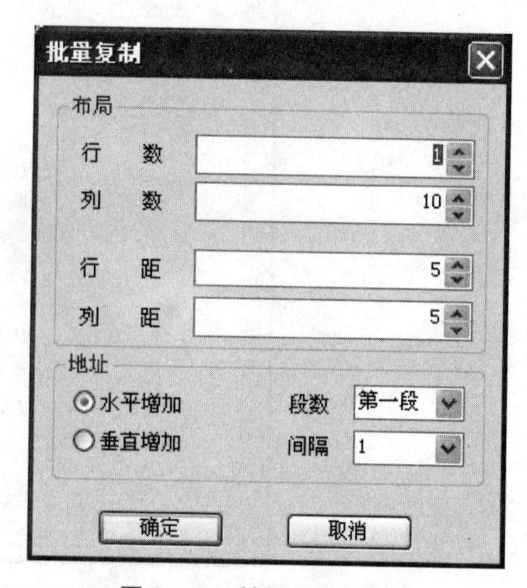

图 8－33 批量复制对话框

点击“确定”后如图 8 - 34 所示，设备 1 的所有输出放置完成。

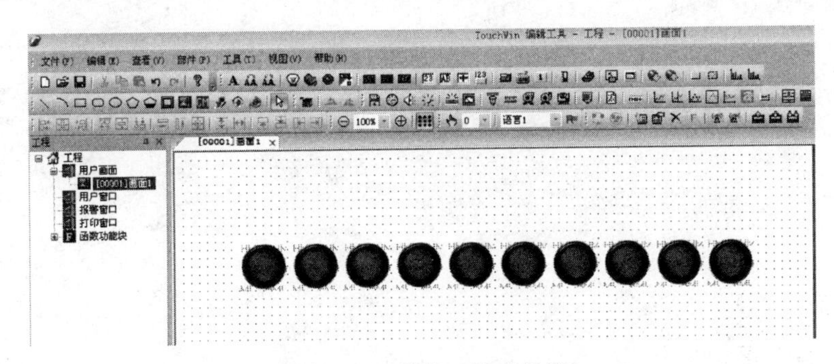

图 8 - 34　设备 1 输出放置

按照此方法，分别放置设备 2 和设备 3 的输出端口（注意选择不同设备时，站号也要选择好），再添加上文字注释，最后效果如图 8 - 35 所示。

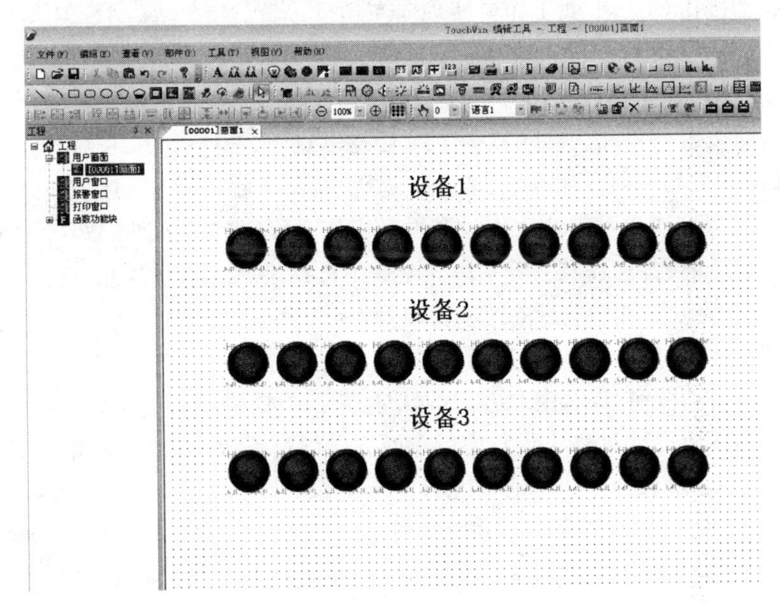

图 8 - 35　程序编写完成效果

至此，一台 PC 的监控程序功能部分编写完成，可将程序进行美化后复制到另一台 PC 上运行，实现多主多从系统。

五、联机调试

1. 观察设备连接情况

用以太网线按照图 8 - 1 将 3 台 TBOX - BD 及两台 PC 机相连接。确认所有设备成功加入到网络。观察几个 TBOX - BD 的 LED 灯闪烁情况是否正确。

2. 运行监控程序

点击“在线模拟”，随意按动指示灯按钮，观察 PC 上的导通情况是否与对应 PLC 上的输出指示灯相一致。

附录 A

可编程控制系统设计师考证习题

1. 按下启动按钮，三相异步电动机 M 实现 Y 形降压启动（H1、H2 灯亮），延时 5 s 后，电动机先断开定子绕组的星形连接，再将定子绕组接成三角形（H2 灭，H3 灯亮）。按停止按钮停止。

2. 按下启动按钮 SB1，平面工作台实现向左运行，运行过程中碰到 SQ1 后停止左行，3 s 后工作台实现右运行，运行过程中碰到右限位开关 SQ2 后停止右行，5 s 后又实现左行，以此方式循环 3 次自动停止工作。在循环工作过程中按下按钮 SB2 后，工作台失电停止。

3. 按下启动按钮 SB1，指示灯 H1 亮；2 s 后指示灯 H2 也亮；再 2 s 后指示灯 H3 亮，同时 H1 熄灭；再 2 s 后指示灯 H4 亮，同时 H2 熄灭；再 2 s 后指示灯 H1 又开始亮，同时 H3 熄灭，以此规律循环 3 次自动停止工作。在循环工作过程中按下按钮 SB2，全部停止。

4. 设计一个步进运转控制器，分别以 3 个输出灯代表 A、B、C 三相绕组。要求启动按下按钮 SB1 后，输出绕组按每秒 1 步的速率得电，顺序为 A—AB—B—BC—C—CA 循环，循环 3 次后自动停止；且任何时候按停止按钮 SB2，信号都会停止。

5. 按下运行启动按钮 SB2，南北方向的红灯、东西方向的绿灯亮，东西方向的绿灯亮 5 s 后，东西方向绿灯闪烁 3 s（每秒 1 步）；之后东西方向绿灯熄灭，东西方向黄灯亮；2 s 后东西方向黄灯熄灭，东西方向红灯亮，同时南北方向转为绿灯亮；南北方向绿灯亮 5 s 后，南北方向绿灯闪烁 3 s（每秒 1 步）；之后南北方向绿灯熄灭；南北方向黄灯亮；2 s 后南北方向黄灯熄灭，南北方向红灯亮，同时东西方向转为绿灯亮；依此循环。按下停止按钮 SB1 所有灯都熄灭。

6. 设计一个运料小车控制系统，上电后小车后退至 A 点，接触器 KM1 吸合使小车在 A 点开始卸料；4 s 后小车前进，当前进至 B 点开关 SQ2 时，接触器 KM2 吸合使料斗向小车装料；6 s 后小车返回。当后退至 A 点开关 SQ1 时，又开始卸料，如此往复。任何时刻按下停止按钮，立即停车。

7. 顺序控制：设计一个顺序控制系统，输出指示灯为 A、B、C、D，要求上电自动启动，输出指示灯按每秒一步的速率得电，顺序为 AB—AC—AD—BC—BD—CD 循环；当任何时刻按下急停按钮能暂停运行，且锁相（即以暂停时刻的输出长得电），再按下续起按钮，则继续循环下去；任何时刻按下停止按钮，全部熄灭。

8. 顺序控制：按下启动按钮 SB2，指示灯 L1 和 L2 亮，2 s 后指示灯 L2 和 L3 亮，再 2 s 后指示灯 L3 和 L4 亮，再 2 s 后指示灯 L4 和 L1 亮，再 2 s 后指示灯 L1 和 L2 又亮，以此规律循环工作；按下停止按钮 SB1，全部停止。

9. 往返控制：按下启动按钮SB2，平面工作台实现向左运行，运行中触到内限位开关SQ1，工作台开始右运行；若内限位失效，碰到外限位SQ2，工作台瞬时停止，同时L1闪烁报警(1秒1步)；按下右行启动按钮SB3，工作台实现右行，在运行过程中碰触到内限位开关SQ3工作台开始左行；若内限位失效，碰到外限位SQ4，工作台瞬时停止，同时L1闪烁报警(1秒1步)；要求左右行互锁，按下停止按钮SB1后，工作台失电停行。

10. 往返控制：按下启动按钮SB2，平面工作台实现向左运行，运行中触到内限位开关SQ1，工作台开始向右运行；若内限位失效，碰到外限位SQ2，工作台瞬时停止，同时L1闪烁报警(1秒1步)；在右行过程中碰触到内限位开关SQ3，工作台开始左行；若内限位失效，碰到外限位SQ4，工作台瞬时停止，同时L1闪烁报警(1秒1步)；工作台以此方式往复运行。要求左右行互锁，按下停止按钮SB1后，工作台失电停行。

11. 设计一个Y-△降压控制系统，上电3 s后电动机M实现Y形降压启动，指示灯L1以0.5 s的时间间隔闪亮；2 s后，电动机M实现△形全压正常运行，指示灯L1变为常亮。任何时候按下停止按钮，电动机M停止工作。

12. 设计一个Y-△降压控制系统，按下启动按钮SB1，L1指示灯闪烁2 s(每秒1步)，同时电动机M正转，Y形降压启动，3 s后，电动机转为△形全压正常运行；经过4 s后L2指示灯闪烁3 s(每秒1步)同时电动机开始反转Y形运行，3 s后转换成反转△形运行；按下停止按钮SB2，电动机停止转动。

13. 按下正转启动按钮SB2，三相异步电动机M实现正转Y形降压启动，5 s后电动机M实现正转△形全压运行；按下反转启动按钮SB3，三相异步电动机M实现反转Y形降压启动，3 s后电动机M实现反转△形全压运行；在正转运行过程中，反转控制失效；在反转运行过程中，正转控制失效；按下停止按钮SB1，三相异步电动机M失电停转。

14. 有三台电动机M1～M3，当按下启动按钮时，首先M1电动机得电启动，每隔3 s后依次启动M2、M3。按下停止按钮时，先停止M3电动机，每隔2 s后依次停止M2、M1电动机。

15. 按下启动按钮SB1后，电机1启动，运转10 s后停止；在电机1启动5 s后电机2启动，运转5 s后停止；在电机1、2都停止时电机3启动，运转3 s后电机1又启动，运转10 s后又停止……按照这样的规律循环两次后自动停止。当按下停止按钮SB2时，三台电机全部停止。

16. 顺序控制：设计一个顺序控制系统，输出指示灯为A、B、C、D，要求上电自动启动，输出指示灯按每秒一步的速率得电，顺序为AB—AC—AD—BC—BD—CD循环；当任何时刻按下暂停按钮能暂停运行且锁相(即以暂停时刻的输出长得电)，松开暂停按钮，则继续循环下去；任何时刻按下停止按钮，停止运行(即指示灯全部熄灭)。

17. 设计一个小车自动往返控制系统，要求上电后小车停于A点，A点指示灯以0.5 s时间间隔闪烁，2 s后小车前进，A点指示灯灭；当前进至B点开关SQ2时小车停止，B点指示灯以0.5 s间隔闪亮，3 s后自动返回，当后退至A点开关SQ1时小车停止，A点指示灯以0.5 s时间间隔闪亮，2 s后又再次前进，如此往复。任何时刻按下停止按钮，立即停车。

18. 熄灯控制：要求上电后0～4输出指示灯能全亮，按启动按钮后按下列次序递减熄灭运行，且按停止按钮能随时停止。0,1,2,3,4→0,1,2,3→0,1,2→0,1→0→结束(速率为每秒 1 步)。

19. A、B、C 三个灯,要求上电全亮,按启动按钮后按规律 A(1S)→BC(2S)→ABC(1S)→BC(2S)循环 3 次后全部熄灭,任何时刻按下停止按钮全部熄灭。再按启动按钮后又按规律循环。

20. 有两组灯分别为 A 组 Y0~Y3,B 组 Y4~Y7。当按 SB1 后,A 组灯逐步点亮(后亮前保持)并循环,速率为 1.5 s/步。同时(即按 SB1 后)B 组灯依次点亮(后亮前灭)并循环,速率为 1 s/步。任何时候按 SB2 所有灯全灭。

参考文献

1. 廖常初. 可编程序控制器应用技术. 5 版. 重庆:重庆大学出版社,2007

2. 王永华. 现代电气控制及 PLC 应用技术. 北京:北京航空航天大学出版社,2007

3. 无锡信捷电气股份有限公司. XC 系列可编程控制器用户手册(指令篇)(XC1/XC2/XC3/XC5/XCM/XCC),2011

4. 无锡信捷电气股份有限公司. XC 系列 PLC 扩展模块用户手册,2012

5. 无锡信捷电气股份有限公司. XC 系列特殊功能扩展 BD 板用户手册,2011

6. 无锡信捷电气股份有限公司. TP/TH/TG 系列触摸屏用户手册(硬件篇),2012

7. 无锡信捷电气股份有限公司. XC 系列可编程序控制器用户手册(硬件篇)(XC1/XC2/XC3/XC5/XCM/XCC),2011

8. 无锡信捷电气股份有限公司. VB3/VB5/V5 系列通用变频器操作手册,2011

9. 无锡信捷电气股份有限公司. TouchWin 编辑软件用户手册,2012

10. 无锡信捷电气股份有限公司. DS2 系列 AS 型伺服驱动器安装使用手册,2012

11. 无锡信捷电气股份有限公司. DS2 - AS 系列伺服位置模式调试说明书,2012

12. 无锡信捷电气股份有限公司. DP - 504(- L)/DP - 508(- L)细分驱动器用户手册,2011